大学入学 共通テスト

化学基礎
の点数が面白いほどとれる本

東進ハイスクール・
東進衛星予備校化学科講師、
駿台予備学校化学科講師
橋爪健作

＊この本は，小社より 2020 年に刊行された『大学入学共通テスト　化学基礎の点数が面白いほどとれる本』に，最新の学習指導要領と出題傾向に準じた加筆・修正を施し，令和７年度以降の大学入学共通テストに対応させた改訂版です。

＊この本には「赤色チェックシート」がついています。

はじめに

「共通テストで出題されると予想される最重要の内容」を「教科書よりもやさしく，わかりやすく」を目標に，本書を執筆しました。
　本書をていねいに読み，チェック問題と思考力のトレーニングを解くことで，

「共通テストで必要とされる内容が短時間で要領よく身につき」
「正確な知識が得られ」
「共通テストの問題を解き切るための実力がつく」

ようになると思います。

　解説部分には「化学」があまり得意でないキャラクター（原子くん）が登場します。この「原子くん」と一緒に，「なぜなのかな？」「どうすればいいのかな？」と考えながら読み進めてください。

　解説の後には，「チェック問題」と思考力をつける「思考力のトレーニング」を掲載しています。この「チェック問題」や「思考力のトレーニング」にチャレンジし，問題を解く力に磨きをかけてください。気がついたときには，化学に対する苦手意識が薄まり，共通テストに自信をもって臨めるようになっているはずです。

『大学入学共通テスト　化学基礎の点数が面白いほどとれる本』は，これまで築いてきた『面白いほどとれる本』の22年の歴史の中で，最も効率的に学べ，最も得点力がつく本に進化させました。

この本を出版するにあたり，

❶ さらに「読みやすく」，「わかりやすく」
❷ さらに「短い学習時間（２週間，14日分）」で共通テスト「化学基礎」で出題されるすべての内容を学習できる
❸ さらに「思考力がつき」，共通テスト本番ではじめて見る問題にも対応できるようにする
❹ **チェック問題**は，より効率的に学べる問題を厳選する
❺ 計算が必要なチェック問題は，マーク式のテストである点を意識した解説にする
❻ 教科書では「発展内容」でも，共通テスト「化学基礎」で思考力を試す問題として出題される可能性がある内容は扱う

など，考えられる「最高の参考書」に仕上げました。
この本をうまく利用し，是非，共通テスト「化学基礎」で満点をとってきてください。

最後になりましたが，本の執筆について適切なアドバイスをくださった㈱KADOKAWAの山﨑英知氏，㈲マスターズの皆さんには，この場をお借りして感謝します。

橋爪　健作

もくじ

第3章 化学が拓く世界

本文イラスト：丸橋加奈（熊アート）
本文デザイン：長谷川有香（ムシカゴグラフィクス）

この本の特長と使い方

各テーマで学ぶ「学習指針」を掲げました。この指針にしたがって１つひとつ学習項目を勉強していきましょう。

学習項目は教科書に準拠したものばかりです。赤太字は重要用語，太字は重要用語の説明文になっていますので，正確に覚えておきましょう。
また，解説は語り口調でわかりやすく，読みやすく工夫しました。

キャラクター(原子くん)が素朴だけど大切な質問を投げかけてくれます。

第１章　物質の構成

2時間目 物質を構成する粒子

この項目のテーマ

1 原子の構造
化学用語をコツコツと覚えていこう！
2 同位体
水素の同位体をマスターしよう！
3 放射性同位体
年代測定の計算をマスターしよう！
4 周期表
$_{1}H$ ～ $_{20}Ca$ までをゴロ合わせを使って覚えよう！

1 原子の構造について

原子は，中心部にある**原子核**とそのまわりをとりまく**電子**(負の電荷をもち，e^- と表される)から構成され，原子核は**陽子**(正の電荷をもつ)と**中性子**(電荷をもたない)とからできていたよね。陽子の数は**元素ごとに異なっている**(H は **1 個**，He は **2 個**，C は **6 個**，…)ので，**陽子の数を原子番号(➡ 原子の背番号だね)といい**，原子番号は元素記号の左下に書くんだ。

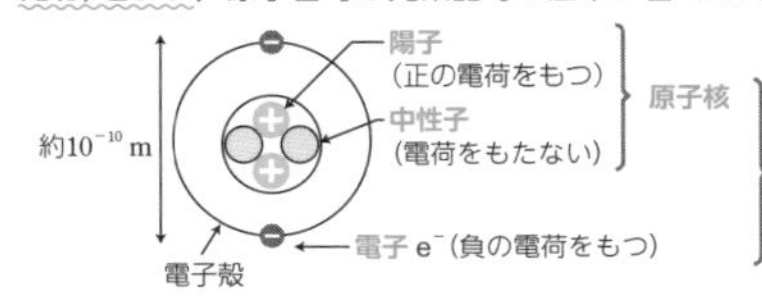

ヘリウム He 原子のモデル

左のモデルはヘリウム He で陽子を２個もっているから，こう書くんだ。

元素記号
$_{2}He$
原子番号＝陽子の数は，元素記号の左下に書く。

たしか，原子は電気的に中性なんだよね。

そうなんだ。**原子に含まれる電子の数と陽子の数は等しいから，原子は全体として電気的に中性になる**んだ。

40　第１章　物質の構成

本書は，大学入学共通テスト「**化学基礎**」に対応した参考書です。基礎事項に対する正確な知識，実験や観察に基づいた化学現象および実験操作，そして，思考力や応用力を問うような問題に対しても，きちんと対応できるように構成しました。特に，苦手な受験生は何度もくり返して基礎力を磨き，本番で実力が発揮できるよう頑張りましょう。

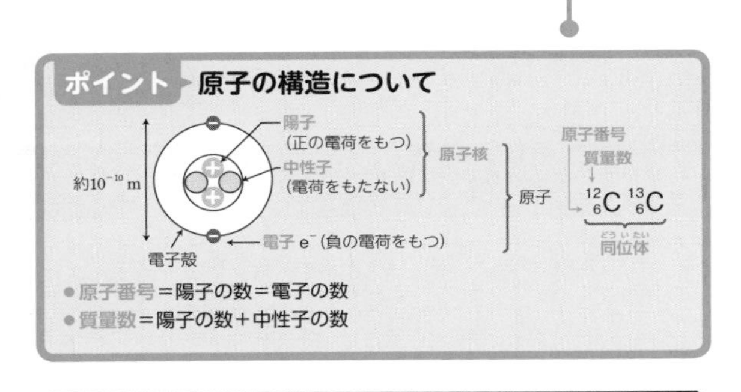

学習項目で必ず覚えておくべき**超重要事項**がまとめられています。

第1章 物質の構成

チェック問題 1 易 1分

2つの原子$^{14}_{6}C$と$^{16}_{8}O$の間でたがいに等しいものを，次の①～⑤のうちから1つ選べ。

① 質量数　② 陽子の数
③ 中性子の数　④ 電子の数
⑤ 原子番号

共通テスト・センター試験の過去問などを使って，学習項目の理解度チェックを行います。問題のレベル表示(易／やや易／標準／やや難／難)と解答目標時間を示していますので，演習時の参考にしてください。
(思)は思考力を問う問題を示しています。

解答・解説

③

「原子番号＝陽子の数＝電子の数」，「質量数＝陽子の数＋中性子の数」を利用して解く。

$^{14}_{6}C$は，原子番号＝陽子の数＝電子の数＝6，質量数＝14，
中性子の数＝14－6＝8

$^{16}_{8}O$は，原子番号＝陽子の数＝電子の数＝8，質量数＝16，
中性子の数＝16－8＝8　←たがいに等しい。

限られた時間内で正解を見つけ出すためのポイントを解説しています。ここで，解法の手順を身につけましょう。

2時間目　物質を構成する粒子　43

元素の周期表

原子番号 → 1
H ← 元素記号
原子量 → 1.0
水素 ← 元素名

：気体
：液体
他は固体

	1	2	3	4	5	6	7	8	9
1	1 H 1.0 水素								
2	3 Li 6.9 リチウム	4 Be 9.0 ベリリウム							
3	11 Na 23.0 ナトリウム	12 Mg 24.3 マグネシウム							
4	19 K 39.1 カリウム	20 Ca 40.1 カルシウム	21 Sc 45.0 スカンジウム	22 Ti 47.9 チタン	23 V 50.9 バナジウム	24 Cr 52.0 クロム	25 Mn 54.9 マンガン	26 Fe 55.8 鉄	27 Co 58.9 コバルト
5	37 Rb 85.5 ルビジウム	38 Sr 87.6 ストロンチウム	39 Y 88.9 イットリウム	40 Zr 91.2 ジルコニウム	41 Nb 92.9 ニオブ	42 Mo 96.0 モリブデン	43 Tc 〔99〕 テクネチウム	44 Ru 101.1 ルテニウム	45 Rh 102.9 ロジウム
6	55 Cs 132.9 セシウム	56 Ba 137.3 バリウム	57−71 ランタノイド	72 Hf 178.5 ハフニウム	73 Ta 180.9 タンタル	74 W 183.8 タングステン	75 Re 186.2 レニウム	76 Os 190.2 オスミウム	77 Ir 192.2 イリジウム
7	87 Fr 〔223〕 フランシウム	88 Ra 〔226〕 ラジウム	89−103 アクチノイド	104 Rf 〔267〕 ラザホージウム	105 Db 〔268〕 ドブニウム	106 Sg 〔271〕 シーボーギウム	107 Bh 〔272〕 ボーリウム	108 Hs 〔277〕 ハッシウム	109 Mt 〔276〕 マイトネリウム

ランタノイド	57 La 138.9 ランタン	58 Ce 140.1 セリウム	59 Pr 140.9 プラセオジム	60 Nd 144.2 ネオジム	61 Pm 〔145〕 プロメチウム	62 Sm 150.4 サマリウム	63 Eu 152.0 ユウロピウム
アクチノイド	89 Ac 〔227〕 アクチニウム	90 Th 232.0 トリウム	91 Pa 231.0 プロトアクチニウム	92 U 238.0 ウラン	93 Np 〔237〕 ネプツニウム	94 Pu 〔239〕 プルトニウム	95 Am 〔243〕 アメリシウム

＊ $_{104}$Rf 以降の元素の詳しい性質はわかっていない。

＊2024年５月現在

10	11	12	13	14	15	16	17	18
								2 He 4.0 ヘリウム
			5 B 10.8 ホウ素	6 C 12.0 炭素	7 N 14.0 窒素	8 O 16.0 酸素	9 F 19.0 フッ素	10 Ne 20.2 ネオン
			13 Al 27.0 アルミニウム	14 Si 28.1 ケイ素	15 P 31.0 リン	16 S 32.1 硫黄	17 Cl 35.5 塩素	18 Ar 39.9 アルゴン
28 Ni 58.7 ニッケル	29 Cu 63.5 銅	30 Zn 65.4 亜鉛	31 Ga 69.7 ガリウム	32 Ge 72.6 ゲルマニウム	33 As 74.9 ヒ素	34 Se 79.0 セレン	35 Br 79.9 臭素	36 Kr 83.8 クリプトン
46 Pd 106.4 パラジウム	47 Ag 107.9 銀	48 Cd 112.4 カドミウム	49 In 114.8 インジウム	50 Sn 118.7 スズ	51 Sb 121.8 アンチモン	52 Te 127.6 テルル	53 I 126.9 ヨウ素	54 Xe 131.3 キセノン
78 Pt 195.1 白金	79 Au 197.0 金	80 Hg 200.6 水銀	81 Tl 204.4 タリウム	82 Pb 207.2 鉛	83 Bi 209.0 ビスマス	84 Po 〔210〕 ポロニウム	85 At 〔210〕 アスタチン	86 Rn 〔222〕 ラドン
110 Ds 〔281〕 ダームスタチウム	111 Rg 〔280〕 レントゲニウム	112 Cn 〔285〕 コペルニシウム	113 Nh 〔278〕 ニホニウム	114 Fl 〔289〕 フレロビウム	115 Mc 〔289〕 モスコビウム	116 Lv 〔293〕 リバモリウム	117 Ts 〔293〕 テネシン	118 Og 〔294〕 オガネソン

64 Gd 157.3 ガドリニウム	65 Tb 158.9 テルビウム	66 Dy 162.5 ジスプロシウム	67 Ho 164.9 ホルミウム	68 Er 167.3 エルビウム	69 Tm 168.9 ツリウム	70 Yb 173.0 イッテルビウム	71 Lu 175.0 ルテチウム
96 Cm 〔247〕 キュリウム	97 Bk 〔247〕 バークリウム	98 Cf 〔252〕 カリホルニウム	99 Es 〔252〕 アインスタイニウム	100 Fm 〔257〕 フェルミウム	101 Md 〔258〕 メンデレビウム	102 No 〔259〕 ノーベリウム	103 Lr 〔262〕 ローレンシウム

第１章　物質の構成

物質のなりたち

この項目のテーマ

1 物質の分類
「単体と化合物」,「単体と元素」の違いを区別しよう！

2 物質の分離・精製
さまざまな分離・精製の方法をおさえよう！

3 同 素 体
おもなものをゴロ合わせで覚えよう！

4 炎色反応
炎色反応の実験操作や色を覚えよう！

5 物質の三態と状態変化
身のまわりの状態変化をイメージしよう！

1 物質の分類について

２種類以上の物質が混じり合ったものが「**混合物**」で，この混合物を**分離**(ぶんり)・**精製**(せいせい)（▶この操作には，ろ過や蒸留(じょうりゅう)などがある。2で学びます）し，得られるそれぞれの物質を「**純物質**」というんだ。

さらに，純物質は１種類の成分からなる「**単体**」と２種類以上の成分からなる「**化合物**」に分類することができる。そして，単体や化合物は「**元素**」から構成されているんだ。

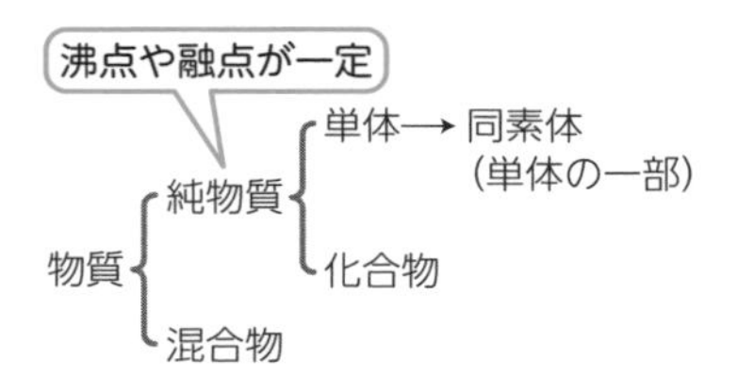

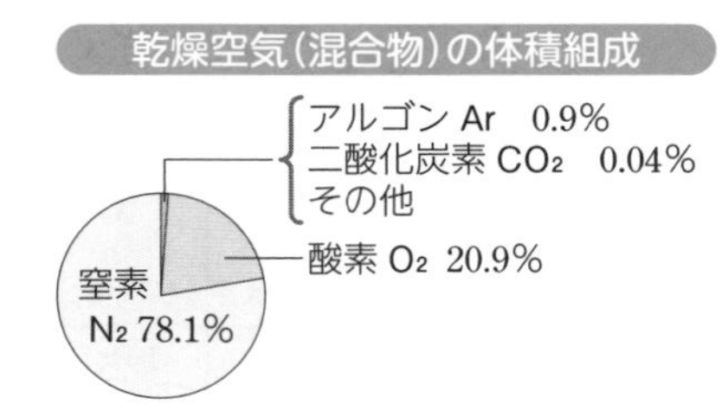

共通テストでうまく分類できるか不安だな……

たしかに，共通テストではそれぞれを分類させる問題がよく出題されるよね。不安なら，具体例で覚えてみたらどうかな？　たとえば，**空気は窒素，酸素，二酸化炭素などからなる「混合物」**で，その成分である**窒素，酸素，二酸化炭素はそれぞれが「純物質」**だよね。

そして，窒素や酸素は化学式で N_2，O_2 と書けるね。このように，**元素記号1種類だけを使って表現するものを「単体」**，二酸化炭素（CO_2）のように**元素記号2種類以上を使って表現するものを「化合物」**と覚えるといいんだ。これなら単体と化合物を簡単に分類できるよね。

ポイント　単体と化合物について

単体 ▶ N_2，O_2，C，Na など（元素記号1種類）

化合物 ▶ CO_2，NH_3 など（元素記号2種類以上）

チェック問題1　標準　5分

(1)　純物質であるものを，次の①～⑥のうちから1つ選べ。

①　石　油　　②　オリーブ油　　③　セメント
④　炭酸水　　⑤　空　気　　⑥　ドライアイス

(2)　次の物質のうち化合物どうしである組み合わせを，次の①～⑥のうちから1つ選べ。

①　一酸化炭素，二酸化炭素　　②　塩化ナトリウム，ダイヤモンド
③　酸素，オゾン　　④　灯油，アンモニア水
⑤　塩酸，希硫酸　　⑥　亜鉛，メタン

解答・解説

(1)　⑥　　(2)　①

(1) ドライアイスは二酸化炭素 CO_2 だけからなる固体なので，純物質であり，⑥が解答。

① 石油(原油)▶混合物。沸点の違いで，ガソリンや灯油などに分離できる。また，ガソリンや灯油も混合物なのでさらに分離できる。

② オリーブ油▶混合物。油(油脂という)はどれも混合物で，融点が一定でない。

③ セメント▶混合物。石灰石や粘土などからなる。

④ 炭酸水▶混合物。二酸化炭素 CO_2 を水 H_2O に溶かしたもの。

⑤ 空気▶混合物。窒素 N_2，酸素 O_2，二酸化炭素 CO_2 などからなる。

⑥ ドライアイス CO_2▶純物質。二酸化炭素 CO_2 の固体。

(2) 化学式がわかると解きやすい。

① CO，CO_2▶化合物どうし　② NaCl▶化合物，C▶単体

③ O_2，O_3▶単体どうし　④ 灯油，アンモニア水▶混合物どうし

⑤ 塩酸，希硫酸▶混合物どうし(塩酸は塩化水素 HCl を水 H_2O に溶かしたもの)　⑥ Zn▶単体，CH_4▶化合物

単体と元素の違いはどう考えればいいの？

実際に存在する物質を表すのが単体，物質を構成する基本的な成分を表すのが元素なんだ。たとえば，水 H_2O は「酸素と水素という具体的なもの(▶ O_2，H_2：単体)」からできているのではなくて「**酸素という成分と水素という成分**(▶元素)」から構成されているよね。

ポイント　単体と元素について

単体▶実在する物質　　元素▶物質を構成する基本成分

チェック問題 2 やや難 

元素名と単体名とは同じものが多い。次の記述の下線部が単体でなく，元素の意味に用いられているものを，次の①〜⑤のうちから1つ選べ。

① アルミニウムはボーキサイトを原料としてつくられる。
② アンモニアは窒素と水素から合成される。
③ 競技の優勝者に金のメダルが与えられた。
④ 負傷者が酸素吸入を受けながら，救急車で運ばれていった。
⑤ カルシウムは歯や骨に多く含まれている。

解答・解説

⑤

①，②，③，④は，それぞれアルミニウム Al，金 Au という実在する金属（▶単体），窒素 N_2，酸素 O_2 という実在する気体（▶単体）を表している。⑤のカルシウムも実在する金属ではあるが，単体のカルシウム Ca は反応性の大きな金属で，歯や骨には単体のまま含まれていない。つまり，このカルシウムは，歯や骨をつくっている成分をさす（▶「**元素**」の意味で使われている）。

人体を構成する元素

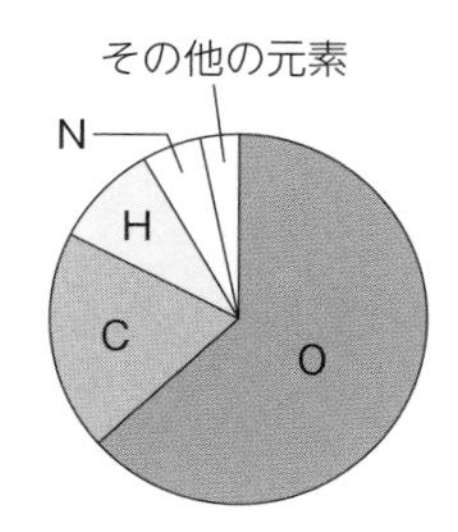

宇宙を構成する元素

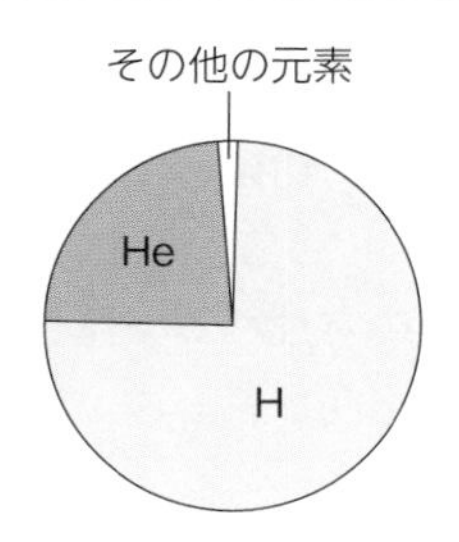

もう少し付け加えると，**常温・常圧**（25℃，1.013×10^5 Pa（1気圧）をイメージしよう！）の下，「**単体が液体**」であるものは**臭素** Br_2 と**水銀** Hg だけなんだ。知識問題として問われることがあるから覚えておいてね。

チェック問題 3　易　1分

単体が常温・常圧で気体でない元素を，次の①～⑤のうちから１つ選べ。

① H　② N　③ O　④ F　⑤ Br

解答・解説

⑤

常温・常圧下(実験室や教室での状態(25℃，1.013×10^5 Pa(１気圧)程度)を考えるとよいですね)で，
① H_2▶無色の気体　② N_2▶無色の気体　③ O_2▶無色の気体(同素体のO_3は淡青色の気体：「同素体」については，3で説明します)　④ F_2▶淡黄色の気体　⑤ Br_2▶赤褐色の液体(Hg も液体であることを忘れないように！)

2 物質の分離・精製について

物質の性質の違いを利用して，**混合物から目的の純物質をとり出す操作を分離，分離した物質から不純物をとり除いて，純度をより高くする操作を精製という**んだ。

分離・精製っていろいろなやり方があったよね。

そうだね。中学理科で学習した「ろ過」や「蒸留」はもちろん，そのほかも共通テストで出題されるよ。次にあげるさまざまな分離・精製の方法をおさえてね。

❶ ろ　過

液体とその液体に溶けにくい固体の混合物を，ろ紙などを使って分離する操作を**ろ過**というんだ。ろ過のしかたは次の❶～❸に注意してね。

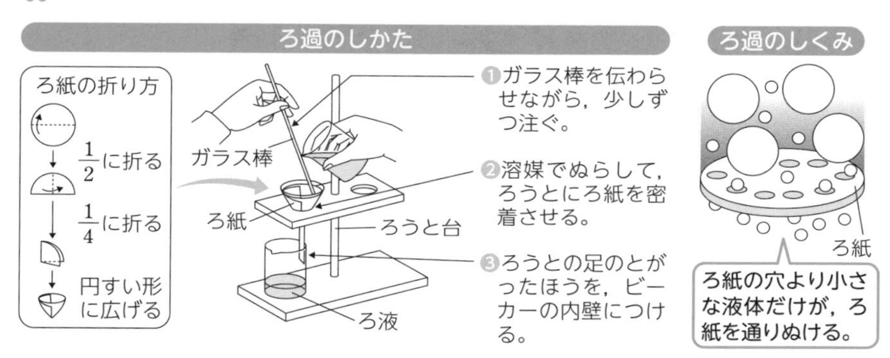

❷ 蒸留・分留

液体と他の物質の混合物を加熱することで発生する気体を冷却し，再び液体として分離する操作を**蒸留**というんだ。

蒸留は，成分物質の沸点の違いを利用しているんだよね。

そうだね。海水から水を分離する蒸留装置を次に示すね。海水を沸騰させると水蒸気 H_2O だけが発生するので，水を分離することができるんだ。蒸留については，実験器具の名前と❶～❺のポイントを覚えておいてね。

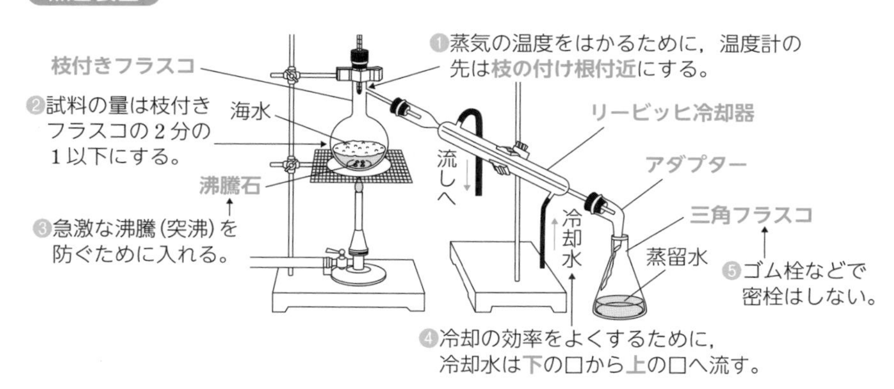

そして，**2種類以上の液体の混合物を蒸留によってそれぞれの成分に分離する操作**を，とくに**分留**(**分別蒸留**)という。石油からガソリンや灯油などをとり出す石油の分留塔が有名なんだ。

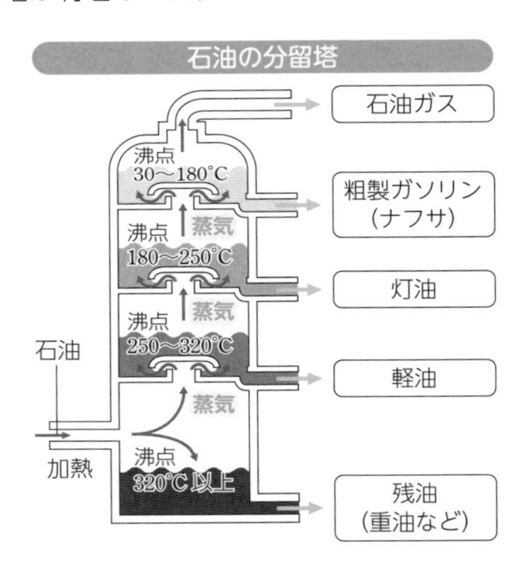

分留は，液体空気を窒素 N_2 や酸素 O_2 に分けるときにも使われるよ。

チェック問題4　標準　2分

実験室で塩化ナトリウム水溶液を精製するために図の蒸留装置を組み立てた。点線で囲んだ部分A～Cに関する記述ア～キについて，正しいものの組み合わせとして最も適当なものを，次の①～⑧のうちから1つ選べ。

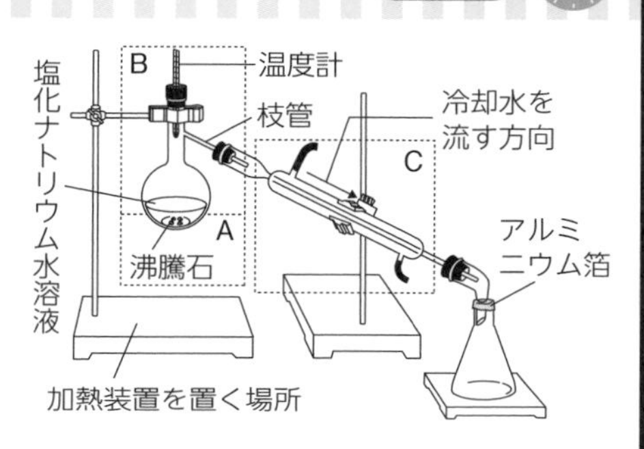

〔部分A〕
沸騰石を入れているのは，
ア　フラスコ内の液体の突沸を防ぐためである。
イ　フラスコ内の液体の温度を速く上げるためである。

〔部分B〕
蒸留されて出てくる成分の沸点を正しく確認するために，
ウ　温度計の最下端を液中に入れる。
エ　温度計の最下端を液面のすぐ近くまで下げる。
オ　温度計の最下端を枝管の付け根の高さまで上げる。

〔部分C〕
冷却水を流す方向は，
カ　矢印の方向でよい。
キ　矢印の方向とは逆にする。

	A	B	C
①	ア	ウ	カ
②	ア	エ	キ
③	ア	オ	カ
④	ア	オ	キ
⑤	イ	ウ	カ
⑥	イ	ウ	キ
⑦	イ	エ	カ
⑧	イ	オ	キ

解答・解説

④

沸騰石を入れているのは，ア フラスコ内の液体の突発的な沸騰(突沸(とっぷつ))を防ぐためであり，蒸留されて出てくる成分の沸点を正しく確認するためにオ 温度計の最下端を枝管の付け根の高さまで上げる必要がある。また，冷却水は冷却効果をよくするために，キ 矢印の方向とは逆にする。これは，冷却水を矢印の方向に流すと，冷却水がリービッヒ冷却器内にたまりにくいので，冷却効率が悪くなってしまうためである。

❸ 再 結 晶

決まった量の水に溶ける物質の量（溶解度）は温度によって異なるので，**温度による溶解度の差を利用して，少量の不純物を含む固体から不純物を除くことができる**。この操作を**再結晶**というんだ。

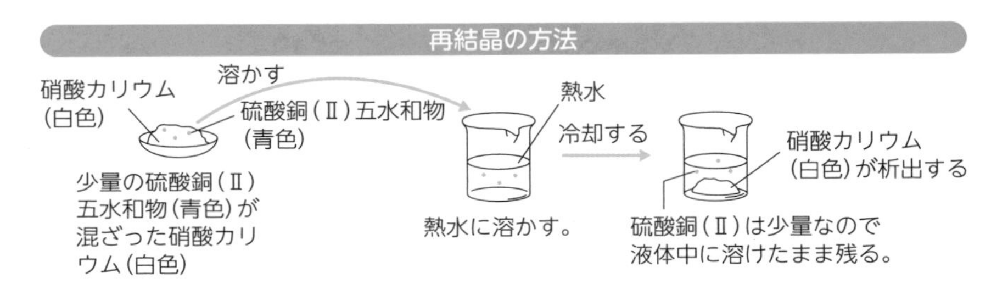

再結晶は，**固体の精製に利用される**ことが多いんだ。

❹ 昇 華 法

うがい薬に使われるヨウ素は，その固体を加熱すると**液体にならずに直接気体になる**。この変化を**昇華**（しょうか）といい，昇華を利用してヨウ素とヨウ化ナトリウムの混合物を分離することができるんだ。

ヨウ素は加熱すると直接気体になるけど，
ヨウ化ナトリウムはならないからだね。

そうだね。ヨウ素とヨウ化ナトリウムの混合物を加熱するとヨウ素だけが直接気体になるよね。この気体を冷却したら，どうなるかな？

そうなんだ。これでヨウ素とヨウ化ナトリウムを分離できるね。このように**昇華を利用した分離・精製の方法**を**昇華法**というんだ。

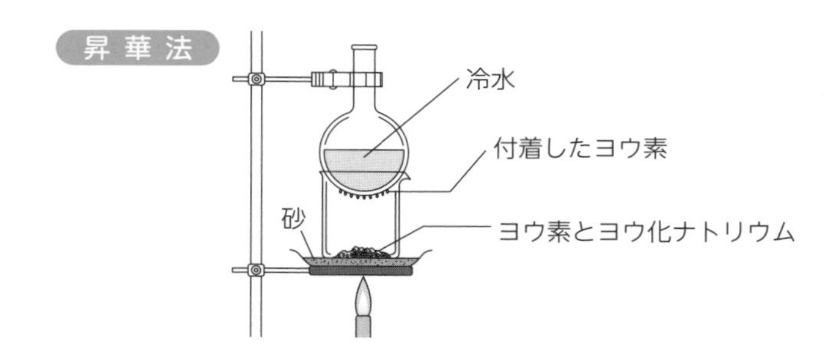

昇華しやすいものは，ヨウ素だけなの？

ヨウ素以外に**ドライアイス**と**ナフタレン**を覚えておく必要があるんだ。

ポイント　昇華しやすいものについて

- ヨウ素 I_2，ドライアイス CO_2，ナフタレン ⌬⌬ を覚えておく

❺ 抽　　出

混合物に目的の物質だけを溶かす溶媒を加え，分離する操作を**抽出**(ちゅうしゅつ)という。溶液を使った抽出は，**分液ろうと**(ぶんえき)をよく使うんだ。

抽　　出

ヨウ素が溶けているヨウ素ヨウ化カリウム水溶液にヘキサンを加えてよく振ると，ヘキサンに溶けるヨウ素とヘキサンに溶けないヨウ化カリウムを分離することができる。

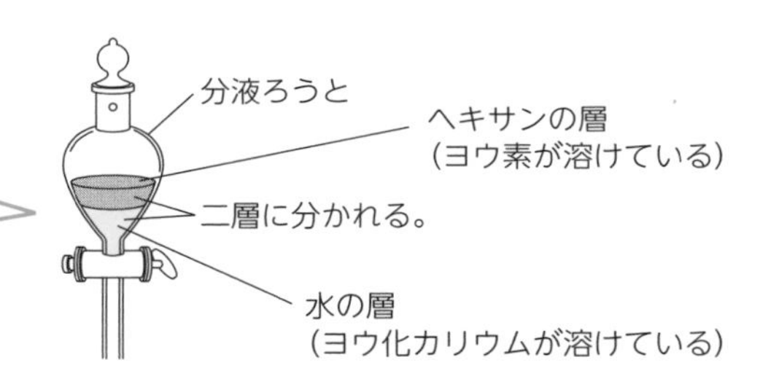

抽出って難しいね。

たしかにイメージしにくいかも。たとえば，**コーヒーや緑茶は，味や香りの成分をお湯に抽出したもの**と覚えておくといいよ。

❻ クロマトグラフィー

赤色と青色を混ぜると何色になるかな？

紫色になるよね。

そうだね。じつは，原子くんのもっている黒色の水性ペンもさまざまな色のインクが混ぜられて黒色になっているんだ。

色を混ぜるのは簡単だけど，混ざった色を分けるのは大変そうだね。

そうでもないんだ。ろ紙と水さえあれば，分けることができるんだよ。

どうやって分けるの？

黒色のペンでろ紙の下のほうに点を書いて，水にひたすと**インクのろ紙への付着しやすさ（吸着力）の違いによってさまざまな色に分離することができる**んだ。

このように**吸着力の違いを利用した分離方法**を**クロマトグラフィー**といって，ろ紙を使う**ペーパークロマトグラフィー**やシリカゲルなどの吸着剤をガラス管につめて使う**カラムクロマトグラフィー**などがあるんだ。

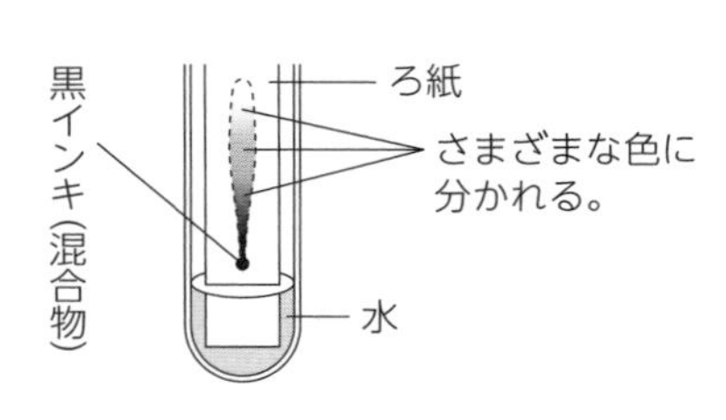

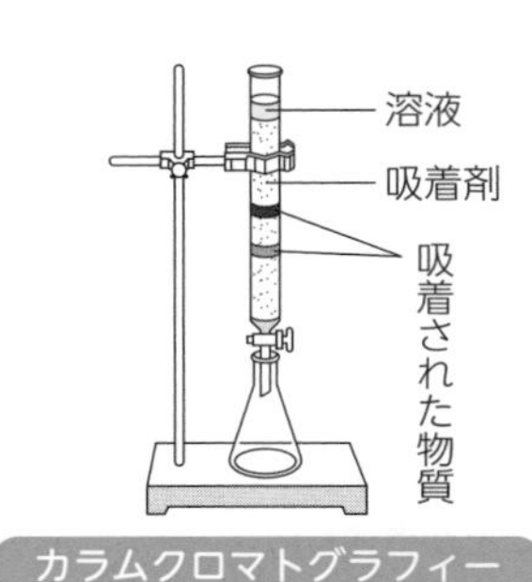

カラムクロマトグラフィー

チェック問題5　標準　2分

物質を分離する操作に関する記述として下線部が正しいものを，次の①～⑥のうちから2つ選べ。

① 溶媒に対する溶けやすさの差を利用して，混合物から特定の物質を溶媒に溶かして分離する操作を抽出という。
② 沸点の差を利用して，液体の混合物から成分を分離する操作を昇華法(昇華)という。
③ 固体と液体の混合物から，ろ紙などを用いて固体を分離する操作を再結晶という。
④ 不純物を含む固体を溶媒に溶かし，温度によって溶解度が異なることを利用して，より純粋な物質を析出させ分離する操作をろ過という。
⑤ 固体の混合物を加熱して，固体から直接気体になる成分を冷却して分離する操作を蒸留という。
⑥ インクに含まれる複数の色素を，クロマトグラフィーによりそれぞれ分離する。

解答・解説

①，⑥
② 〈誤り〉 **蒸留**(**分留**)が正しい。
③ 〈誤り〉 **ろ過**が正しい。
④ 〈誤り〉 **再結晶**が正しい。
⑤ 〈誤り〉 **昇華法**(**昇華**)が正しい。
⑥ 〈正しい〉 ペーパークロマトグラフィーの説明。

3 同素体について

黒鉛やダイヤモンドは，ともに同じ炭素C元素からできているけれど，かなり性質が異なるよね（たとえば，電気を通すとか，通さないとか……）。このように，**同じ元素の単体で，性質の異なるものどうしをたがいに「同素体」というんだ**。同素体には，次の表のような例があるんだ。覚えておいてね。

元素名	元素記号	単体名
硫黄	S	斜方硫黄，単斜硫黄，ゴム状硫黄
炭素	C	ダイヤモンド，黒鉛（グラファイト），フラーレン，カーボンナノチューブ
酸素	O	酸素（O_2），オゾン（O_3）
リン	P	赤リン，黄リン（白リン）

フラーレン（C_{60}）
球状の炭素分子。
C_{70}の分子式をもつものもある。

ポイント 同素体について

● 同素体の存在する元素はS，C，O，P（➡「スコップ」と覚える）

チェック問題 6

標準 

同素体に関する記述として下線部に誤りを含むものを，次の①～⑤のうちから1つ選べ。

① フラーレンは，炭素の同素体の1つである。
② 炭素の同素体には電気をよく通すものがある。
③ 黄リンはリンの同素体の1つである。
④ 硫黄の同素体にはゴムに似た弾性をもつものがある。
⑤ 酸素には同素体が存在しない。

解答・解説

⑤

② 〈正しい〉 黒鉛(グラファイト)の説明。
④ 〈正しい〉 ゴム状硫黄の説明。
⑤ 〈誤り〉 酸素 O_2 とオゾン O_3 が存在する。

❶ 硫黄 S の同素体

硫黄の同素体の化学式や分子の形は，次の表のようになるよ。

同素体	斜方硫黄（常温で最も安定）	単斜硫黄	ゴム状硫黄
外観	黄色，塊状結晶	黄色，針状結晶	褐色～黄色，ゴム状固体
分子の構成	環状分子 S_8	環状分子 S_8	鎖状分子 S_x

斜方硫黄を加熱し液体にして冷やすと**単斜硫黄**になり，沸点近くまで加熱し水中で冷やすと**ゴム状硫黄**になる。単斜硫黄は，常温においておくと斜方硫黄になるんだ。

❷ 炭素 C の同素体

炭素の同素体の構造や性質などは，次の表のようになるんだ。

同素体	ダイヤモンド	黒鉛(グラファイト)	フラーレン(C_{60})	カーボンナノチューブ
硬さ	硬い	やわらかい	ー	ー
電気伝導性	なし	あり	なし	あり
結晶構造				

ダイヤモンドは，無色透明で電気を通さず，きわめて硬く，宝石や工具の刃などに使われているんだ。

黒鉛(グラファイト)は黒色で電気や熱をよく通し，電極や鉛筆のしんなどに使われている。黒鉛はうすくはがれやすく，黒鉛のシート1枚ずつを**グラフェン**というんだ。

フラーレン（C_{60}やC_{70}の球状分子）やカーボンナノチューブ（黒鉛のシート（グラフェン）がチューブ状に丸まったもの）は，現在その性質や利用の研究が進められているよ。

❸ 酸素 O の同素体

酸素の同素体には何があったか覚えてる？

酸素 O_2 とオゾン O_3 があったね。

そうだね。ここでは，酸素の同素体をみていくね。

酸素 O_2 は，空気中に体積でおよそ**20% 含まれている**気体で，液体にした空気を沸点の違いによって分ける（液体空気の分留）ことでつくられるんだ。また，酸素 O_2 は無色・無臭の気体で，**高温にするといろいろな物質と反応して酸化物**（➡ 二酸化炭素 CO_2 や酸化銅（Ⅱ）CuO のような酸素 O の化合物のこと）**をつくる**よ。

オゾン O_3 は，**酸素 O_2 中または空気中で放電**するか，**強い紫外線を酸素 O_2 に当てる**とつくることができる。

$$3O_2 \longrightarrow 2O_3$$

オゾン O_3 は，**淡青色**（たんせいしょく）**・特異臭・有毒の気体**で，強い酸化力をもっているんだ。

地上 20 km ぐらいのところでは，太陽からの強い紫外線によってオゾン O_3 がつくられている。このオゾン濃度の高い部分を**オゾン層**といって，オゾン層は太陽からの有害な紫外線を吸収し，地上の生物を保護しているんだ。

ポイント　酸素の同素体について

同素体	酸素 O_2	オゾン O_3
分子の構造	●―●	折れ線
沸点〔℃〕	−183	−111
色	無色	淡青色
におい	無臭	特異臭

❹ リン P の同素体

リンの同素体の化学式や色などは，次の表のようになるんだ。

同 素 体	黄リン P_4	赤リン P
外　観	淡黄色，固体	赤褐色，粉末
融点〔℃〕	44	590（加圧下）
発火点〔℃〕	34	260
CS_2 への溶解	溶ける	溶けない

黄リン P_4 **は淡黄色の猛毒な固体**で，空気中で自然発火するので水中に保存する。黄リンは，精製すると無色になるので白リンともよばれるんだ。

赤リン P は赤褐色の毒性の少ない粉末で，マッチ箱の摩擦面などに使われているんだ。

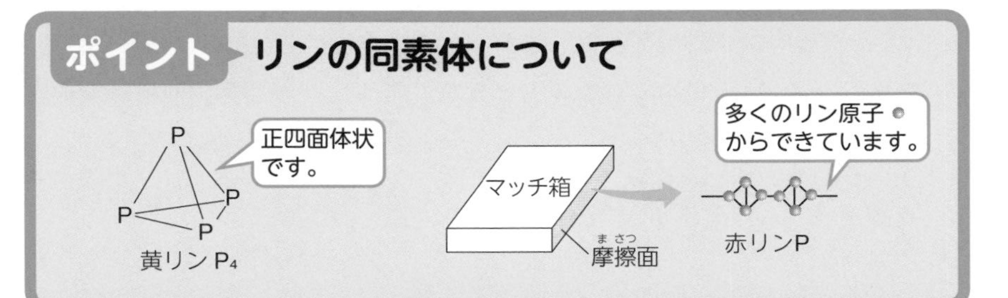

チェック問題 7　易　2分

同素体に関する記述として誤りを含むものを，次の①～⑤のうちから１つ選べ。

① 斜方硫黄と単斜硫黄は，いずれも環状構造の分子 S_8 からなる。
② 黒鉛には電気伝導性があるが，ダイヤモンドには電気伝導性がない。
③ ダイヤモンドは共有結合の結晶であり，フラーレン(C_{60})は球状の分子である。
④ 黄リンと赤リンは，いずれも空気中で自然発火する。
⑤ 酸素に紫外線を当てると，オゾンが生成する。

解答・解説

④

① 斜方硫黄と単斜硫黄は，いずれも （環状構造 S_8）からなる。

ちなみに，ゴム状硫黄は鎖状分子である。〈正しい〉

② 黒鉛(グラファイト)には電気伝導性があり，薄片状にはがれやすい。

ダイヤモンドには電気伝導性がなく，きわめて硬い。〈正しい〉

③〈正しい〉

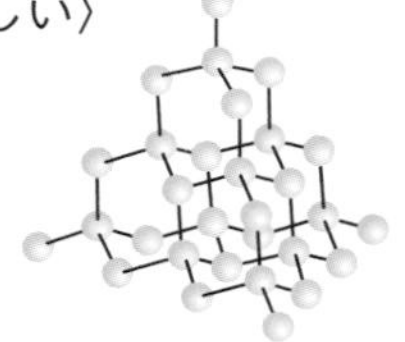

ダイヤモンドは正四面体の形が立体的網目状になっている。
共有結合の結晶である。

フラーレン(C_{60})は球状の分子であり，C_{70} の分子式をもつものもある。

④ 黄リン P_4 は空気中で自然発火するが，赤リン P が空気中で自然発火することはない。〈誤り〉

⑤ オゾン O_3 は，酸素 O_2 中または空気中で放電するか，酸素 O_2 に強い紫外線を当てると生成する。$3O_2 \longrightarrow 2O_3$〈正しい〉

4 炎色反応について

物質にどのような元素が含まれているか調べることを**元素の検出**というんだ。元素の検出方法として，**炎色反応**を知っておいてね。

ナトリウム Na，カルシウム Ca，銅 Cu などの元素を含んでいる化合物やその水溶液を白金線(はっきんせん)につけて，ガスバーナーの外炎(がいえん)に入れると，それぞれの元素に特有な色が炎につく(＝**炎色反応**(えんしょくはんのう))んだ。

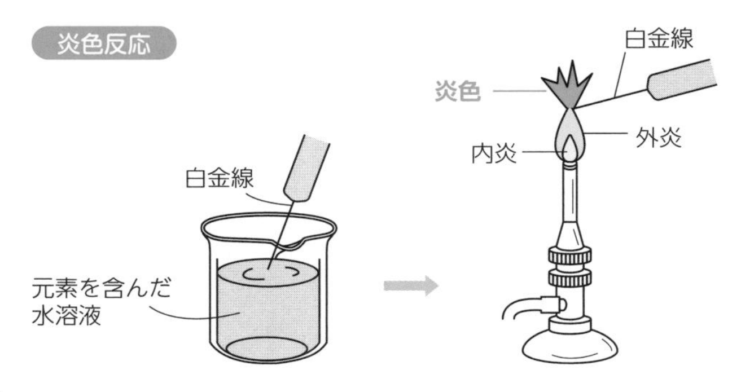

それぞれの元素は，それぞれ何色になるの？

リチウム Li は**赤色**，**ナトリウム** Na は**黄色**，**カリウム** K は**赤紫色**（あかむらさきいろ），**銅** Cu は**青緑色**（せいりょくしょく），**カルシウム** Ca は**橙赤色**（とうせきしょく），**ストロンチウム** Sr は**紅色**（こうしょく），**バリウム** Ba は**黄緑色**（おうりょくしょく）**にそれぞれ発色する**んだ。

覚えるのがたいへんだね。

そうだね。でも，どの元素が何色に発色するかはどうしても覚える必要があるんだ。炎色反応のゴロ合わせを紹介するので，覚えるときの参考にしてみてね。

Li	赤	Na	黄	K	紫	Cu	緑	Ba	緑	Ca	橙	Sr	紅
リ	アカー	な	き	K	村，	動	力に	馬	力	借りる	とう	する	もくれない

チェック問題 8

炎色反応に関する記述として下線部に誤りを含むものを，次の①～⑥のうちから１つ選べ。

① 炎色反応は，物質を高温の炎の中で熱したとき，炎がその物質の成分元素に特有の色を示す現象である。
② 実験室で炎色反応を観察するときは，調べたい物質を含む水溶液をつけた白金線を炎に入れる。
③ ガスバーナーを用いて炎色反応を観察するときは，外炎を用いる。
④ ナトリウムは，黄色の炎色反応を示す。
⑤ 花火には，炎色反応が利用されている。
⑥ 遷移元素は，炎色反応を示さない。

解答・解説

⑥

② 実験前に白金線を濃塩酸で洗浄し，白金線に炎色反応を示す物質がついていないことをガスバーナーの外炎に入れて確かめておくことも知っておきたい。〈正しい〉
③ 内炎(約500℃)よりも高温(最高1800℃)の外炎を用いる。〈正しい〉
⑥ 銅 Cu は遷移元素だが，青緑色の炎色反応を示す。〈誤り〉

食品が湿気を含むことを防ぐ

水分と結びついたり，水分と反応することで菓子や焼き海苔などが湿気を含むことを防ぐ。

例 • **シリカゲル** ➡ 菓子などを湿気から守る。水分と結びつく(吸着する)性質をもち，乾燥剤として用いる。二酸化ケイ素 SiO_2からつくられる。
• **生石灰(酸化カルシウム CaO)** ➡ 焼き海苔などを湿気から守る。水分と反応して水酸化カルシウム $Ca(OH)_2$ になる。乾燥剤として用いる。シリカゲルより強力な乾燥剤。

5 物質の三態と状態変化について

水 H_2O の状態を 3 つ答えてよ。

固体(氷)，液体(水)，気体(水蒸気)でしょ？

そうだね。**物質は，その状態から，固体・液体・気体の 3 つに分けることができて，これらを物質の三態(さんたい)という**んだ。物質の状態を考えるときは，いつも温度や圧力を意識するようにしてね。

温度はなんとなくわかるけど，圧力もなの？

そうなんだ。たとえば，200℃の水(液体)っていわれてもピンとこないよね。それは，原子くんが生活している大気圧(1 気圧 $=1.013\times10^5$ Pa)の下では水は100℃で沸騰して水蒸気になってしまうからなんだけど，たとえば，200気圧の下では水は200℃でも液体なんだよ。だから，物質の状態を考えるときには，温度だけじゃなくて圧力も意識してほしいんだ。**固体・液体・気体の三態間の変化を状態変化(このように状態だけが変わる変化は物理変化ともいう)という**んだ。

物理変化があるなら，化学変化もあるの？

するどいね。炭素 C と酸素 O_2 が反応して二酸化炭素 CO_2 を生じるように，**ある物質が別の物質に変わる変化を化学変化または化学反応という**んだ。

ポイント 物理変化と化学変化について

- **物理変化** ▶ 状態や形だけが変わる変化
  例 固体・液体・気体の間の変化(状態変化)
  ガラスが割れてこなごなになるような変化(形だけが変化)
- **化学変化**(化学反応) ▶ ある物質が別の物質に変わる変化

チェック問題 9

標準 2分

次の現象に関する記述のうち，下線部が化学変化によるものはどれか。最も適当なものを，次の①～⑥のうちから2つ選べ。

① 氷砂糖の塊を水の中に入れておくと，塊が小さくなった。
② やかんで水を加熱して沸騰させると，湯気が出た。
③ ドライアイスを室温で放置すると，ドライアイスが小さくなった。
④ 貝殻を希塩酸の中に入れておくと，貝殻が小さくなった。
⑤ お湯を沸かすために，都市ガスを燃焼させた。
⑥ ぬれた洗濯物を外に干しておいたら，乾いた。

解答・解説

④，⑤

① 氷砂糖の塊が水に溶解することで小さくなる。溶解は，物質の種類は変わらずバラバラになる物理変化。

② 加熱して沸騰させると水が水蒸気となり，この水蒸気が空気中で冷却されて湯気となる。水蒸気 $\xrightarrow{\text{冷却}}$ 水(湯気)は物理変化。

③ ドライアイスが昇華し，小さくなる。昇華は物理変化。

④ 貝殻や大理石のおもな成分は炭酸カルシウム $CaCO_3$ であり，希塩酸 HCl と次の**化学変化**(弱酸の遊離➡ p.183)を起こし，CO_2 を発生して小さくなる。

$$CaCO_3 + 2HCl \longrightarrow CaCl_2 + CO_2 + H_2O$$

⑤ メタン CH_4 を冷却・圧縮して液体にしたものを**液化天然ガス(LNG)**といい，都市ガスとして利用されている。都市ガスを燃焼させると，次の**化学変化**(完全燃焼)が起こり多量の熱を発生する。

$$CH_4 + 2O_2 \longrightarrow CO_2 + 2H_2O + 熱$$

⑥ 水が水蒸気となることで乾く。水 $\longrightarrow$ 水蒸気は物理変化。

物質を構成している粒子は，**固体・液体・気体のいずれの状態であっても，いつも運動している**んだ。この運動のことを**熱運動**といい，**粒子の熱運動は温度が高くなるほど激しくなる**。また，物質を構成している粒子の間には引力がはたらいてたがいに集合しようともしているんだ。つまり，

❶　物質を構成している粒子が熱運動によりばらばらになろうとする。

❷　物質を構成している粒子が粒子間にはたらく引力によって，たがいに集まろうとする。

この，❶の力と❷の力の大小関係で物質の状態が決定するんだ。

❷の「集まろうとする力」が，❶の「ばらばらになろうとする力」よりはるかに大きければ，固体になりそうだね。

① 固　　体（❶の力 << ❷の力のとき）

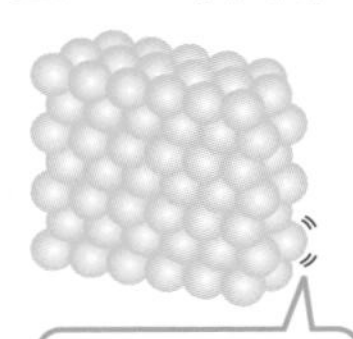

粒子は，粒子の間にはたらく引力によってほぼ同じ位置に固定されている。多くの固体では粒子は規則正しく並んでいて，それぞれ同じ位置で**熱運動**（振動や回転）し，**一定の体積と一定の形を保つ**。

② 液　　体

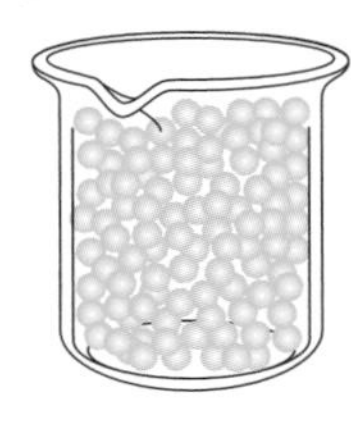

粒子は，粒子の間にはたらく引力によってたがいに引き合いながら，固体よりも粒子の間隔を広く保っている。粒子の間隔が広くなることで生じるすき間を利用しながら，粒子は熱運動によりたがいの位置を変えている。**一定の体積を保つが，その形は自由に変わる**ことができる。

③ 気　　体（❶の力 >> ❷の力のとき）

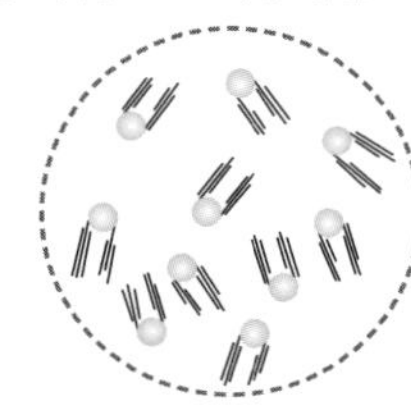

粒子と粒子の間隔はとても広く，粒子の間にはほとんど引力がはたらいていない。

粒子は熱運動によって，空間を自由に運動していて，**体積や形は一定しない**。

どんな物質であっても，同じ質量ならその体積は，固体 < 液体 < 気体になるの？

おしいね。すべてではないんだ。あてはまらない例として，**水(液体)の体積よりも氷(固体)の体積のほうが大きくなる**ことを覚えておいてね。氷については，105ページでくわしく説明することにするね。

ポイント 固体・液体・気体

- 物質は温度や圧力の条件によって，固体・液体・気体になる

ここで，氷を加熱してその温度変化を調べることで状態変化と温度との関係を考えてみることにするね。1.013×10^5 Pa(1気圧)の下で，氷を加熱したときの状態変化と温度変化のグラフは次のようになるんだ。

1.013×10^5 Pa(1気圧)の下での水の状態変化

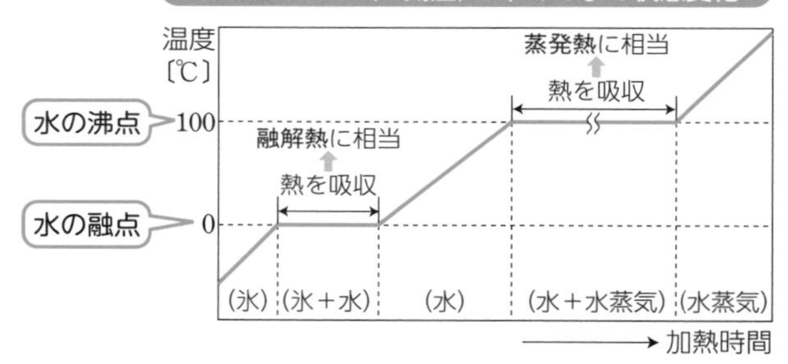

1気圧の下では，水の沸点は100℃，水の融点は0℃だよね。

そうだね。液体が沸騰して気体に変化するときの温度を**沸点**，固体がとけて液体に変化するときの温度を**融点**という。**沸点や融点は，物質の質量には関係なく，物質の種類によって決まっている**んだ。

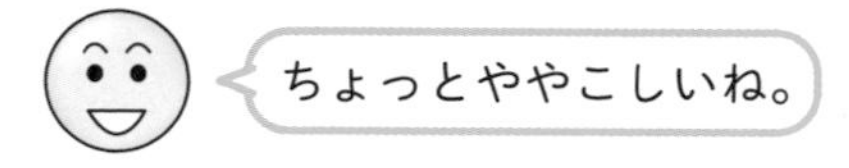

「質量」・「種類」の点に注意してね。たとえば1気圧の下では水の質量が100g，1kg，1tのどれでも沸点は100℃なんだ。ところが1気圧の下で質量100gの水の沸点は100℃だけど，質量100gのエタノールの沸点は78℃になるんだ。

水なら質量が違っても沸点は同じだけれど，種類が異なる水とエタノールでは沸点が違うんだね。

そうなんだ。ケアレスミスをしやすいので注意してね。あと，**純物質であれば，液体が沸騰してすべて気体になるまでの温度（沸点）は一定に保たれるし，固体がとけてすべて液体になるまでの温度（融点）も一定に保たれる**ということを知っておいてよ。

そういえば，固体から液体への変化を融解っていったよね。

そうだね。状態変化を表す化学用語はどれも重要だから，確実に覚えてね。次に，用語と熱の出入りの図を紹介するね。

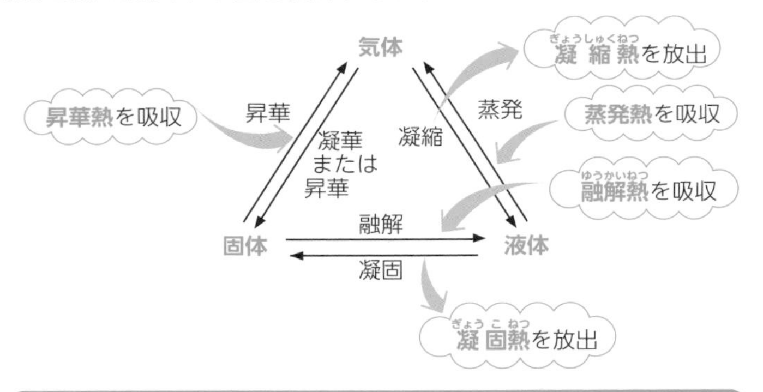

物質の三態と状態変化

「放出」・「吸収」を覚えるのはたいへんだよ。

放出か**吸収**かは，具体例で考えるといいよ。固体である氷を加熱すると，液体である水になるよね。つまり，固体＋熱 ⇄ 液体となるので，**固体から液体になるときには右向きの ⟶ で考えて，固体 ⟶ 液体－熱となることで，融解熱を吸収する**と考えられるし，**液体から固体になるときには左向きの ⟵ で考えて，固体＋熱 ⟵ 液体となることで凝固熱を放出する**と考えられるんだ。他の熱についても同じように考えてね。

チェック問題 10　標準 2分

温度 T_0 の固体の水(氷)を 1.013×10^5 Pa(1 気圧)のもとで完全に気体になるまで加熱した。図のグラフは，このときの加熱時間と温度との関係を示している。図に関する記述として誤りを含むものを，次の①～⑨のうちから2つ選べ。

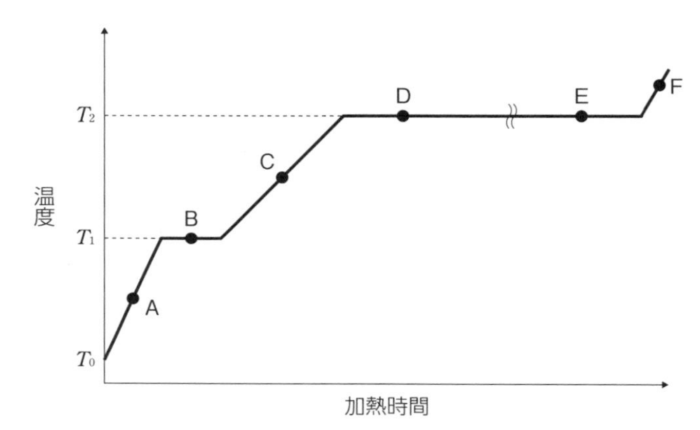

図

① 点Aでは，液体は存在しない。
② 点Aでは，分子は熱運動していない。
③ 温度 T_1 は，融点である。
④ 点Bでは，固体と液体が共存している。
⑤ 点Cでは，蒸発は起こらない。
⑥ 温度 T_2 は，沸点である。
⑦ 点Dでは液体の表面だけでなく内部からも気体が発生している。
⑧ 点D～点Eの間では，液体の体積は次第に減少する。
⑨ 点Fでは，分子間の距離は点Cのときよりも大きくなる。

解答・解説

②，⑤

① 点Aでは，固体として存在する。液体は存在しない。〈正しい〉

② 点Aでは，固体として存在する。固体では粒子はそれぞれ同じ位置で熱運動(振動や回転)している。〈誤り〉

③　温度 T_1(水なので 0 ℃)は，融点である。〈正しい〉
⑤　点Cでは液体として存在する。液体の表面では蒸発が起こっている。〈誤り〉
⑥　温度 T_2(水なので100℃)は，沸点である。〈正しい〉
⑦　点Dでは沸騰が起こっている。沸騰は，液体の表面だけでなく内部からも気泡が生じる現象。〈正しい〉
⑧　点D～点Eの間では沸騰が起こり，液体は気体になっていく。そのため，液体の体積は次第に減少していく。〈正しい〉
⑨　点Fでは気体として存在する。分子間の距離は，点Cの液体のときよりも大きく引力はほとんどはたらかない。〈正しい〉

チェック問題 11　標準 3分

1.013×10^5 Pa(1気圧)のもとでの水の状態変化に関する記述として誤りを含むものを，次の①～⑤のうちから1つ選べ。

①　ポリエチレンの袋に少量の水を入れ，できるだけ空気を除いて密封し電子レンジで加熱し続けたところ，袋がふくらんだ。
②　氷水を入れたガラスコップを湿度が高く暖かい部屋に置いておいたところ，コップの外側に水滴がついた。
③　氷を加熱し続けたところ，0 ℃で氷が融解しはじめ，すべての氷が水になるまで温度は一定に保たれた。
④　水を加熱し続けたところ，100℃で沸騰しはじめた。
⑤　水を冷却してすべてを氷にしたところ，その氷の体積はもとの水の体積よりも小さくなった。

解答・解説

⑤

①〈正しい〉　少量の水が水蒸気に変化(→蒸発)し，ふくらむ。
②〈正しい〉　湿気(水蒸気)が冷却され水滴に変化(→凝縮)した。
③〈正しい〉　融解の説明。純物質の融点は一定に保たれる。
④〈正しい〉　1.013×10^5 Pa のもとでの水の沸点は100℃である。純物質の沸点は，融点同様一定に保たれる。

⑤ 〈誤り〉 氷の体積はもとの水の体積よりも大きい。

チェック問題 12 標準 2分

1種類の分子のみからなる物質の大気圧下での三態に関する記述として誤りを含むものを，次の①～⑤のうちから1つ選べ。

① 気体の状態より液体の状態のほうが分子間の平均距離は短い。
② 液体中の分子は熱運動によって相互の位置を変えている。
③ 大気圧が変わっても沸点は変化しない。
④ 固体を加熱すると，液体を経ないで直接気体に変化するものがある。
⑤ 液体では，沸点以下でも液面から蒸発が起こる。

解答・解説

③

③ 大気圧が変われば，沸点は変化する。〈誤り〉 (➡ p.29)
④ ドライアイス，ヨウ素，ナフタレンなどは昇華する。〈正しい〉

次の図のように，臭素 Br_2(液体)の入ったびんを密閉できる容器に入れて，ふたを開けておくと液体の表面から蒸発した赤褐色の気体，臭素 Br_2 がゆっくりと容器の中全体に広がっていく。このように，**分子が熱運動して，全体に広がっていく現象を拡散という**んだ。

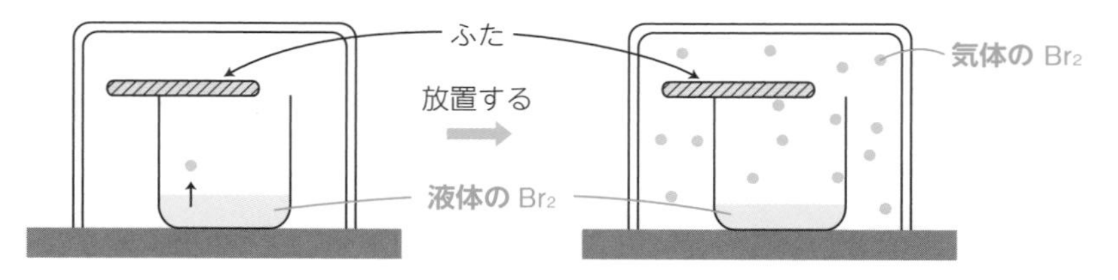

紅茶に牛乳を入れると，牛乳は紅茶と混ざり合っていく。この現象も拡散で，拡散は気体だけでなく液体中でも起こるんだ。

拡散は，分子が熱運動により濃度の大きなところから小さなところへ広がって均一な濃度になる現象のことで，逆の現象は起こらないんだ。

気体分子は，熱運動によりさまざまな方向にさまざまな速さで空間を飛びまわっている。温度が高くなるほど熱運動は激しくなるので，気体分子の速さの平均値も温度が高くなるほど大きくなるんだ。

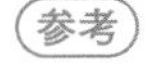

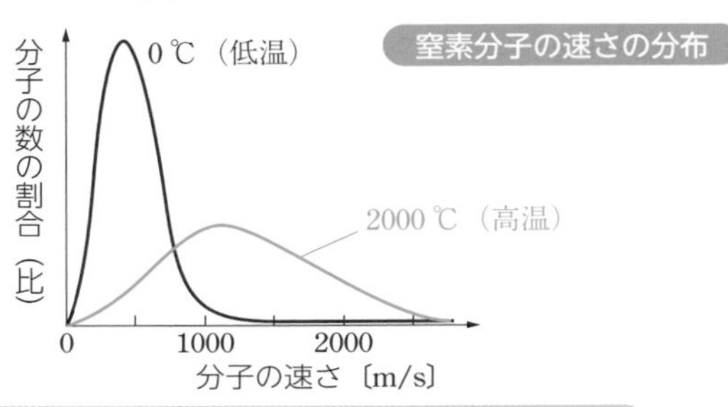

温度が高いほど，速さの大きな分子の数の割合が増えているね。

そうなんだ。ただ，同じ温度でもすべての気体分子が同じ速さで熱運動しているのではない点に注意してね。同じ温度でも飛びまわる速さが速い分子や遅い分子があるんだ。だから，**熱運動している気体分子の速さは，平均の速さで表す**んだよ。

日常生活では，水の凝固点を0℃，沸点を100℃として決められたセルシウス温度 t〔℃〕を使っていたよね。ただ，−273℃が粒子の熱運動が完全に停止する温度の最低限界だとわかってきたので，**−273℃を原点とする新しい温度の表し方である絶対温度（ぜったいおんど） T〔K〕（ケルビン）も使われるようになった**んだ。

T〔K〕と t〔℃〕には，

$$T\,[\mathrm{K}] = 273 + t\,[^\circ\mathrm{C}]$$

の関係があるんだ。

ポイント 気体分子の熱運動について

- 気体分子は，いろいろな方向に絶えず熱運動している
- 気体分子の速度は，一定温度であっても，空間を飛びまわる速さが速い分子や遅い分子がある
- 気体分子の平均の速さは，温度が高いほど大きくなる

思 考力のトレーニング　標準　2分

図は，熱運動する一定数の気体分子Aについて，100，300，500 Kにおける Aの速さと，その速さをもつ分子の数の割合の関係を示したものである。図から読みとれる内容および考察に関する記述として誤りを含むものはどれか。最も適当なものを，次の①～⑤のうちから1つ選べ。

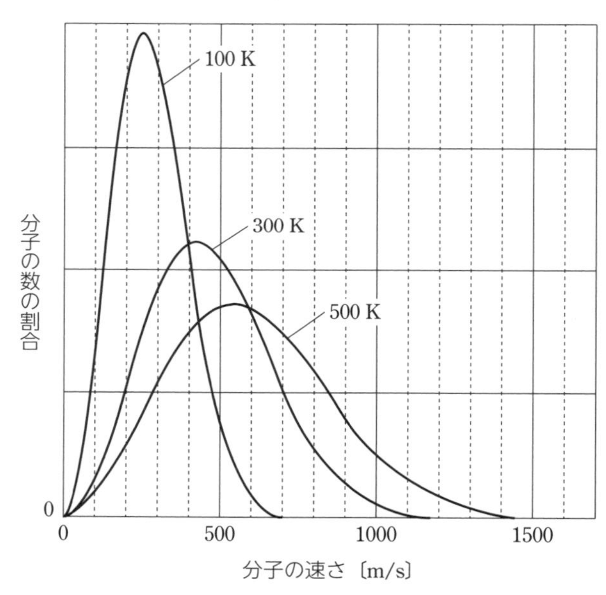

図　各温度における気体分子Aの速さと，その速さをもつ分子の数の割合の関係

① 100 Kでは約240 m/sの速さをもつ分子の数の割合が最も高い。

② 100 Kから300 K，500 Kに温度が上昇すると，約240 m/sの速さをもつ分子の数の割合が減少する。

③ 100 Kから300 K，500 Kに温度が上昇すると，約800 m/sの速さをもつ分子の数の割合が増加する。

④ 500 Kから1000 Kに温度を上昇させると，分子の速さの分布が幅広くなると予想される。

⑤ 500 Kから1000 Kに温度を上昇させると，約540 m/sの速さをもつ分子の数の割合は増加すると予想される。

解答・解説

⑤

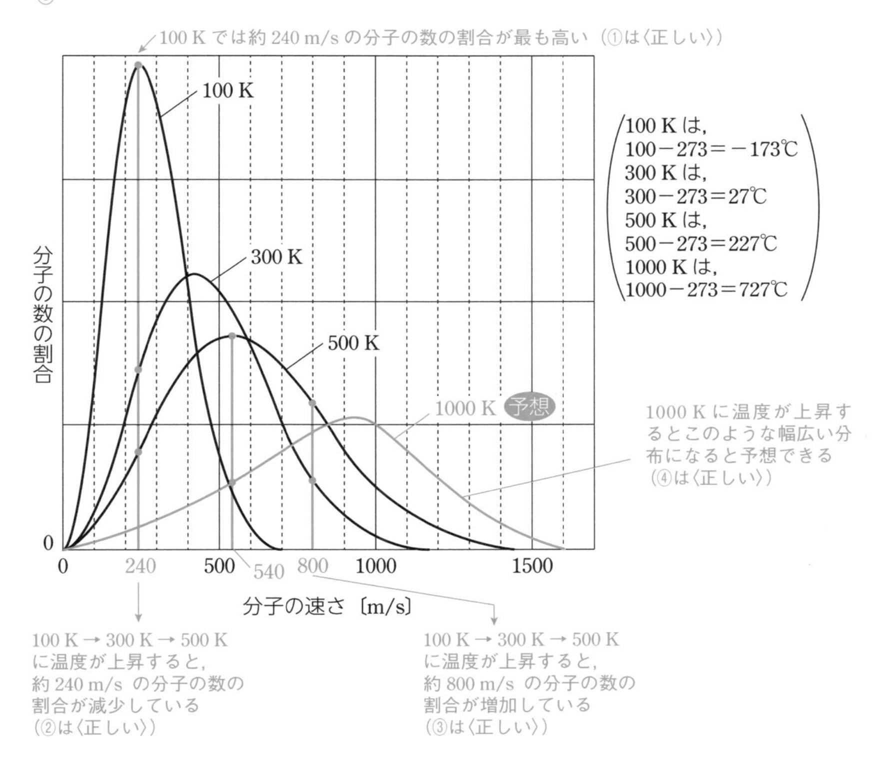

⑤　上の図から，500 K から1000 K に温度を上昇させると，約540 m/s の分子の数の割合は減少すると予想できる。〈誤り〉

第１章　物質の構成

2時間目 物質を構成する粒子

この項目のテーマ

1 原子の構造
化学用語をコツコツと覚えていこう！

2 同 位 体
水素の同位体をマスターしよう！

3 放射性同位体
年代測定の計算をマスターしよう！

4 周 期 表
$_{1}$H ～ $_{20}$Ca までをゴロ合わせを使って覚えよう！

1 原子の構造について

原子は，中心部にある**原子核**とそのまわりをとりまく**電子**（負の電荷をもち，e^- と表される）から構成され，原子核は**陽子**（正の電荷をもつ）と**中性子**（電荷をもたない）とからできていたよね。陽子の数は**元素ごとに異なっている**（**H は 1 個，He は 2 個，C は 6 個，…**）**ので，陽子の数を原子番号（➡ 原子の背番号だね）といい**，原子番号は元素記号の左下に書くんだ。

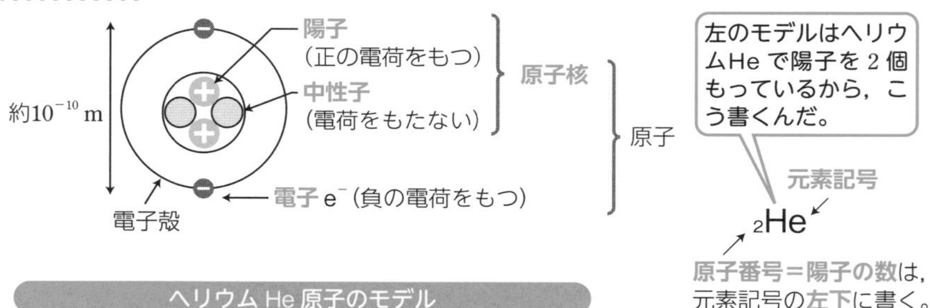

ヘリウム He 原子のモデル

たしか，原子は電気的に中性なんだよね。

そうなんだ。**原子に含まれる電子の数と陽子の数は等しいから，原子は全体として電気的に中性になる**んだ。

ポイント 原子について

● 原子は電気的に中性 ▶ 原子番号＝陽子の数＝電子の数となる

「電子の質量は陽子の質量に比べて無視できるほど小さく」，**「陽子 1 個と中性子 1 個の質量はほぼ等しい」**んだ。

陽子 1 個の質量は1.673×10^{-24} g，中性子 1 個の質量は陽子 1 個とほぼ同じ1.675×10^{-24} g，電子 1 個の質量は9.109×10^{-28} g になるんだ。

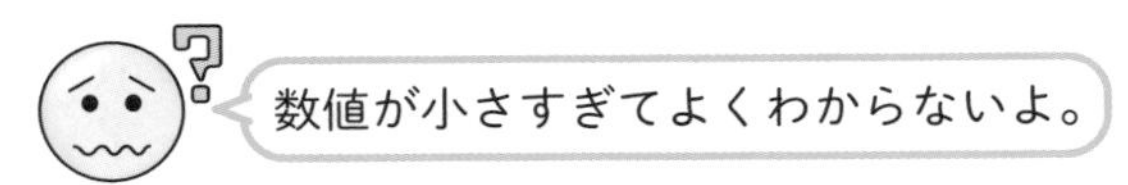

そうだね。陽子 1 個の質量を x〔g〕とすると，中性子 1 個の質量もほぼ x〔g〕となって，電子 1 個の質量はほぼ $\frac{1}{1840}x$〔g〕となるんだ。ここで，

（1840：イヤヨオと覚える。）

$$x + \frac{1}{1840}x = x + 0.00054x$$

（x：陽子 1 個の質量 または 中性子 1 個の質量，$\frac{1}{1840}x$：電子 1 個の質量，$1\div1840=0.00054\cdots$なので）

となるよね。$x+0.00054x$ は，x と近似してよさそうだね。

なるほどね。たしかに，電子の質量は陽子や中性子の質量に比べて無視できるほど小さいね。

ここで，x〔g〕の陽子 m 個，x〔g〕の中性子 n 個，$\frac{1}{1840}x$〔g〕の電子 m 個からなる原子 A 1 個の質量を考えてみるね。

（「陽子の数＝電子の数」だから，陽子の数と同じ m 個になる。）

原子の質量＝（陽子の質量＋中性子の質量）＋電子の質量

だから，

$$\text{原子Aの質量〔g〕} = (\underbrace{m}_{\text{陽子の数}} \times \underbrace{x}_{\text{陽子1個の質量}} + \underbrace{n}_{\text{中性子の数}} \times \underbrace{x}_{\text{中性子1個の質量}}) + \underbrace{m}_{\text{電子の数}} \times \underbrace{\frac{1}{1840}x}_{\text{電子1個の質量}}$$

$$= \underbrace{(m + n) \times x}_{\text{原子核の質量}} + m \times \frac{1}{1840}x$$

$$\fallingdotseq (\underbrace{m}_{\text{陽子の数}} + \underbrace{n}_{\text{中性子の数}}) \times x$$

↑電子の質量は，原子核の質量（陽子と中性子の質量の和）に対して無視できるほど小さい。

となるんだ。

これで，**原子の質量は「陽子の数と中性子の数の和 $(m+n)$」にほぼ比例する**ことがわかるね。**陽子の数と中性子の数の和を質量数といい，質量数は元素記号の左上に書く**んだ。たとえば，「陽子6個と中性子7個からなる原子核をもつ炭素原子C」は，どう表せばいいかな？

質量数＝陽子の数＋中性子の数＝6＋7＝13，原子番号＝陽子の数＝6，となって，質量数は元素記号の左上，原子番号は元素記号の左下に書くから，$^{13}_{6}C$ となるね。

そうだね。質量数がわかると，原子の質量が他の原子より大きいとか小さいとか，簡単に比較できるようになるんだ。

例　$^{12}_{6}C$ ➡ この原子の質量は，質量数＝12にほぼ比例する。
　　$^{13}_{6}C$ ➡ この原子の質量は，質量数＝13にほぼ比例する。

　　$^{13}_{6}C$ の質量は，$^{12}_{6}C$ の質量の $\frac{13}{12}$ 倍くらいになるとわかる。

質量数を見て原子の重さをくらべることができるね。

ポイント 原子の構造について

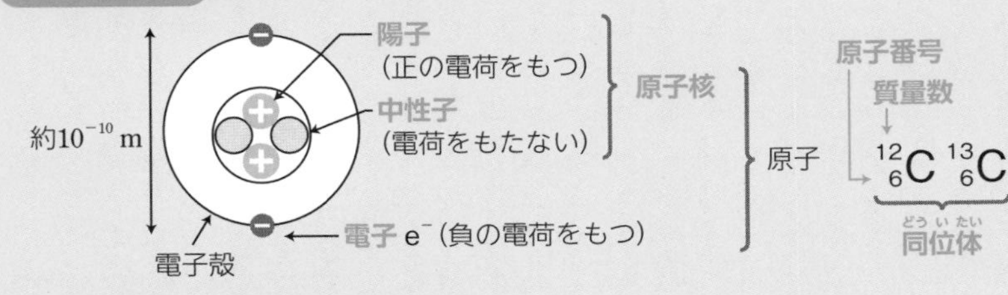

● **原子番号**＝陽子の数＝電子の数

● **質量数**＝陽子の数＋中性子の数

チェック問題 1

易 

2つの原子$^{14}_{6}C$と$^{16}_{8}O$の間でたがいに等しいものを，次の①～⑤のうちから1つ選べ。

① 質量数　② 陽子の数
③ 中性子の数　④ 電子の数
⑤ 原子番号

解答・解説

③

「原子番号＝陽子の数＝電子の数」，「質量数＝陽子の数＋中性子の数」を利用して解く。

$^{14}_{6}C$は，原子番号＝陽子の数＝電子の数＝6，質量数＝14，
中性子の数＝14－6＝8

$^{16}_{8}O$は，原子番号＝陽子の数＝電子の数＝8，質量数＝16，
中性子の数＝16－8＝8 ← たがいに等しい。

2 同位体について

同じ炭素原子でも $^{12}_{6}C$ と $^{13}_{6}C$ のように質量数が異なるものがあるんだね

そうなんだ。原子の中には，**原子番号（陽子の数）が同じで，質量数の異なる原子が存在するものがある**。これらをたがいに**同位体（アイソトープ）**といい，**同位体の化学的な性質（他の物質との反応のようす）はほぼ同じ**なんだ。天然に存在する水素原子 H には，次の同位体が存在する。

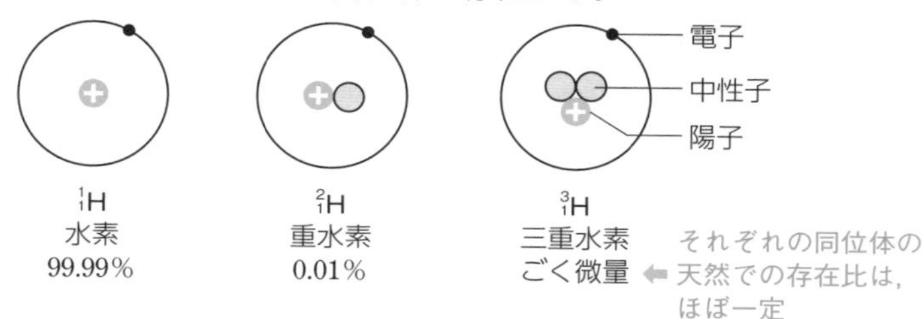

注 重水素はジュウテリウム（D），三重水素はトリチウム（T）ともよばれる。

中性子をもたない原子もあるんだね。

ポイント 同位体について

例 $^{1}_{1}H$，$^{2}_{1}H$，$^{3}_{1}H$ ➡ 原子番号（陽子の数）が同じで，質量数が異なる

チェック問題 2

標準 2分

次の文中の［1］～［3］に入れるのに最も適当なものを，それぞれの解答群の①～⑤のうちから1つずつ選べ。

塩素原子には $^{35}_{17}Cl$ および $^{37}_{17}Cl$ で表されるものがある。元素記号の左上の数字は［1］を示す。原子核に含まれる［2］の数は $^{37}_{17}Cl$ のほうが2個多い。自然界には，塩素原子のこれら2種の［3］が，一定の割合で存在する。

［1］の解答群
① 酸化数 ② 質量数 ③ 原子量 ④ 原子番号 ⑤ 電子数

［2］の解答群
① 電 子 ② 陽 子 ③ 中性子 ④ 分 子 ⑤ イオン

［3］の解答群
① 単 体 ② 同位体 ③ 同素体 ④ 異性体 ⑤ 同族体

解答・解説

［1］② ［2］③ ［3］②

元素記号の左上の数字は1 **質量数**，左下の数字は原子番号＝陽子の数を示す。

$^{35}_{17}Cl$ に含まれる中性子の数＝質量数－陽子の数＝35－17＝18

$^{37}_{17}Cl$ に含まれる中性子の数＝質量数－陽子の数＝37－17＝20

となるので，原子核に含まれる2 **中性子**の数は $^{37}_{17}Cl$ のほうが $^{35}_{17}Cl$ より2個多い。自然界には，塩素原子のこれら2種の3 **同位体**が，一定の割合で存在する。

チェック問題 3

標準 2分

3 種類の同位体(^{1}H, ^{2}H, ^{3}H)からできる水素分子 H_2 の種類は何個か。次の①～⑤のうちから 1 つ選べ。

① 3　② 4　③ 5　④ 6　⑤ 8

解答・解説

④

水素分子 H_2 は水素原子 H 2 個からなり，左右逆にすると同じになる分子の存在に注意すると，

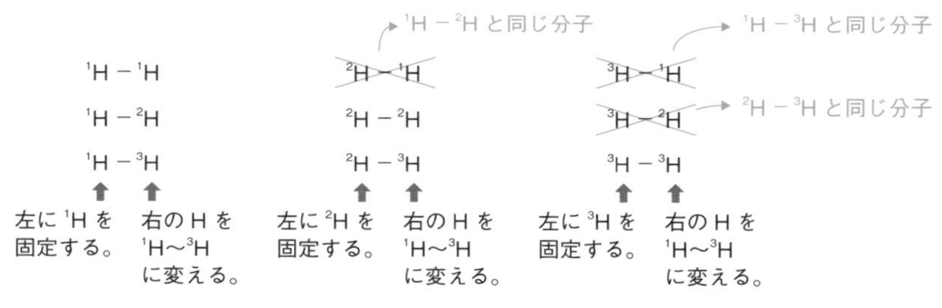

となるので，水素分子 H_2 の種類は 6 個となる。

チェック問題 4

標準 2分

原子に関する記述として誤りを含むものを，次の①～⑥のうちから1つ選べ。

① $^{16}_{8}O$ では陽子の数と中性子の数が等しい。
② $^{12}_{6}C$ と $^{13}_{6}C$ は，化学的な性質がほぼ同じである。
③ たがいに同位体である原子は，質量数が異なる。
④ 原子の質量は，原子番号に比例する。
⑤ 多くの元素には，同位体が存在する。
⑥ 陽子1個と中性子1個の質量は，ほぼ等しい。

解答・解説

④

① 陽子の数＝原子番号＝8，中性子の数＝質量数－陽子の数＝16－8＝8となり，陽子の数と中性子の数が等しい。〈正しい〉
② $^{12}_{6}C$ と $^{13}_{6}C$ はたがいに同位体である。同位体の化学的な性質（他の物質との反応のようす）はほぼ同じ。〈正しい〉
③ たがいに同位体である原子は，同じ元素記号で表され，質量数が異なる。〈正しい〉
④ 原子の質量は，質量数にほぼ比例する。原子番号に比例するとは限らない。〈誤り〉
⑤ 一部の元素（例 F，Na，Al）を除いて，同位体が存在する。〈正しい〉

3 放射性同位体について

同位体の中には，不安定な原子核をもち，放射線とよばれる粒子や電磁波を出してほかの原子に変化する放射性同位体（ラジオアイソトープ）があるんだ。

放射線には，どんなものがあるの？

おもなものには，α（アルファ）**線**（正の電荷をもつ），β（ベータ）**線**（電子 e^- のこと。負の電荷をもつ），γ（ガンマ）**線**（電磁波のこと。電荷をもたない）があるんだ。とくに放射性同位体として，β 線（電子 e^-）を出す $^{14}_{6}C$ を覚えておいてね。

$^{14}_{6}C$ は5730年たつごとにその量が $\frac{1}{2}$ になる特徴があるんだ。

放射線（β 線）の放出により，放射性同位体（$^{14}_{6}C$）の量が元の $\frac{1}{2}$ になる時間を半減期といって，半減期は遺跡などの年代測定に利用されるんだよ。

ポイント　放射性同位体について

- 半減期が5730年である $^{14}_{6}C$ は，枯木の中の存在比が5730年たつごとに $\frac{1}{2}$ 倍になる

思考力のトレーニング　やや難 

ある地層から木片が出土した。この木片に含まれる炭素の $^{14}_{6}C$ の存在比は，現在の8分の1であった。この木は，何年前まで生存していたと推定されるか。次の①～⑦のうちから1つ選べ。ただし，現在から過去の間，大気中の $^{14}_{6}C$ の存在比は一定であり，$^{14}_{6}C$ の半減期を5730年とする。

① 716年前　② 1433年前　③ 2865年前　④ 5730年前
⑤ 11460年前　⑥ 14325年前　⑦ 17190年前

解答・解説

⑦

木片に含まれる $^{14}_{6}C$ が現在の $\frac{1}{8}$ なので，

大気中の $^{14}_{6}C$ の存在比：$1 \xrightarrow{5730年経過} 1 \xrightarrow{5730年経過} 1 \xrightarrow{5730年経過} 1$（現在）

木片に含まれる $^{14}_{6}C$ の存在比：$1 \xrightarrow{5730年経過} \frac{1}{2} \xrightarrow{5730年経過} \frac{1}{4} \xrightarrow{5730年経過} \frac{1}{8}$

（1：枯れた瞬間）

となり，この木は5730×3＝17190年前まで生存していたと推定される。

4 周期表について

元素を**原子番号順**に並べ（➡ **メンデレーエフによりつくられた最初の周期表は元素が原子量順に並べられた**），**性質のよく似た元素が縦の列（＝族（ぞく）という）に並ぶように配列した表を周期表といった**よね（ちなみに横の行が**周期（しゅうき）**）。原子番号1～20の元素は覚えていないと困ることが多いんだ。がんばって覚えてね。

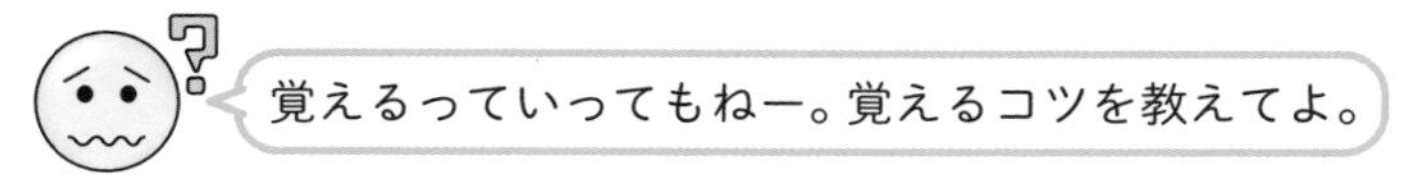

そうだね。周期表はゴロ合わせで覚えるのがいいと思うよ。ゴロ合わせって暗記が必要なときには，けっこう役に立つんだよ。

ポイント 周期表について

スイ ヘー リー ベー ボ ク ノ フ ネ
H He Li Be B C N O F Ne

ナナ マ ガ リ シップ ス ク アー ク カ
Na Mg Al Si P S Cl Ar K Ca

周期表（原子番号 1 ～20）

原子番号 → 1　H ← 元素記号
原子量 → 1.0　水素 ← 元素名

周期＼族	1	2	13	14	15	16	17	18
1	1 H 1.0 水素							2 He 4.0 ヘリウム
2	3 Li 6.9 リチウム	4 Be 9.0 ベリリウム	5 B 10.8 ホウ素	6 C 12.0 炭素	7 N 14.0 窒素	8 O 16.0 酸素	9 F 19.0 フッ素	10 Ne 20.2 ネオン
3	11 Na 23.0 ナトリウム	12 Mg 24.3 マグネシウム	13 Al 27.0 アルミニウム	14 Si 28.1 ケイ素	15 P 31.0 リン	16 S 32.1 硫黄	17 Cl 35.5 塩素	18 Ar 39.9 アルゴン
4	19 K 39.1 カリウム	20 Ca 40.1 カルシウム						

（参考） 113番元素名がニホニウム，元素記号が Nh であることを知っておこう！
この元素は，日本で発見されました。

あとね，**典型元素**（てんけいげんそ）や**遷移元素**（せんいげんそ）にあたる場所や同じ族の元素の中で特別な名称
↳1, 2, 13～18族の元素 ↳ 3 ～12族の元素

でよばれる**アルカリ金属**（きんぞく），**アルカリ土類金属**（どるいきんぞく），**ハロゲン**，**貴ガス**（き）にあたる場所
↳H を除く 1 族元素 ↳ 2 族元素 ↳17族元素 ↳18族元素

が問われることがあるので，次の図もあわせて覚えておいてね。

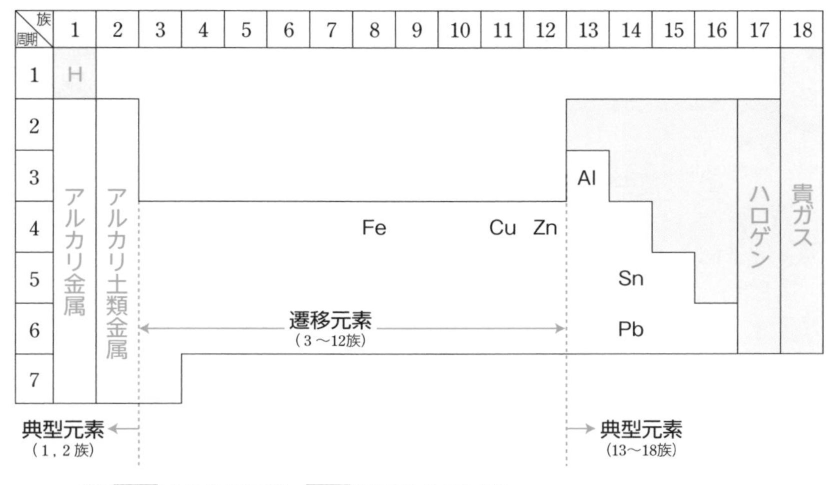

注 □は非金属元素，□以外は金属元素
Al，Zn，Sn，Pb などは酸だけでなく強塩基とも反応する→両性金属という

周期表「3～12族」の元素を**遷移元素**っていったよね。

そうだね。遷移元素については，

❶ 詳しい性質がわかっているものは**すべて金属元素**である
❷ **最外殻電子**（さいがいかくでんし）（➡ p.56）**の数が 2 個または 1 個**
❸ 周期表で左右となり合う元素どうしの性質も似ていることが多い
❹ 単体の密度が大きく，**融点が高いものが多い**
❺ **価数の異なるイオンや酸化数**（➡ p.212参照）**の異なる化合物になることが多い**
❻ イオンや化合物は，**有色**のものが多い

などの特徴をおさえておいてね。

ポイント 遷移元素について

遷移元素 ▶ すべて金属元素。融点が高い
▶ イオンや化合物は，有色のものが多い

電子配置，イオン，イオン化エネルギー

この項目のテーマ

1 電子配置
「原子番号１～20までの原子の電子配置」は書けるように！

2 イ オ ン
イオンの電子配置は「ミス」に注意しよう！

3 原子とイオンの大きさ
周期性をチェックしよう！

4 イオン化エネルギー
周期表との位置関係をおさえる！

5 電子親和力
17族ハロゲンの値が大きいことをおさえる！

1 電子配置について

②時間目 **物質を構成する粒子**で勉強したように，原子は「原子核とそのまわりをとりまく電子」からできていたよね。電子は，原子核を中心とするいくつかの決まった空間(＝**電子殻**(でんしかく)という)を運動しているんだ。

電子殻は原子核に近いものから，順にＫ殻，Ｌ殻，Ｍ殻，……(➡ Ｋからアルファベット順になる！)とよばれている。それぞれの電子殻に入ることができる電子の最大数も決まっていて，Ｋ殻は $2\times1^2=2$ 個，Ｌ殻は $2\times2^2=8$ 個，Ｍ殻は $2\times3^2=18$ 個になるんだ。だから，n 番目の電子殻に入ることができる電子の数は $2\times n^2=2n^2$ 個といいかえることもできるね。

ふーん。じゃあ，Ｍ殻の次はＮ殻 ⬅ アルファベット順だから
になって，最大：$2\times4^2=32$ 個 ⬅ $n=4$ を代入する
の電子が入るんだね！

電子は**負電荷**を，原子核は**正電荷**（➡ 陽子があるので）を帯びていたよね。そのため，**ふつう電子（マイナス）は原子核（プラス）に強く引かれて原子核に近いK殻から順につまっていく**。たとえば，原子番号が7の窒素原子 $_{7}N$ なら，K殻に2個，L殻に5個つまりK(2)L(5)，原子番号が16の硫黄原子 $_{16}S$ なら，K(2)L(8)M(6)となる。このような**電子の電子殻への入り方を電子配置という**んだ。

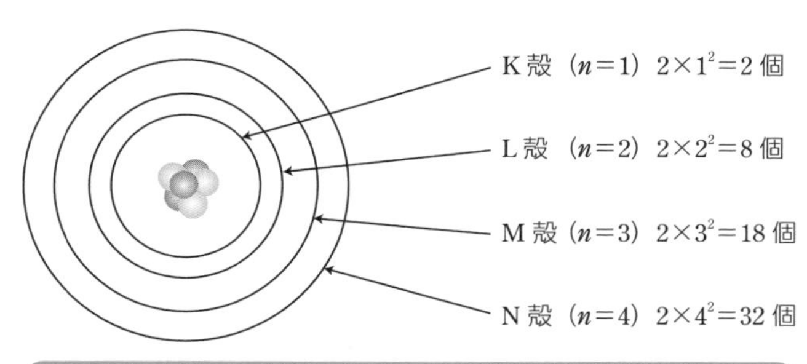

電子殻の名称と収容される電子の最大数（$2n^2$ 個）

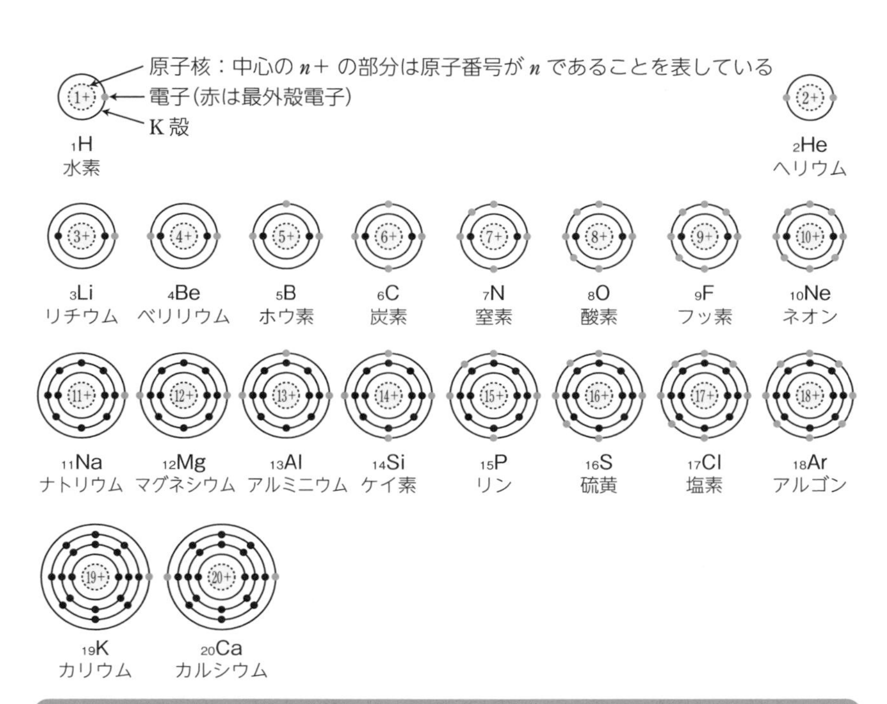

原子の電子配置の模式図

チェック問題 1　やや易　1分

陽子を◎，中性子を○，電子を●で表すとき，質量数6のリチウム原子の構造を示す模式図として最も適当なものを，図の①～⑥のうちから1つ選べ。ただし，破線の円内は原子核とし，その外側にある実線の同心円は内側から順にK殻，L殻を表す。

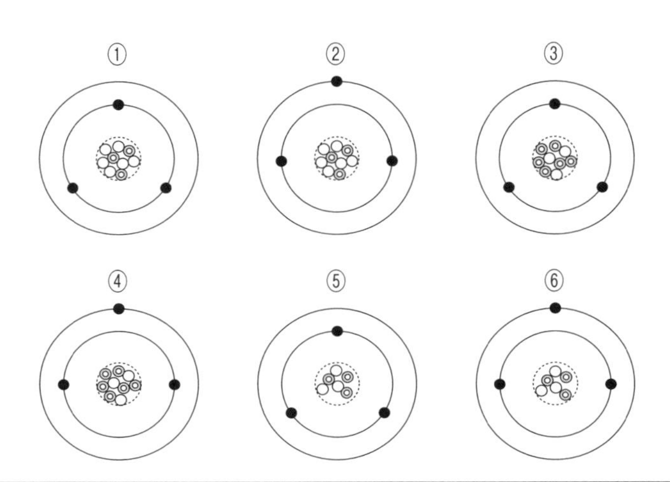

解答・解説

⑥

$_{1}$H（スイ）　$_{2}$He（ヘー）　$_{3}$Li（リー）　$_{4}$Be（ベー）　……なので，リチウムLiは原子番号が3となる。そのため，

　　原子番号＝陽子◎の数＝3
　　　　　　＝電子●の数＝3

　電子配置は，$_{3}$Li：K(2)L(1)となり，

　　質量数＝陽子◎の数＋中性子○の数なので，

　　6＝3＋中性子○の数

　　中性子○の数＝3

　よって，陽子◎の数＝3，中性子○の数＝3，電子●の数＝3，電子配置K(2)L(1)となっている模式図を探せばよい。

じゃあ，原子番号がアルゴン Ar からあとの原子の**電子配置**はどうなるかな？

原子番号＝陽子の数より

カリウム K は原子番号が19だから陽子の数が19個で，電子の数も19個だね。原子核に近いほうから電子が入っていって，それぞれの電子殻には定員があったから……，K 殻に 2 個，L 殻に 8 個，M 殻に 9 個かな？

おしいね。

M 殻には最大18個の電子が入ることができるのは正しいけれど，18個すべてが満たされてから N 殻に電子が入るわけではないんだ。

どうしたらいいの？

共通テストでは，カリウム $_{19}K$ ➡ K(2)L(8)M(8)N(1)と，カルシウム $_{20}Ca$ ➡ K(2)L(8)M(8)N(2)の 2 つを覚えておけば，大丈夫なんだ。

ポイント 電子配置について①

- 収容できる電子の最大数は，K(2) L(8) M(18) N(32) ……
- 配置の順番は，ふつう内側の **K 殻**から
  - ＊ただし，$_{19}K$ と $_{20}Ca$ の電子配置は覚えておく！

チェック問題 2 標準 2分

次のように表される原子 A に関する記述として誤りを含むものを，次の①～④のうちから 1 つ選べ。

$$^{19}_{9}A$$

① 最外殻には，7 個の電子が存在する。

② 原子核には，9 個の陽子が含まれる。

③ 原子核には，9 個の中性子が含まれる。

④ 質量数は，19である。

解答・解説

③

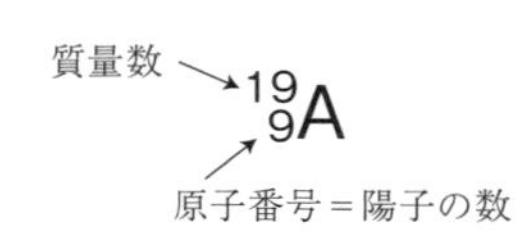

① 原子 A は電気的に中性なので陽子の数＝電子の数＝9 個だが，その電子配置は K(2)L(7) なので，最外殻には 7 個の電子が存在する。〈正しい〉

③ 質量数＝陽子の数＋中性子の数から，中性子の数＝19－9＝10個〈誤り〉

最も外側の電子殻にある電子を**最外殻電子**というんだ。**最外殻電子はたいていほかの原子と結びつくときに使われるので，価電子（かでんし）という**こともある。ただ，18族元素のヘリウム $_{2}$He，ネオン $_{10}$Ne，アルゴン $_{18}$Ar，……つまり，**貴ガスは他の原子と結びつきにくい**ので，原子の状態（＝**単原子分子**（たんげんしぶんし）という）で存在し，その**価電子の数は 0 とする**んだ。

ポイント 電子配置について②

- 価電子の数＝最外殻電子の数 ⬅ 貴ガスを除く典型元素
- 価電子の数＝ゼロ ⬅ 貴ガス

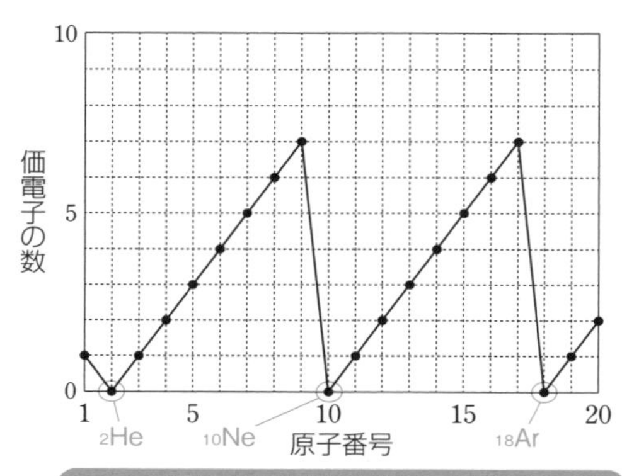

原子番号と価電子の数の関係

電子が最大数入った電子殻(➡ K 殻なら 2 個，L 殻なら 8 個，……)のことを**閉殻**(へいかく)というんだ。

ヘリウム $_{2}He$ やネオン $_{10}Ne$ は，最外殻が閉殻になっているね。

原子	原子番号	電子殻			
		K	L	M	N
He	2	②			
Ne	10	2	⑧		
Ar	18	2	8	⑧	
Kr	36	2	8	18	⑧

そうだね。最外殻が閉殻のヘリウム He やネオン Ne，最外殻電子の数が 8 個のアルゴン Ar やクリプトン Kr の電子配置は非常に安定なんだ。

貴ガスの電子配置は非常に安定なんだね。

He，Ne，Ar

- He は大気中にわずかしかなく，そのほとんどは北アメリカで生産されている。不燃性で，水素 H_2 の次に軽いため，風船や飛行船などに使われる。
- Ne はネオンサイン(ネオンを使った看板や広告)などに使われている。
- Ar は貴ガスの中では大気中に最も多く含まれ，白熱電球に封入されたり，溶接時の保護ガスなどに使われている。

ポイント 貴ガスについて

- いずれも常温・常圧で気体である
- 単原子分子として空気中にわずかに存在する
- 電子配置が非常に安定なので，他の原子と結びつきにくい

チェック問題 3

易　2分

電子配置の記述として誤りを含むものを，次の①〜④のうちから1つ選べ。

① Li，Na，K はすべて同数の最外殻電子をもつ。
② 原子番号7の原子は，L殻に5個の最外殻電子をもつ。
③ 貴ガス原子の最外殻電子はすべて8である。
④ Ne や Kr の原子はいずれも最外殻電子が8個であるが，価電子の数は0となる。

解答・解説

③

① $_{3}$Li：K(2)L(1)，$_{11}$Na：K(2)L(8)M(1)，$_{19}$K：K(2)L(8)M(8)N(1) ➡ すべて同数の最外殻電子をもつアルカリ金属である。〈正しい〉
② 原子番号7なので，K(2)L(5)〈正しい〉
③ 〈誤り〉原子番号2のヘリウム He の電子配置はK(2)となるので，最外殻電子は2個。 ⬅忘れやすいので注意！
④ ネオン Ne やクリプトン Kr の最外殻電子の数は8で価電子の数は0。〈正しい〉

2 イオンについて

原子って全体として電気的に中性だったよね。⬅(陽子の数＝電子の数)だから
この原子が，電子を失うと正(プラス)の電荷を帯びる(＝**陽イオン**という)，電子をとり入れると負(マイナス)の電荷を帯びる(＝**陰イオン**という)んだ。

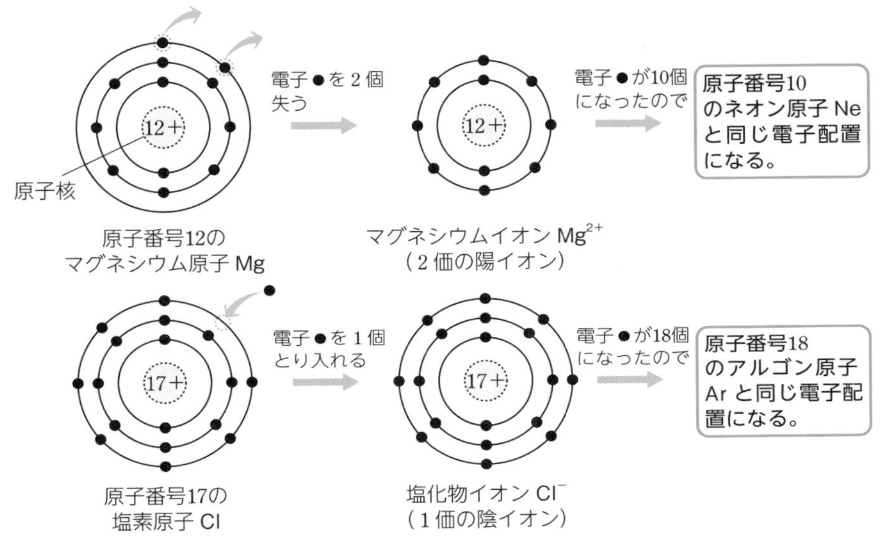

＊原子が電子を失うと＋の電荷をもつ陽イオンとなり，電子をとり入れると－の電荷をもつ陰イオンとなる。

この放出したり受けとったりする電子の数をイオンの価数といい，原子が n 個の電子を放出すると n 価の陽イオン，n 個の電子を受けとると n 価の陰イオンになる。ふつう，**価電子が1～3個の原子は価電子すべてを放出して1～3価の陽イオンになりやすく，価電子6，7個の原子は2，1個の電子を受けとって2，1価の陰イオンになりやすい**んだ。

これは，イオンになるときに電子を放出したり受けとったりして，より安定な貴ガスと同じ電子配置になろうとするからなんだ。イオンになったときの電子配置は，下の例からも，水素イオン H^+ のほかは**原子番号が最も近い貴ガスと同じになっている**ことがわかるね。

1族 例 $_1H$ ：K(1) ➡ $_1H^+$ ：K(0)（同じ電子配置をもつ原子はない）
$_3Li$ ：K(2)L(1) ➡ $_3Li^+$ ：K(2)（$_2He$ と同じ電子配置）
2族 例 $_4Be$ ：K(2)L(2) ➡ $_4Be^{2+}$ ：K(2)（$_2He$ と同じ電子配置）
16族 例 $_8O$ ：K(2)L(6) ➡ $_8O^{2-}$ ：K(2)L(8)（$_{10}Ne$ と同じ電子配置）
17族 例 $_9F$ ：K(2)L(7) ➡ $_9F^-$ ：K(2)L(8)（$_{10}Ne$ と同じ電子配置）

ポイント　イオンの電子配置について

● 原子が陽イオン・陰イオンになるときには，
原子番号が最も近い貴ガスと同じ電子配置になることが多い。

例 $_{3}Li^{+}$，$_{4}Be^{2+}$ ――→ $_{2}He$ と同じ電子配置
$_{8}O^{2-}$，$_{9}F^{-}$，$_{11}Na^{+}$，$_{12}Mg^{2+}$，$_{13}Al^{3+}$ ――→ $_{10}Ne$ と同じ電子配置
$_{16}S^{2-}$，$_{17}Cl^{-}$，$_{19}K^{+}$，$_{20}Ca^{2+}$ ――→ $_{18}Ar$ と同じ電子配置

チェック問題 4　標準　2分

(1) 原子番号12の原子が電子を2個失ってできているイオンと，同じ数の電子をもつ原子を，次の①～⑤のうちから1つ選べ。

① Ar　② F　③ He　④ Ne　⑤ P

(2) 最外殻電子の数が異なるものの組み合わせを，次の①～⑤のうちから1つ選べ。

① B と Al　② He と Ne　③ N と P
④ O^{2-} と F^{-}　⑤ Ca^{2+} と Na^{+}

解答・解説

(1) ④　(2) ②

(1) 原子番号12の Mg が電子2個を失ってできた Mg^{2+} は，原子番号10の Ne と同じ電子配置をもつ。

$_{12}Mg$：K(2)L(8)M(2) ➡ $_{12}Mg^{2+}$：K(2)L(8)
（K(2)L(8) → Ne と同じ電子配置）

(2) ② $_{2}He$：K(2)　$_{10}Ne$：K(2)L(8)
（K(2) と L(8) → 最外殻電子の数が異なる）

チェック問題 5　標準　2分

(1)　銅(Ⅱ)イオン $^{65}_{29}Cu^{2+}$ に含まれる電子の数にあてはまるものを，次の①～⑥のうちから１つ選べ。

①　27　②　29　③　31
④　36　⑤　63　⑥　65

(2)　ネオン Ne と同じ電子配置をもつイオンを，次の①～⑤のうちから１つ選べ。

①　Be^{2+}　②　Mg^{2+}　③　K^{+}
④　Cl^{-}　⑤　S^{2-}

(3)　電子の総数が N_2 と同じものを，次の①～⑤のうちから１つ選べ。

①　H_2O　②　CO　③　OH^{-}
④　O_2　⑤　Mg^{2+}

解答・解説

(1)　①　(2)　②　(3)　②

(1)　銅原子 Cu に含まれる電子の数は，原子番号(＝陽子の数)と同じ29個になる。よって，銅原子 Cu が電子を２個失った銅(Ⅱ)イオン Cu^{2+} に含まれる電子の数は，29－2＝27個とわかる。

(2)　$_{8}O^{2-}$，$_{9}F^{-}$，$_{11}Na^{+}$，$_{12}Mg^{2+}$，$_{13}Al^{3+}$ がネオン Ne と同じ K(２)L(８)の電子配置をもつ。

(3)　原子番号７の $_{7}N$ は電子７個をもつため，N_2 のもつ電子の総数は 7×2＝14個になる。

また，①～⑤のもつ電子の総数は次のようになる。

①　H_2O：$\underbrace{1}_{_1H} \times 2 + \underbrace{8}_{_8O}$ ＝10個

②　CO：$\underbrace{6}_{_6C} + \underbrace{8}_{_8O}$ ＝14個

③ OH^{-}：8 + 1 + 1 = 10個 ⬅ 1価の陰イオンなので，電子1個を得ている。
　　$_8O$　$_1H$

④ O_2：8 × 2 = 16
　　$_8O$

⑤ Mg^{2+}：12 − 2 = 10個 ⬅ 2価の陽イオンなので，電子2個を失っている。
　　$_{12}Mg$

陽イオンになりやすいことを**陽性**，陰イオンになりやすいことを**陰性**といい，**典型元素**の陽性・陰性の特徴は次のようになるんだ。

周期＼族	1	2	13	14	15	16	17
1	1 H						
2	3 Li	4 Be	5 B	6 C	7 N	8 O	9 F
3	11 Na	12 Mg	13 Al	14 Si	15 P	16 S	17 Cl
4	19 K	20 Ca	31	32	33	34	35 Br

18	族＼周期
2 He	1
10 Ne	2
18 Ar	3
36 Kr	4

陰性（右へ）　陰性が強くなる（上へ）
陽性（左へ）　陽性が強くなる（下へ）
貴ガス

典型元素の特徴

非金属元素は，陰性が強いものが多く，金属元素は陽性が強いものが多いね。

そうなんだ。**陰性のことを非金属性，陽性のことを金属性といったりする**からね。貴ガスを除いた**同族元素**（どうぞくげんそ）**（同じ族の元素）では原子番号が大きくなるほど陽性が強く，原子番号が小さくなるほど陰性が強くなる**んだ。

同一周期（同じ周期）では，原子番号が大きくなるほど陰性が強く，原子番号が小さくなるほど陽性が強くなっているね。

ポイント 陽性・陰性について

典型元素（貴ガスを除く）では，
- 周期表の左下にある金属元素ほど陽性が強い
- 周期表の右上にある非金属元素ほど陰性が強い

チェック問題 6

やや難 

原子やイオンの電子配置に関連する記述として誤りを含むものを，次の①～⑥のうちから１つ選べ。

① ナトリウム原子のＫ殻には，２個の電子が入っている。
② マグネシウム原子のＭ殻には，２個の電子が入っている。
③ リチウムイオン(Li^+)とヘリウム原子の電子配置は同じである。
④ カルシウムイオン(Ca^{2+})とアルゴン原子の電子配置は同じである。
⑤ フッ素原子は，６個の価電子をもつ。
⑥ ケイ素原子は，４個の価電子をもつ。

解答・解説

⑤

原子やイオンの名前から原子番号がわからないと解けない。暗記した周期表を活用しよう。

① ${}_{11}Na$ なので K(２)L(８)M(１)〈正しい〉
② ${}_{12}Mg$ なので K(２)L(８)M(２)〈正しい〉
③ ${}_{3}Li^+$ は K(２)，${}_{2}He$ も K(２)〈正しい〉
④ ${}_{20}Ca^{2+}$ は K(２)L(８)M(８)，${}_{18}Ar$ も K(２)L(８)M(８)〈正しい〉
⑤ ${}_{9}F$ は K(２)L(７)なので，価電子は最外殻電子と同数の７個〈誤り〉
⑥ ${}_{14}Si$ は K(２)L(８)M(４)なので，価電子＝最外殻電子＝４個〈正しい〉

3 原子とイオンの大きさについて

原子・イオンを球形と考えたときの半径をそれぞれ原子半径・イオン半径というんだ。原子半径やイオン半径については，周期的な規則性つまり**周期律**を見つけることができるんだ。

1 原子半径

典型元素の原子半径を ❶ 同族元素(同じ族の元素)と ❷ 同一周期(同じ周期)の元素に分けて考えてみるね。ただ，貴ガスについては ❶ だけを考えればいいんだ。

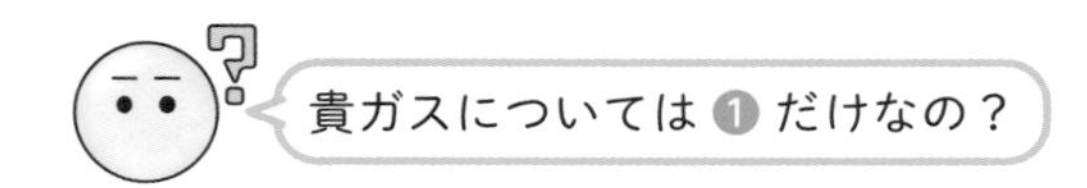

そうなんだ。貴ガスは他の原子と結びつきにくいことが原因で，原子半径の値が他の原子とは大きく異なるんだ。だから，貴ガスどうしで原子半径を比べる，つまり ❶ の同族元素についてだけを考えればいいんだよ。

❶ 同族元素について

1族元素の Li，Na，K の電子配置を考えると，

${}_{3}$Li ：K(2)L(1) ⬅ 最外殻は L 殻
${}_{11}$Na：K(2)L(8)M(1) ⬅ 最外殻は M 殻
${}_{19}$K ：K(2)L(8)M(8)N(1) ⬅ 最外殻は N 殻

となるよね。

同族のときは原子核から最外殻までの距離(原子半径)は，原子番号が大きくなるほど大きくなっているね。

そうなんだ。**同族元素の原子半径は，原子番号が大きくなる(周期表で下にいく)ほど大きくなる**んだ。

じゃあ，貴ガスも原子番号が大きくなるほど原子半径が大きくなりそうだね。

そうだね。18族元素の He，Ne，Ar の電子配置は，

${}_{2}$He ：K(2) ⬅ 最外殻は K 殻
${}_{10}$Ne：K(2)L(8) ⬅ 最外殻は L 殻
${}_{18}$Ar ：K(2)L(8)M(8) ⬅ 最外殻は M 殻

となるからね。

❷ 同一周期の元素について(貴ガスを除く)

たとえば，第3周期の ${}_{11}$Na ～ ${}_{17}$Cl で考えてみると，その電子配置は，

${}_{11}$Na：K(2)L(8)M(1) ～ ${}_{17}$Cl：K(2)L(8)M(7) ⬅ 最外殻は M 殻のまま
↑ ${}_{12}$Mg ～ ${}_{16}$S では，最外殻の M 殻に電子が入っていく。

となって最外殻は M 殻のまま，原子番号が大きくなっているよね。**原子番号が大きくなると陽子の数が増えていくので，原子核の正電荷が大きくなり，最**

外殻電子が強く引きつけられるんだ。だから，最外殻は同じ M 殻であっても，原子番号が大きくなる（周期表で右にいく）ほど原子半径は小さくなるんだ。

周期	1族	2族	13族	14族	15族	16族	17族	18族
1	H 0.037							He 0.140
2	Li 0.152	Be 0.111	B 0.081	C 0.077	N 0.074	O 0.074	F 0.072	Ne 0.154
3	Na 0.186	Mg 0.160	Al 0.143	Si 0.117	P 0.110	S 0.104	Cl 0.099	Ar 0.188
4	K 0.231	Ca 0.197						

原子半径　数値の単位は nm（ナノメートル）（$1nm = 10^{-9}m$）

ポイント　原子半径について

- 同族元素 ▶ 原子番号が大きくなる（周期表で下にいく）ほど大きくなる
- 同一周期の元素（貴ガスを除く）
  ▶ 原子番号が大きくなる（周期表で右にいく）ほど小さくなる

2　イオン半径

❶ 陽イオンについて

原子が陽イオンになると最外殻電子を失うから，より内側の電子殻が最外殻になるよね。だから，陽イオンの半径はもとの原子の半径よりも小さくなるんだ。たとえば，原子番号11の Na で考えると，

$_{11}Na$　：K(2)L(8)M(1) ⇐ 最外殻は M 殻
$_{11}Na^+$ ：K(2)L(8) ⇐ 最外殻は L 殻

Na が最外殻（M 殻）の電子を 1 個失うと Na^+ になる。

となるから，$_{11}Na$ の半径より $_{11}Na^+$ の半径のほうが小さくなるんだ。

❷ 陰イオンについて

原子が**陰イオン**になると，最外殻に電子をとり入れるよね。たとえば，原子番号17の Cl で考えると，

$_{17}Cl$ ：K(2)L(8)M(7) ⬅ 最外殻は M 殻

$_{17}Cl^-$ ：K(2)L(8)M(8) ⬅ 最外殻は M 殻のまま

Cl が最外殻(M 殻)に電子を 1 個とり入れると Cl^- になる。

となるよね。このとき，最も外側の電子殻は M 殻のままだけど，M 殻の電子の数は 7 個から 8 個に増えるんだ。**電子が増えると電子どうしの反発力が大きくなるから，陰イオンの半径はもとの原子の半径よりも大きくなる**。つまり，$_{17}Cl$ の半径より $_{17}Cl^-$ の半径のほうが大きくなるんだ。

原子が陽イオンになるとその半径が小さくなって，陰イオンになるとその半径が大きくなるんだね。

そうなんだ。下の図で確認しておいてね。

❸ 同じ電子配置をとるイオンについて

$_8O^{2-}$，$_9F^-$，$_{11}Na^+$，$_{12}Mg^{2+}$，$_{13}Al^{3+}$ はどれも**電子配置**が原子番号10のネオン Ne 原子と同じ電子配置(K(2)L(8))になるんだ。同じ電子配置，同数の電子をもったこれらのイオンは，原子番号が大きくなると陽子の数が増えていくよね。**陽子の数が増えていくと，原子核の正電荷が大きくなるので，原子核と電子の間の引力が大きくなって，電子が原子核に強く引きつけられるためにそのイオン半径は小さくなる**んだ。

●ネオン Ne 原子と同じ電子配置をもつイオンのイオン半径の比較

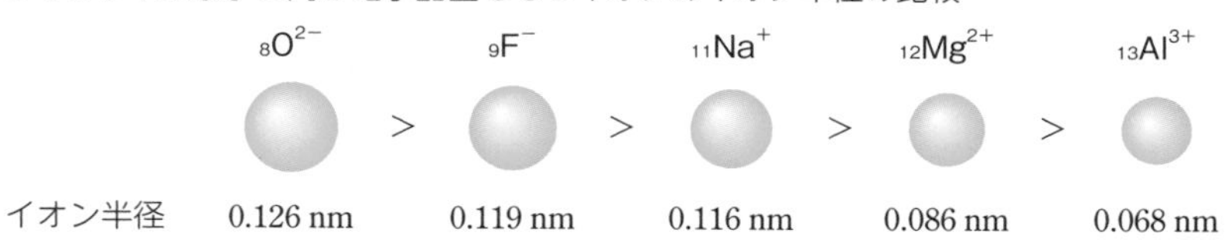

ポイント イオン半径について

① 陽イオン　例 $_{11}Na > {}_{11}Na^{+}$
② 陰イオン　例 $_{17}Cl < {}_{17}Cl^{-}$
③ 同じ電子配置をもつイオン
例 $_{8}O^{2-} > {}_{9}F^{-} > {}_{11}Na^{+} > {}_{12}Mg^{2+} > {}_{13}Al^{3+}$

思考力のトレーニング　やや難　2分

一般に，イオン半径は，原子核の正電荷の大きさと電子の数に依存する。

問　下線部に関連して，同じ電子配置であるイオンのうち，イオン半径の最も大きなものを，次の①～④のうちから1つ選べ。

① O^{2-}　② F^{-}　③ Mg^{2+}　④ Al^{3+}

解答・解説

①

ポイント③からイオン半径の最も大きなものは O^{2-} とわかるが，ここでは共通テストで求められている力(思考力・判断力)を使って解いてみよう。

問題文から得られた情報や知識
- ①～④は同じ電子配置なので，同数の電子をもつ
- 正電荷の大きさは，陽子の数が多いほど大きい
- 静電気力が強くなれば，原子核に電子が引きつけられるので，イオン半径は小さくなる

情報を統合し，考察・推論する →

①～④の電子の数は同数なので，陽子の数が多い(原子番号が大きい)ほどイオン半径は小さくなると考えられる。

よって，イオン半径は，$_{8}O^{2-} > {}_{9}F^{-} > {}_{12}Mg^{2+} > {}_{13}Al^{3+}$ の順になると予想できる。

原子番号が最も小さい(イオン半径が最大)
電子の数は同じ
原子番号が最も大きい(イオン半径が最小)

チェック問題 7

やや難 

原子半径やイオン半径に関する記述として誤りを含むものを，次の①～④のうちから１つ選べ。

① 電子配置が同じ陽イオンでは，イオンの価数が大きな陽イオンほど原子核の正電荷が大きくなりイオン半径は小さくなる。

② 貴ガスを除く最外殻が同じ殻の原子では，正電荷の大きい原子核ほど電子を強く引きつけるので，原子番号が大きいほど原子半径も大きくなる。

③ 原子が陽イオンになるときは，最外殻の価電子が放出されるのでイオン半径は小さくなる。

④ 原子が陰イオンになるときは，最外殻に新たに電子が配置されるので，イオン半径は大きくなる。

解答・解説

②

① たとえば，電子配置が同じ陽イオンである ${}_{11}Na^{+}$，${}_{12}Mg^{2+}$，${}_{13}Al^{3+}$ では，イオンの価数が大きな陽イオンほど原子番号が大きいので原子核の正電荷が大きくなりイオン半径は小さくなる。〈正しい〉

例 イオン半径 ${}_{11}Na^{+} > {}_{12}Mg^{2+} > {}_{13}Al^{3+}$

② たとえば，貴ガスを除く最外殻が同じＭ殻の原子である ${}_{11}Na$ ～ ${}_{17}Cl$ では，原子番号の大きな原子ほど原子核の正電荷が大きくなり，電子を強く引きつけるので原子半径は小さくなる。〈誤り〉。大きくなるではなく，小さくなるが正しい。

例 原子半径 ${}_{11}Na > {}_{12}Mg > \cdots > {}_{17}Cl$

③ 原子が陽イオンになるときは，最外殻の価電子が放出されるのでその半径は小さくなる。〈正しい〉

例 Na → Na^{+}

④ 原子が陰イオンになるときは，最外殻に新たに電子が配置されるので，電子どうしの反発力によりその半径は大きくなる。〈正しい〉

例 Cl → Cl^{-}

4 イオン化エネルギーについて

原子から電子１個をとり去って，１価の陽イオンにするのに必要な最小のエネルギーをイオン化エネルギーというんだ。

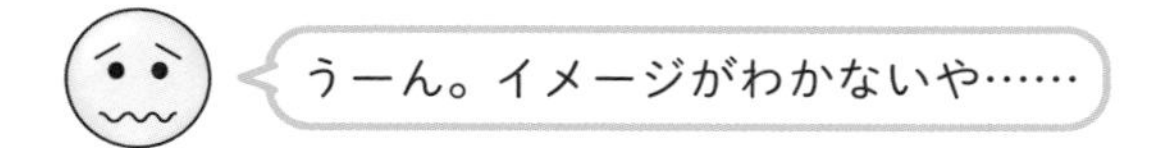

そうだね。言葉だけだと理解しにくいよね。じゃあ，こう考えてみたらどうかな？

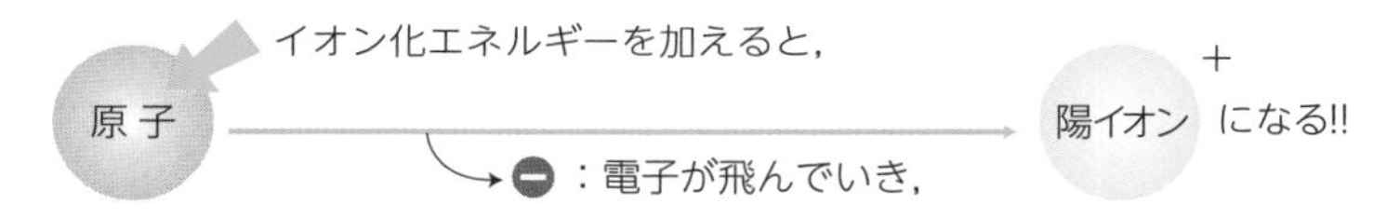

上の図のように，電子１個を飛ばすのに必要な力のことをいうんだ。じゃあ，イオン化エネルギーが大きいってことは，どういうことかな？

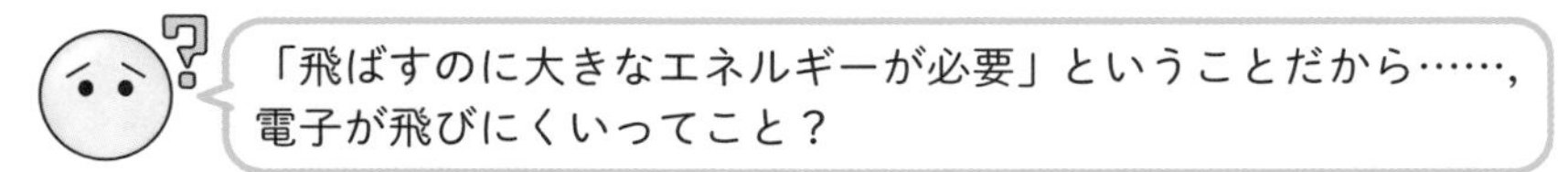

そして，**電子が飛びにくいということは陽イオンになりにくいということ**だよね。イオン化エネルギーが小さいときは，その逆になるんだ。

ポイント　イオン化エネルギーについて①

- **イオン化エネルギー**が大きいと**陽イオン**になりにくい
- **イオン化エネルギー**が小さいと**陽イオン**になりやすい

今度は，イオン化エネルギーと周期表の関係を調べてみよう。

まず，「縦の関係」（＝**同族**）にある元素について考えてみるね。

たとえば，水素Ｈを除いた１族元素（＝**アルカリ金属**）であるLi，Na，Kの電子配置は，もう大丈夫だよね？

$_{3}$Li は K(2)L(1)，$_{11}$Na は K(2)L(8)M(1)で，$_{19}$K は M 殻の配置に注意して K(2)L(8)M(8)N(1)となるよ。

そうだね。じゃあ，**原子核から最外殻電子までの距離**はどうなるかな？

原子核に近いものから，K 殻，L 殻，M 殻，……だったから，$_{19}$K がいちばん遠くなるね。

原子核から**遠くなるほど**，原子核（正に帯電）が最外殻電子（負に帯電）を引きつける力が**弱くなる**ね。引きつける力が弱くなれば，イオン化エネルギー（電子を飛ばすための力）は小さくてすむよね。

遠くに置いてある磁石どうしのほうが，近くに置いてある磁石どうしよりも，引き合う力が弱いよね。こんなイメージで覚えておくといいね。

次に，「横の関係」（＝**同一周期**）にある元素についても考えてみるね。

たとえば，第 2 周期の $_{3}$Li から $_{10}$Ne までは**原子番号が大きくなると（陽子の数が増えていくので）**，原子核の正電荷が大きくなって，**最外殻電子が強く引かれるから，イオン化エネルギーが大きくなる**んだ。

これも強い磁石どうしのほうが引き合う力が強いよね。こんなイメージで覚えておくといいね。

ポイント　イオン化エネルギーについて②

- **同　族**（縦）：原子番号 大 ➡ 原子核から最外殻電子までの距離 大 ➡ **最外殻電子**を引きつける力 弱 ➡ **イオン化エネルギー** 小
- **同一周期**（横）：原子番号 大 ➡ **最外殻電子**を引きつける力 強 ➡ **イオン化エネルギー** 大

イオン化エネルギーと周期表，イオン化エネルギーと原子番号の関係を図で表すと，次のようになるんだ。

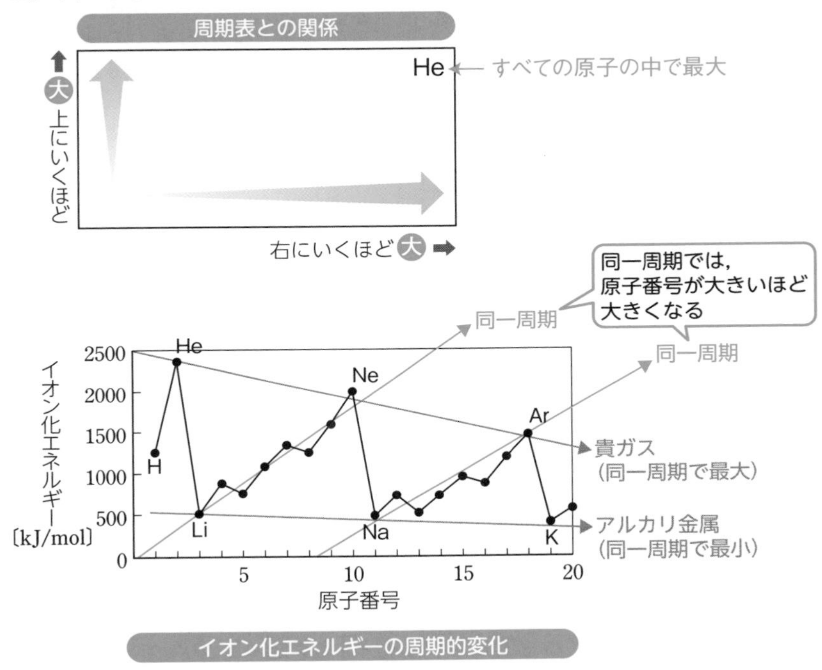

イオン化エネルギーの周期的変化

チェック問題 8

易　1分

下の図は，原子のイオン化エネルギーの値と，原子番号との関係を示したものである。図に示す元素群(a, b, c)と(x, y, z)の名称の組み合わせとして正しいものを，表中の①～⑥のうちから1つ選べ。

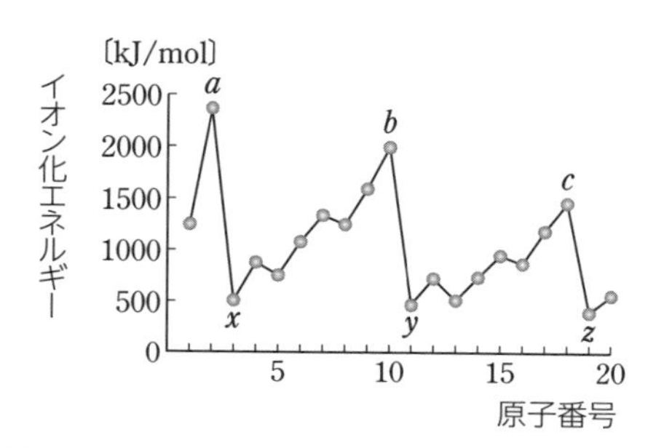

	元素群 a, b, c の名称	元素群 x, y, z の名称
①	アルカリ金属	貴ガス
②	アルカリ土類金属	ハロゲン
③	ハロゲン	貴ガス
④	アルカリ金属	アルカリ土類金属
⑤	貴ガス	アルカリ金属
⑥	貴ガス	ハロゲン

解答・解説

⑤

イオン化エネルギーは，同一周期の中では貴ガスが最大。

また，同一周期中ではアルカリ金属が最小になることからわかる。

「山は貴ガス」，「谷はアルカリ金属」と覚えておこう。

5 電子親和力について

「**電子親和力**（でんししんわりょく）」は，**原子が電子1個を受けとって，1価の陰イオンになるときに放出されるエネルギーのことをいう**んだ。

言葉だけだと忘れそうだね。

そうだね。下の図を利用して電子親和力をイメージできるようにすれば，忘れにくくなると思うよ。

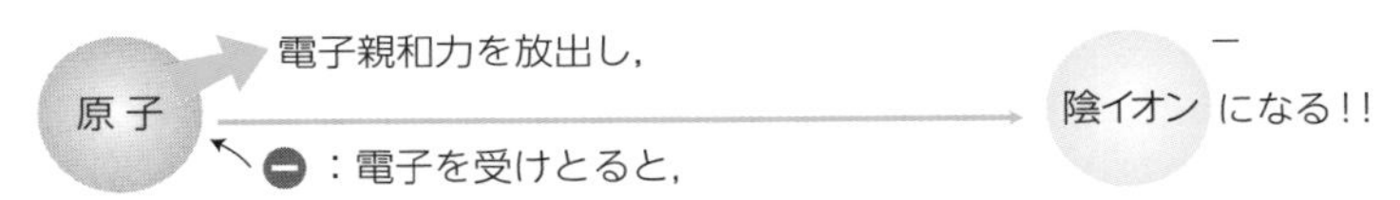

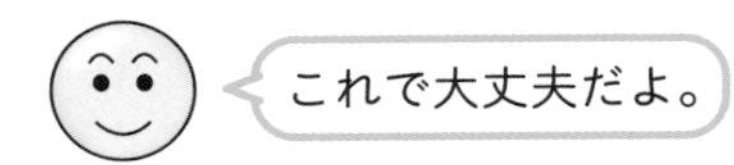

あとね，電子親和力の**大きい原子ほど陰イオンになりやすい**んだ。

たしかに，時間がたつと「なりやすい」のか「なりにくい」のかは覚えにくいかもね。だったら，電子親和力のグラフとあわせておさえておくといいよ。

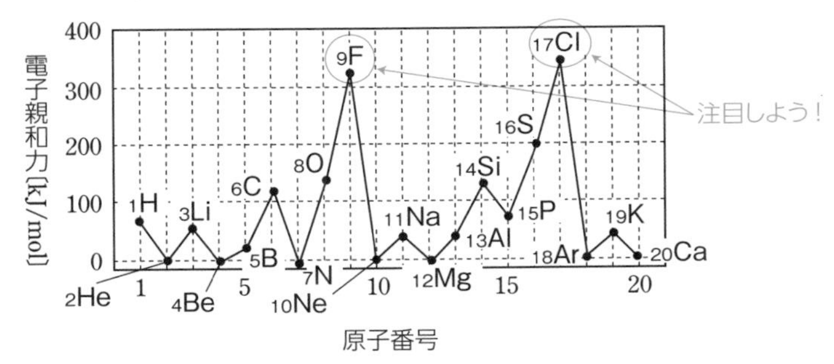

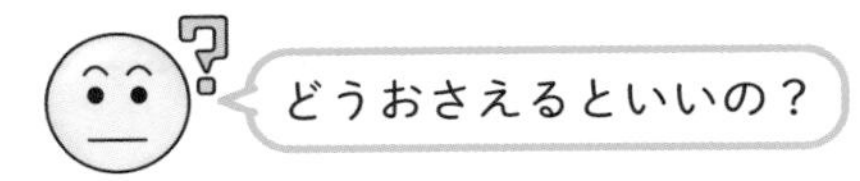

電子親和力のグラフは，イオン化エネルギーのグラフにくらべると，明らかな特徴がないんだ。ただ，**フッ素 F や塩素 Cl などの17族のハロゲンの電子親和力が大きい**のがわかるよね。ハロゲンって，何イオンになりやすかったか覚えてるかな。

1 価の陰イオンの F^- や Cl^- だったよ。

そうだね。だから，

電子親和力の**大きい**原子 ➡ グラフをイメージする

➡ 17族のハロゲン(F, Cl, ……) ➡ 陰イオンになり**やすい**

のように覚えるといいよ。

ポイント　電子親和力について

- **電子親和力の大きい原子**ほど**陰イオン**になりやすい

チェック問題 9　標準　2分

イオン化エネルギーと電子親和力に関する記述として誤りを含むものを，次の①～⑤のうちから 1 つ選べ。

① 原子から電子をとり去って，1 価の陽イオンにするのに必要なエネルギーを，イオン化エネルギーという。

② イオン化エネルギーの小さい原子ほど陽イオンになりやすい。

③ イオン化エネルギーは，Ar ＜ Ne ＜ He の順に大きい。

④ 原子が電子を受けとって，1 価の陰イオンになるときに放出するエネルギーを，電子親和力という。

⑤ 電子親和力の小さい原子ほど陰イオンになりやすい。

解答・解説

⑤

① イオン化エネルギーの説明。〈正しい〉

② イオン化エネルギーが小さいほど陽イオンになりやすい。〈正しい〉

③ イオン化エネルギーは，$_{18}Ar < _{10}Ne < _{2}He$ の順に大きい。同族の元素では，原子番号が小さい原子ほどイオン化エネルギーが大きくなる。また，Heはすべての原子の中でイオン化エネルギーが最大になる。〈正しい〉

④ 電子親和力の説明。〈正しい〉

⑤ 電子親和力の大きい原子ほど陰イオンになりやすい。〈誤り〉

4時間目　物質と化学結合

この項目のテーマ

1 電気陰性度
周期表の右上にいくほど大きくなる！

2 電子式
最外殻電子を元素記号のまわりに・で書いたもの！

3 化学結合
それぞれの結合の種類を「分類」できるようにしよう！

4 分　子
分子の形を覚え，極性分子か無極性分子かを判定できるように！

5 原子・分子・イオンからできている物質
物質の違いをはっきりと理解しておこう！

1 電気陰性度について

原子どうしが結びつく（➡ **結合する**という）とき，**それぞれの原子が結合に使われる電子を引きつける能力を数値にしたものを電気陰性度というんだ**。だから，**電気陰性度の値が大きい原子ほど電子を強く引きつける**。また，貴ガスは他の原子とほとんど結合しないので，貴ガスの電気陰性度はふつう考えないんだ。

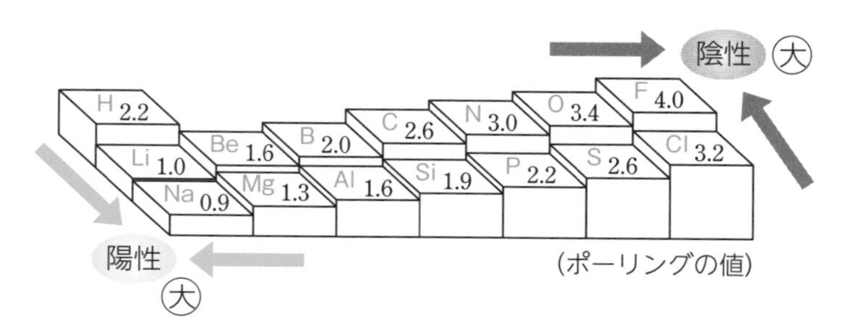

電気陰性度の値は，周期表の右上にいくほど大きくなっているね。

そうなんだ。フッ素原子Fが最大で，覚えてほしい電気陰性度の大きさの順はF＞O＞Cl＞N，C＞Hの順なんだ。電気陰性度は，数値よりも数値の差に注目できるようにしておいてね。

ポイント 電気陰性度について

- 周期表の右上の元素ほど大きくなり，フッ素原子Fが最大
- 電気陰性度の大きさの順は，F＞O＞Cl＞N，C＞Hを覚える
- 貴ガスはふつう考えない

2 電子式について

元素記号のまわり（上下左右）に最外殻電子を・で表したものを**電子式**(でんししき)といい，電子式を書くときにはなるべく対をつくらないように書く。また，電子式を書いたときに，**対になっていない電子を不対電子**(ふついでんし)**，対になっている電子を電子対という**んだ。

ふつう，元素記号の上下左右に2個ずつ，最大8個まで電子を書く。

·N̈·（上に電子対，左右・下に不対電子）　電子対　不対電子

⬅ $_{7}$N：K(2)L(5)の最外殻電子5個を4個目までは元素記号の上下左右に1個ずつ対をつくらないように書き，5個目からは対にして書く。

電子式	Li·	·Be·	·B· (上に·)	·C· (上下に·)	·N· (上に:, 下に·)	·O· (上下に:)	·F: (上下に:)	:Ne: (上下に:)
最外殻電子の数	1	2	3	4	5	6	7	8
価電子の数	1	2	3	4	5	6	7	0
不対電子・の数	1	2	3	4	3	2	1	0

チェック問題 1

図の電子式で表されるAの元素名にあてはまるものを，次の①～⑥のうちから1つ選べ。

$\cdot\ddot{A}\cdot$（下に・）

図

① 酸　素　　② フッ素　　③ アルミニウム
④ ケイ素　　⑤ リ　ン　　⑥ アルゴン

解答・解説

⑤

$\cdot\ddot{A}\cdot$は点・が5個あるので，最外殻電子が5個のものを探す。①～⑥の原子の電子配置は次のようになる（以下，～～が最外殻電子）。

① $_{8}O$　K(2)L(6)
② $_{9}F$　K(2)L(7)
③ $_{13}Al$　K(2)L(8)M(3)
④ $_{14}Si$　K(2)L(8)M(4)
⑤ $_{15}P$　K(2)L(8)M(5)
⑥ $_{18}Ar$　K(2)L(8)M(8)

3 化学結合について

化学結合（＝原子やイオンなどの粒子の結びつき方）には，おもに**共有結合**（きょうゆうけつごう），**イオン結合**，**金属結合**の3種類があるんだ。

❶ 共有結合について

原子どうしが不対電子を出し合ってつくった電子対（＝共有電子対という）を2つの原子が共有することでつくられる結合を共有結合という。 水素分子 H_2 では，それぞれの水素原子の原子核が相手の電子を引きつけるからどちらの水素原子も貴ガスと似た電子配置になって，安定な分子として存在できるんだ。

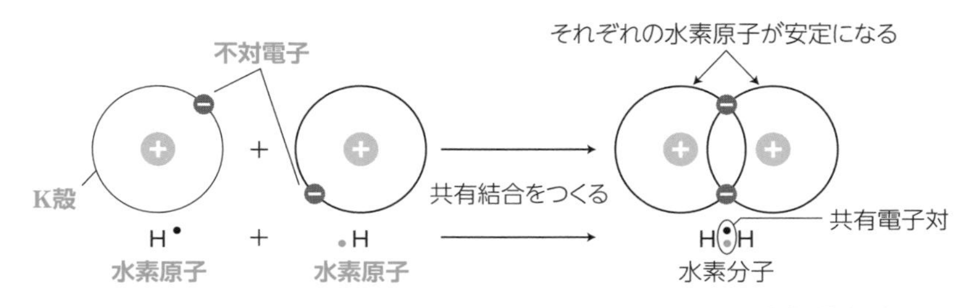

共有結合に使われていない電子対を**非共有電子対**または**孤立電子対**という。水素 H_2 の1組の共有結合は**単結合**，二酸化炭素 CO_2 の炭素Cと酸素Oの間の2組の共有結合は**二重結合**，窒素 N_2 の3組の共有結合は**三重結合**という。このとき，1組の共有電子対を1本の線－（＝この線－は価標ということがある）で表した式を**構造式**という。

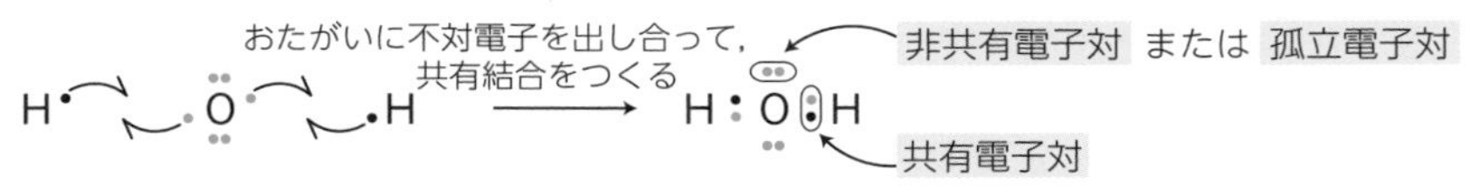

分　子	水素 H_2	水 H_2O	二酸化炭素 CO_2	窒素 N_2
電子式	H:H	H:Ö:H	:Ö::C::Ö:	:N⋮N:
構造式	H－H	H－O－H	O＝C＝O	N≡N
	単結合	単結合	二重結合	三重結合

構造式がたくさん出てきたね。

そうだね。**構造式は，原子のもつ不対電子の数つまり原子のもつ線の本数を考えながら，覚えていくといい**と思うよ。

たとえば，C原子は電子式が・Ċ・だから－C－，O原子は・Ö・だから－O－，N原子は・N̈・だから－N－と書くんだ。

二酸化炭素　CO_2 は－C－1個と－O－2個を共有結合させることで，

窒素　N_2 は -N- 2個を共有結合させることで，

N — N　→（◯の部分をつないで，共有結合させる。）　N≡N

と構造式が書ける。あとね，**原子のもつ線の本数をその原子の原子価（げんしか）といって，原子価は原子のもつ不対電子の数になる**んだ。

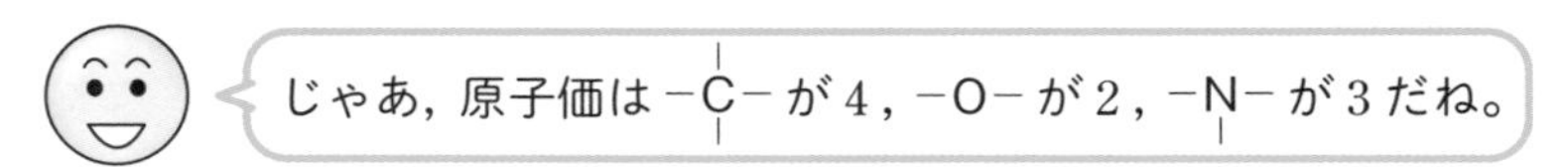

チェック問題 2　標準　2分

原子価が最も大きい原子を，次の①～⑤のうちから 1 つ選べ。

① 窒素分子中の N　　② フッ素分子中の F
③ メタン分子中の C　　④ 硫化水素分子中の S
⑤ 酸素分子中の O

解答・解説

③

それぞれの原子の電子式や原子のようすは次のようになる。

族	1	14	15	16		17	
電子式	H·	·C·	·N·	·O·	·S·	:F·	:Cl·
原子のようす	H−	−C−	−N−	−O−	−S−	F−	Cl−

①～⑤の分子の構造式と N，F，C，S，O の線の本数（原子価）は，次のようになる。

① 窒素分子 N_2

N≡N

N の原子価は 3 価

② フッ素分子 F_2

F−F

F の原子価は 1 価

③ メタン分子 CH_4

H−C−H（上下に H）

C の原子価は 4 価

④ 硫化水素分子 H_2S

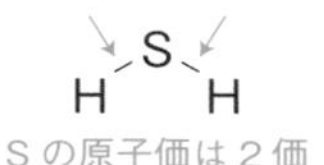

S の原子価は 2 価

⑤ 酸素分子 O_2

O＝O

O の原子価は 2 価

よって，原子価が最も大きい原子は，③メタン分子 CH_4 中の炭素原子 C となる。

構造式がわかれば，電子式は簡単に書けそうだね。

そうだね。単結合(−)を：，二重結合(＝)を∷，三重結合(≡)を⁝⁝とし，**水素原子 H 以外の**原子のまわりの・の数を**8個になる**ように書くと，たいていの分子の電子式を書くことができるよ。

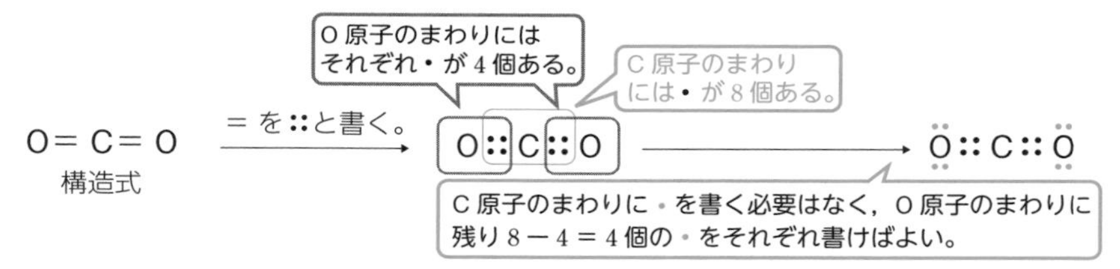

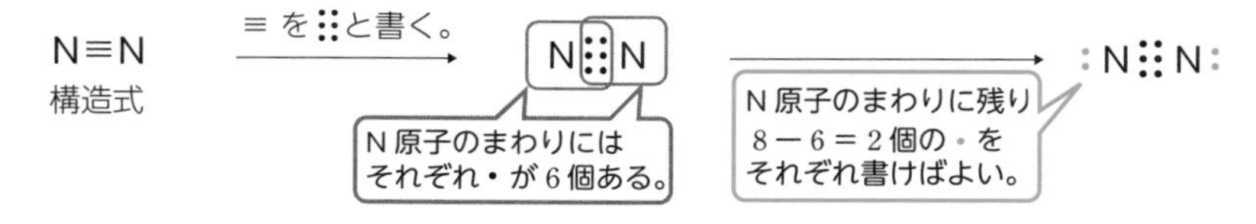

最後に・を書くところが難しいね。

そうだね。・Ö・や・N̈・が共有結合していることをイメージしながら，残りの・を書くんだけど，結合にはもとの原子の不対電子が使われているから，残りの・は非共有電子対として2個ずつ(：)を書けばいいよ。

チェック問題 3

2分

次の(1)～(3)にあてはまるものを，それぞれの解答群の①～⑥のうちから1つずつ選べ。

(1) 三重結合をもつ分子

① フッ素 F_2　② 窒素 N_2　③ 二酸化炭素 CO_2
④ 四塩化炭素 CCl_4　⑤ 水 H_2O　⑥ エタン C_2H_6

(2) 共有電子対の数が最も多い分子

① フッ化水素 HF　② 水 H_2O　③ アンモニア NH_3
④ メタン CH_4　⑤ 窒素 N_2　⑥ 塩素 Cl_2

(3) 非共有電子対をもたない分子

① 窒素 N_2　② 二酸化炭素 CO_2　③ 塩化水素 HCl
④ エタン C_2H_6　⑤ アンモニア NH_3　⑥ 塩素 Cl_2

解答・解説

(1) ②　(2) ④　(3) ④

(1) ①～⑥の分子の構造式は次のようになる。

① F−F　② N≡N（三重結合をもつ）　③ O=C=O

④ CCl_4（Cl−C−Cl，上下にCl）　⑤ H−O−H（折れ線形）　⑥ H−C−C−H（各Cに上下H）

(2) ①～⑥の分子の電子式は次のようになる。

① H:F:　共有電子対の数（1組）
② H:O:H　（2組）
③ H:N:H（下にH）　（3組）
④ H:C:H（上下にH）　（4組）
⑤ :N:::N:　（3組）
⑥ :Cl:Cl:　（1組）

(3)　①～⑥の分子の電子式は次のようになる。⁚が非共有電子対を表す。

① :N⋮⋮N:　② :O::C::O:　③ H:Cl:

④ H:C:C:H（各Cの上下にH）　⑤ H:N:H（Nの下にH）　⑥ :Cl:Cl:

非共有電子対をもたない

❷ 配位結合について

一方の原子から非共有電子対が提供されて，それをもう一方の原子とたがいに共有することで生じる共有結合もあるんだ。

A⁚ ＋ :B ──→ A:B

非共有電子対

共有結合なのに，不対電子を1個ずつ出し合っていないね。

そうなんだ。ちょっと変わっているよね。**このような共有結合を配位結合（はいいけつごう）とよぶ。**配位結合は結合のでき方が違うだけで，結合したあとは他の共有結合と見分けがつかないんだ。

たとえば，下のオキソニウムイオン H_3O^+ 中の3つのO－H結合やアンモニウムイオン NH_4^+ の中の4つのN－H結合は，結合してしまったらどれが配位結合なのかわからなくなっちゃうよね。そこで，イメージしやすいように配位結合は矢印(→)で表すことがあるんだ。配位結合を見つけるには，結合する前のようすをよくみておく必要があるよ。

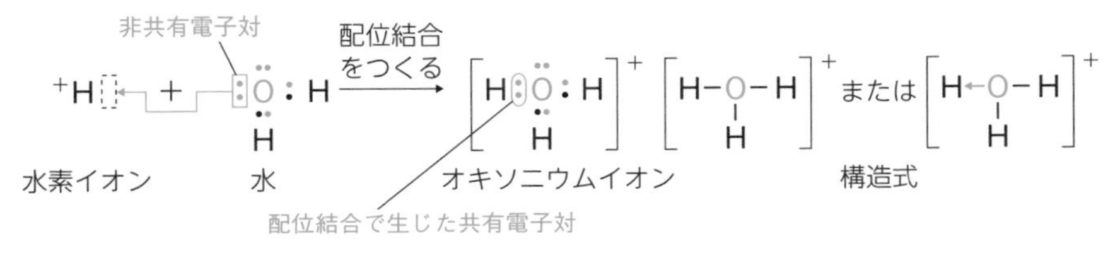

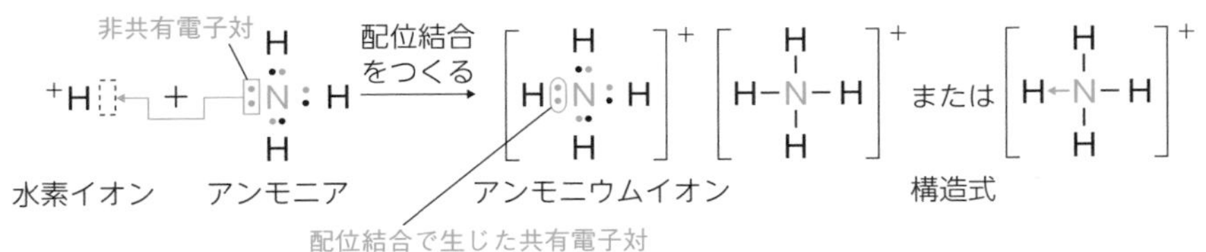

チェック問題4　標準　2分

分子およびイオンに関する記述として誤りを含むものを，次の①～⑥のうちから1つ選べ。

① アンモニア分子は，3組の共有電子対と1組の非共有電子対をもつ。
② アンモニアと水素イオン H^+ が配位結合をつくると，アンモニウムイオンが形成される。
③ アンモニウムイオンは，4組の共有電子対をもつ。
④ オキソニウムイオンは，2組の共有電子対と2組の非共有電子対をもつ。
⑤ アンモニウムイオンの4つの N－H 結合は，すべて同等で，どれが配位結合であるかは区別できない。
⑥ オキソニウムイオンの H と O の間の結合はいずれも共有結合である。

解答・解説

④

① 非共有電子対：1組　H:N̈:H（下に H）　共有電子対：3組　〈正しい〉

③ 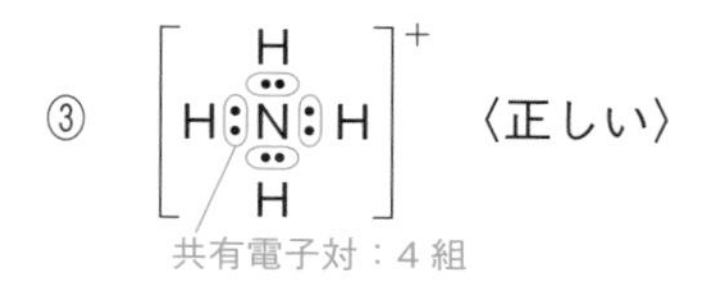

〈正しい〉

④ 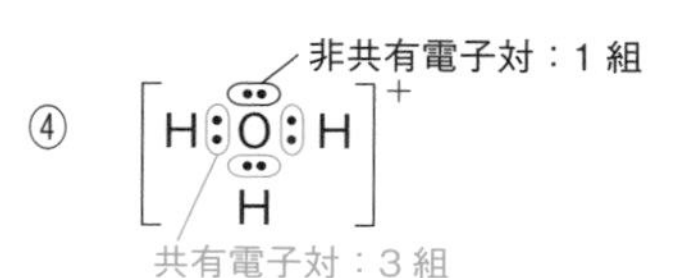

よって，「オキソニウムイオンは3組の共有電子対と1組の非共有電子対をもつ」が正しい。〈誤り〉

⑤ アンモニウムイオン $NH_4{}^+$ の4つの N － H 結合は共有結合と配位結合が区別できない。〈正しい〉
⑥ 配位結合は，共有結合とはでき方が異なるだけなので，できた配位結合はふつうの共有結合と同じになる。そのため，いずれも共有結合といえる。〈正しい〉

ヘキサシアニド鉄(Ⅲ)酸イオン $[Fe(CN)_6]^{3-}$ やテトラアンミン銅(Ⅱ)イオン $[Cu(NH_3)_4]^{2+}$ のようなイオンを**錯**（さく）**イオン**というんだ。

名前も化学式も複雑だね。

そうだね。『化学基礎』の範囲では名前を覚えなくていいので，**錯イオンが［　　］で表されている**ことを確認しておいてね。錯イオンは，鉄(Ⅲ)イオン Fe^{3+}，銀イオン Ag^{+}，亜鉛イオン Zn^{2+}，銅(Ⅱ)イオン Cu^{2+} などの金属イオンにシアン化物イオン CN^{-} のような陰イオンやアンモニア分子 NH_3 のような分子が配位結合をつくってできているんだ。

どんな陰イオンや分子でもいいの？

そうでもないんだ。配位結合をつくるには非共有電子対が必要だったよね。だから，**錯イオンをつくっている陰イオンや分子にも非共有電子対が必要**なんだ。シアン化物イオン $[:C⋮⋮N:]^{-}$ やアンモニア $H:\overset{..}{N}:H$（H）にも非共有電子対があって，これらの陰イオンや分子を**配位子**(はいいし)というんだ。錯イオンのもつ配位子の数や錯イオンの形は金属イオンによって変わるんだけど，『化学基礎』ではくわしく問われないので，下のポイントの図だけチェックしておいてね。

非共有電子対

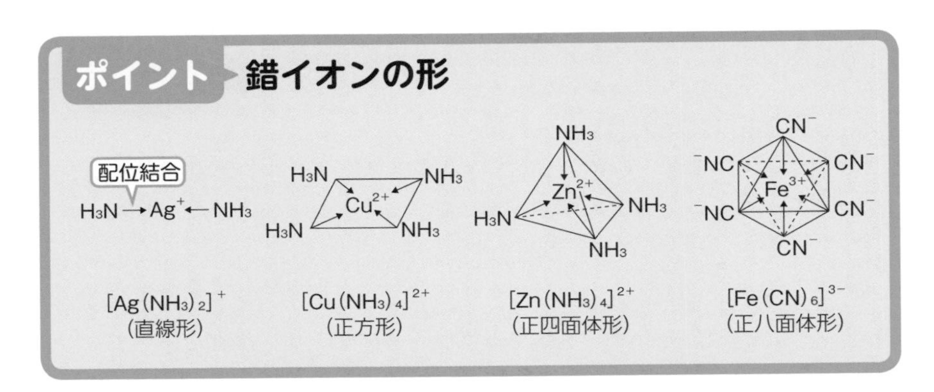

❸ イオン結合について

電子を失ってできた陽イオンと電子を受けとってできた陰イオンとが，イオン間にはたらく＋，－の引力(＝静電気力またはクーロン力という)によって結びついた結合をイオン結合という。

$Na\cdot + \cdot\ddot{Cl}: \longrightarrow Na^{+}[:\ddot{Cl}:]^{-}$

陽イオンと陰イオンとからなる物質を表すには，イオンの数の比を最も簡単な整数比にした**組成式**（そせいしき）を使うんだ。

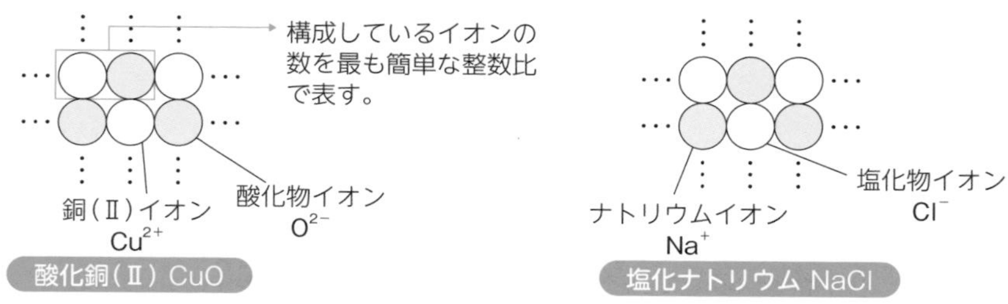

「**陽イオンと陰イオンの価数の比を求めて，その比をたすきに書く**」と覚えておくといいよ。たとえば，カルシウムイオン Ca^{2+} と塩化物イオン Cl^{-} からなる物質の場合，Ca^{2+} は 2 価の陽イオンで Cl^{-} は 1 価の陰イオンだよね。だから，価数の比は，Ca^{2+}：Cl^{-}＝2 価：1 価＝2：1　となり，

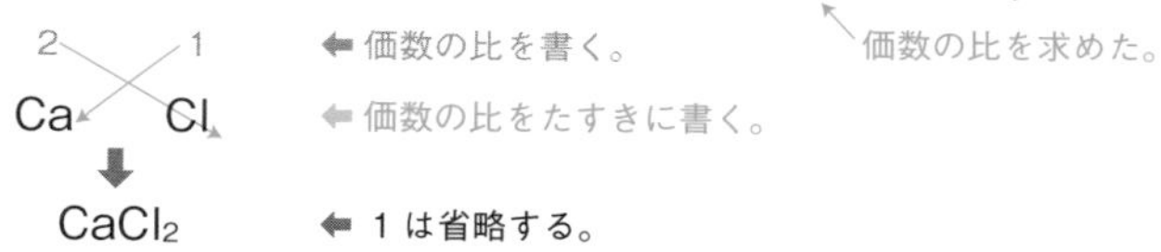

のように組成式をつくればいいんだ。

Ca^{2+} と $SO_4{}^{2-}$ なら，Ca^{2+}：$SO_4{}^{2-}$＝2 価：2 価＝1：1（価数の比）

1　　1	⬅ 価数の比を書く。
Ca　　SO_4	⬅ 価数の比をたすきに書く。
⬇	
$CaSO_4$	

Al^{3+} と $SO_4{}^{2-}$ なら，Al^{3+}：$SO_4{}^{2-}$＝3 価：2 価＝3：2（価数の比）

3　　2	⬅ 価数の比を書く。
Al　　SO_4	⬅ 価数の比をたすきに書く。
⬇	
$Al_2(SO_4)_3$	⬅ 原子２個以上からなる多原子イオンのときは（　）を利用する。

陰イオン，陽イオンの順につけてね。**「～イオン」や「～物イオン」は省略**

するんだけど，これは数をこなして慣れたほうがいいと思うよ。

CuO ➡ O^{2-}，Cu^{2+} の順に名前をつける。
陰イオン 陽イオン 省略する
➡ 酸化物~~イオン~~，銅(Ⅱ)~~イオン~~ ➡ 酸化銅(Ⅱ)

NaCl ➡ Cl^{-}，Na^{+} の順に名前をつける。
➡ 塩化物~~イオン~~，ナトリウム~~イオン~~ ➡ 塩化ナトリウム

$CaCl_2$ ➡ Cl^{-}，Ca^{2+} の順に名前をつける。
➡ 塩化物~~イオン~~，カルシウム~~イオン~~ ➡ 塩化カルシウム

$CaSO_4$ ➡ SO_4^{2-}，Ca^{2+} の順に名前をつける。
➡ 硫酸~~イオン~~，カルシウム~~イオン~~ ➡ 硫酸カルシウム

$Al_2(SO_4)_3$ ➡ SO_4^{2-}，Al^{3+} の順に名前をつける。
➡ 硫酸~~イオン~~，アルミニウム~~イオン~~ ➡ 硫酸アルミニウム

チェック問題 5

標準 

イオンからなる物質とその構成イオンの組み合わせとして誤りを含むものを，次の①～⑥のうちから１つ選べ。

	イオンからなる物質	構成イオン
①	塩化アンモニウム	NH_4^{+}，Cl^{-}
②	過マンガン酸カリウム	K^{+}，MnO_4^{-}
③	硫酸カリウム	K^{+}，SO_4^{2-}
④	酢酸鉛(Ⅱ)	Pb^{2+}，CH_3COO^{-}
⑤	炭酸水素ナトリウム	Na^{+}，HCO_3^{-}
⑥	塩素酸カリウム	K^{+}，ClO^{-}

解答・解説

⑥

名前をつけるときに省略した部分を戻す

① 塩化アンモニウム ➡ 塩化物イオン，アンモニウムイオン
➡ 構成イオンは，Cl^{-} と NH_4^{+}〈正しい〉
塩化アンモニウムの組成式は，NH_4Cl

② 過マンガン酸カリウム ➡ 過マンガン酸イオン，カリウムイオン
➡ 構成イオンは，MnO_4^{-} と K^{+}〈正しい〉

過マンガン酸カリウムの組成式は，$KMnO_4$

③　硫酸カリウム ➡ 硫酸イオン，カリウムイオン

➡ 構成イオンは，SO_4^{2-} と K^+〈正しい〉

硫酸カリウムの組成式は，K_2SO_4

④　酢酸鉛(Ⅱ) ➡ 酢酸イオン，鉛(Ⅱ)イオン

➡ 構成イオンは，CH_3COO^- と Pb^{2+}〈正しい〉

酢酸鉛(Ⅱ)の組成式は $Pb(CH_3COO)_2$　注 CH_3COO^- は先に書くこともある。

⑤　炭酸水素ナトリウム ➡ 炭酸水素イオン，ナトリウムイオン

➡ 構成イオンは，HCO_3^- と Na^+〈正しい〉

炭酸水素ナトリウムの組成式は $NaHCO_3$

⑥　塩素酸カリウム ➡ 塩素酸イオン，カリウムイオン

➡ 構成イオンは，ClO_3^- と K^+〈誤り〉

ClO^- は，次亜塩素酸イオン。塩素酸カリウムの組成式は $KClO_3$

❹ 金属結合について

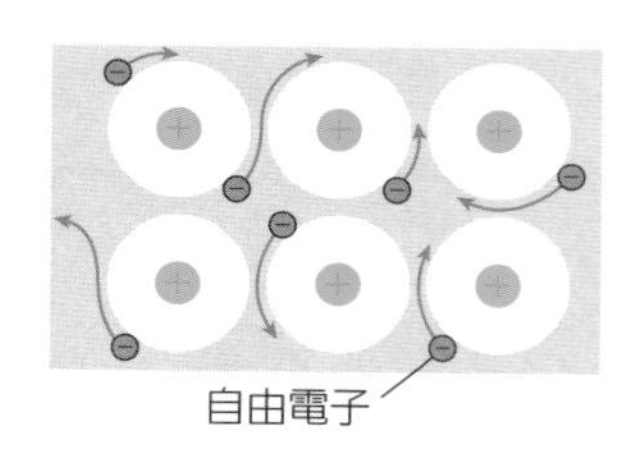

金属元素の原子は価電子を放出して陽イオンになりやすいよね。金属の単体は原子がとなり合い，自由に動きまわる価電子(＝**自由電子**という)によって結びつけられている。この自由電子による金属原子間の結合のことを**金属結合**というんだ。

ふーん，結合の種類とようすはおおよそわかったけど，いろいろある結合の種類をひと目で分類できるか自信ないな。

そうだね。わかっていても問題が解けないと困っちゃうよね。

ところで，元素には**金属**と**非金属**があるから，結合のしかた(くっつき方)って3パターンになるよね。つまり，**① 非金属と非金属　② 金属と非金属　③ 金属と金属の組み合わせ**だよね。

ここで，**①を共有結合，②をイオン結合，③を金属結合**と覚えたらどうかな？

へー，それなら化学式がわかれば，どんな結合からできているか簡単にわかるね。

ただ，一部例外もあるから気をつけないといけないんだ。たとえば，塩化ア

ンモニウム NH_4Cl の非金属どうしの NH_4^+ と Cl^- との間は，イオン結合からできているから気をつけてね。

そういえば，NH_4^+ は3つの共有結合と1つの配位結合からできていて，いったん結合してしまったらどれが共有結合か配位結合か，わからなくなっちゃうんだったよね。

ポイント 化学結合について

① 非金属 ＋ 非金属 ➡ 共有結合
② 金　属 ＋ 非金属 ➡ イオン結合
③ 金　属 ＋ 金　属 ➡ 金属結合
例外 NH_4Cl，$(NH_4)_2SO_4$ など

チェック問題 6

易 

その結晶内にイオン結合と共有結合の両方があるものはどれか。最も適当なものを，次の①～⑥のうちから2つ選べ。

① 二酸化炭素　② 酸化カルシウム　③ 銀
④ 水酸化ナトリウム　⑤ ヨウ素　⑥ 酢酸ナトリウム

解答・解説

④，⑥

それぞれの結合の種類は以下のとおり。

① $:\ddot{O}::C::\ddot{O}:$ （共有結合，共有結合）
② $Ca^{2+}\ O^{2-}$ （イオン結合）
③ Ag （金属の単体は金属結合のみ）
④ $Na^+\ OH^-$ （OH^- は共有結合をもつ，イオン結合）
⑤ $:\ddot{\underset{..}{I}}:\ddot{\underset{..}{I}}:$ （共有結合）
⑥ $CH_3COO^-Na^+$ （CH_3COO^- は共有結合をもつ，イオン結合）

4 分子について

非金属元素どうしは共有結合で結びついているよね。共有結合で，いくつかの原子が結びついた粒を**分子**というんだ。分子にはどんなものがあるか知っているかい？

水素 H_2 や二酸化炭素 CO_2 は分子だったね。あと，貴ガス(ヘリウム He, ネオン Ne, アルゴン Ar, ……)は単原子分子で存在するんだよね。

そうだね。分子は，原子 1 個からなるものを**単原子分子**，原子 2 個からなるものを**二原子分子**，原子 3 個からなるものを三原子分子とよんでいるんだ。

単原子分子

二原子分子

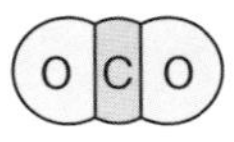

三原子分子

ところで，塩化水素 HCl は，電気陰性度が大きい塩素 Cl 原子と小さい水素 H 原子が結合しているよね。

電気陰性度が結合と何か関係あるの？

電気陰性度って，結合に使われる電子を引きつける能力を数値にしたものだったよね。塩化水素 HCl は，電気陰性度が大きい Cl が電気陰性度の小さい H から共有電子対を自分のほうに引いているんだ。

そのため，Cl のほうが－の電荷を少し帯びた状態(➡ δ− と書く)になり，H が＋の電荷を少し帯びた状態(➡ δ+ と書く)になるんだ。**このような電荷のかたよりを極性といい，塩化水素 HCl のように極性のある分子を極性分子という**。水素 H_2 のような単体の二原子分子の場合は，電気陰性度が同じだから極性がないよね。このように極性がない分子を**無極性分子**というんだ。

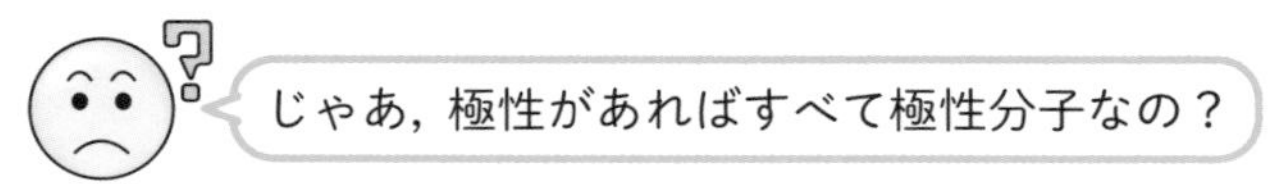

そうでもないんだ。**結合に極性があっても，直線形の二酸化炭素 CO_2 のように分子全体として極性が打ち消されると，無極性分子になる**んだ。

次に，よく出題される「分子の形」と「極性分子か無極性分子か」を示すので確認しておいてね。

分子の形は覚えるの？

予想する方法もあるけど，『化学基礎』の範囲で出題される分子はかぎられているので，次に示したものを覚えておけばいいんだ。

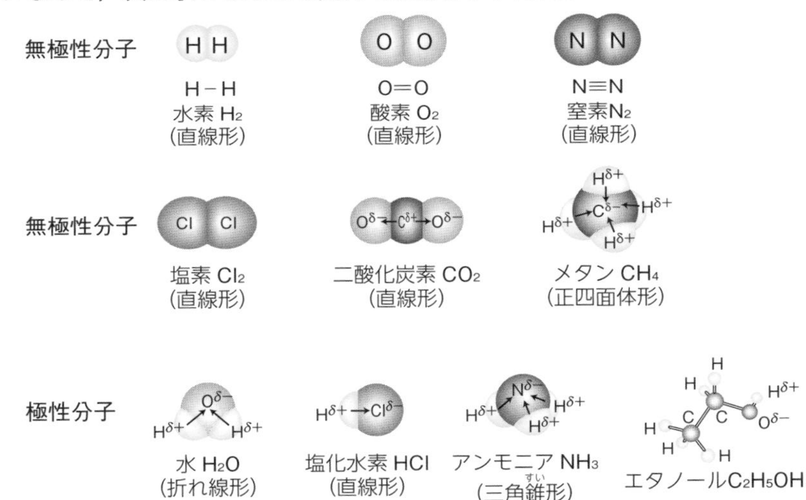

二原子分子（H_2，O_2，N_2，Cl_2，HCl）はどれも直線形だね。

ポイント 極性分子と無極性分子の見分け方

① 単体の二原子分子➡無極性分子（例 H_2，N_2，O_2，Cl_2 など）
② 違う種類の原子からなる二原子分子 ➡ 極性分子（例 HCl，HF など）
③ 多原子分子の化合物
　(a) CO_2（直線形），CH_4（正四面体形）➡ 無極性分子
　(b) H_2O（折れ線形），NH_3（三角錐形）➡ 極性分子

チェック問題 7

(1)　炭素原子と他の原子との単結合の極性が最も大きいものを，電気陰性度の差を考えて，次の①～⑤のうちから1つ選べ。

①　C−N　　②　C−O　　③　C−F　　④　C−Cl　　⑤　C−Br

(2)　分子全体の立体的な形に関する記述として誤りを含むものを，次の①～⑥のうちから1つ選べ。

①　塩化水素 HCl は，直線形である。
②　水 H_2O は，折れ線形である。
③　アンモニア NH_3 は，正三角形である。
④　メタン CH_4 は，正四面体形である。
⑤　二酸化炭素 CO_2 は，直線形である。
⑥　オキソニウムイオン H_3O^+ は，三角錐形である。

解答・解説

(1)　③　　(2)　③

(1)　結合する2つの原子の電気陰性度の差が大きくなるほど単結合の極性が大きくなる。①～⑤はすべて C との結合なので，電気陰性度の最も大きな F との単結合 C−F の極性が最も大きい。

(2)　③アンモニア NH_3 は，三角錐形。〈誤り〉
　⑥オキソニウムイオン H_3O^+ はアンモニア NH_3 と同じ三角錐形（NH_3 の N を O に置きかえた形）になる。〈正しい〉

チェック問題 8　標準　3分

次の分子ア～キには，下の記述(a・b)にあてはまる分子がそれぞれ2つずつある。その分子の組み合わせとして最も適当なものを，下の①～⑧のうちから1つずつ選べ。

ア　二酸化炭素 CO_2　　イ　塩素 Cl_2　　ウ　アンモニア NH_3
エ　水素 H_2　　オ　硫化水素 H_2S　　カ　メタン CH_4
キ　エタノール C_2H_5OH

a　分子内の結合に極性がなく，分子全体としても極性がない。
b　分子内の結合には極性があるが，分子全体としては極性がない。

①　アとオ　②　アとカ　③　イとウ　④　イとエ
⑤　ウとキ　⑥　ウとオ　⑦　エとキ　⑧　オとカ

解答・解説

a ④　b ②

a　分子内の結合に極性がない ➡ 同じ原子からなる単体とわかる。分子内の結合に極性がない単体は，分子全体としても極性がない無極性分子であり，イとエになる。
イ　Cl－Cl，エ　H－H

b　分子内の結合には極性があり，分子全体としては極性がない無極性分子はアとカである。

ア　$\overset{\delta-}{O}=\overset{\delta+}{C}=\overset{\delta-}{O}$，カ
直線形

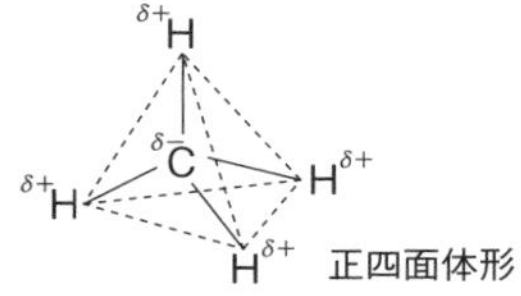

正四面体形

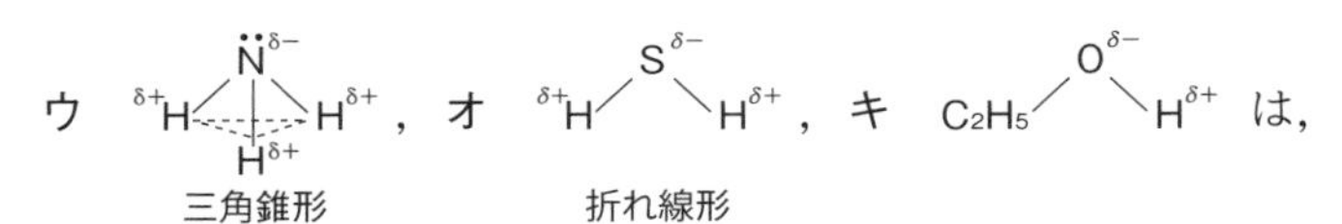

三角錐形　折れ線形

分子内の結合に極性があり，分子全体としても極性がある極性分子である。

5 原子・分子・イオンからできている物質について

固体は，**結晶**と**アモルファス**(非晶質，無定形)に分けることができる。**結晶は，粒子が規則正しく配列していて融点が一定のもの**で，**アモルファスは粒子が不規則に配列していて融点が一定でないもの**なんだ。ガラスはアモルファスの代表例だから，覚えておいてね。

ポイント 固体について

- **結　晶** ▶ 規則正しく粒子が配列。融点が一定
- **アモルファス**(非晶質，無定形)
  ▶ 不規則に粒子が配列。融点は一定でない
  例 **ガラス，プラスチック**

❶ 共有結合の結晶について

非金属元素どうしは共有結合で結びついていたよね。共有結合で結びついたものは，酸素 O_2 や二酸化炭素 CO_2 のように，分子になることが多いけれど(➡ これらの結晶を**分子結晶**といい，104ページで扱うよ)，**14族元素である炭素 C やケイ素 Si の結晶は，多くの原子が共有結合で規則正しく結びつき大きな結晶になっている**。これを**共有結合の結晶**というんだ。

共有結合の結晶は，原子が共有結合でがっちり結合しているので，❶ **硬く，融点が高い**，価電子がすべて共有結合に使われているので，その多くは❷ **電気を通さない**などの性質があるんだ。

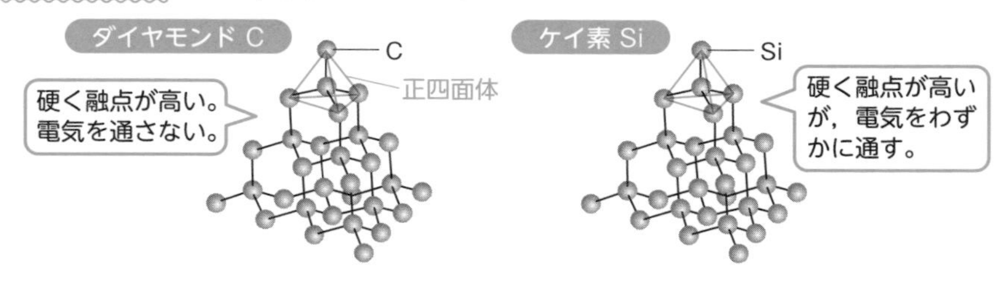

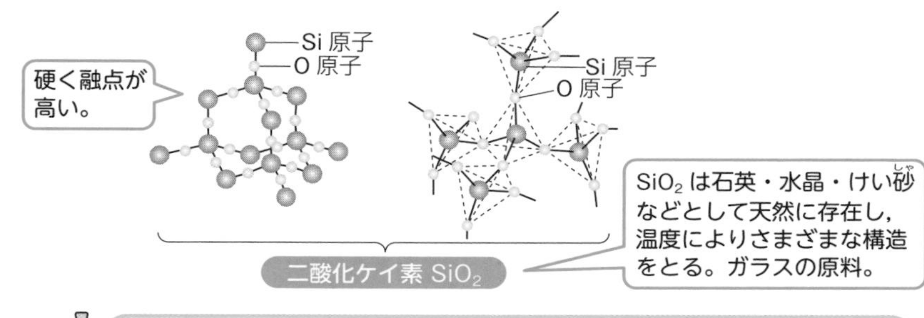

えっ？　でも，炭素原子からできている黒鉛は電気を通さなかった？　電気分解のときに炭素棒（黒鉛）を使ったよ。

そうなんだ。**黒鉛**（グラファイト）C は共有結合の結晶の中では少し変わった性質があるんだ。

どう変わっているの？

炭素の価電子って 4 個あったよね。 ⬅ $_6$C：K(**2**)L(**4**)

黒鉛は，この 4 個の価電子のうち 3 個が共有結合で正六角形の平面層状構造をつくり，**残り 1 個の価電子はこの平面にそって動く。そのため，黒鉛は固体状態で電気をよく通す**んだ。

また，この平面層状構造は弱い分子間力で積み重なっているために，黒鉛はやわらかく，うすくはがれやすい（➡ 鉛筆のしんに使う）んだ。

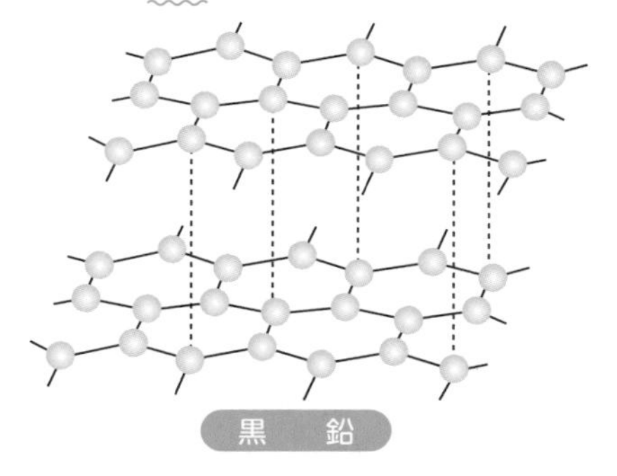
黒　鉛

ふーん，黒鉛って共有結合の結晶のなかでは変わった性質を示すんだね。

あとね，**純度の高いケイ素** Si は，電気を通すと共有結合の一部が切れることで価電子が現れ，**少し電気を通す**。だから，**半導体（はんどうたい）の材料**として太陽電池や集積回路（IC）などに使われるんだ。

ポイント ▶ 共有結合の結晶について

● 硬く，融点が高く，電気を導きにくい　**例外** 黒鉛（グラファイト）

チェック問題 9　標準　2分

共有結合の結晶についての記述として誤りを含むものを，次の①～⑤のうちから1つ選べ。

① ダイヤモンドは，炭素原子間の結合による正四面体形の構造がくり返された立体構造をとる。

② 黒鉛は，それぞれの炭素原子が隣接する3個の炭素原子と結合して，正六角形の構造がくり返された平面構造をつくり，それが層状に重なった構造をとる。

③ ケイ素の結晶はダイヤモンドと同じ構造で，高純度のものは半導体の材料として用いられる。

④ 石英（二酸化ケイ素）の結晶では，それぞれのケイ素原子が4個の酸素原子と共有結合している。

⑤ 黒鉛の結晶構造の各層どうしは，共有結合によってたがいに結びついており，電気伝導性を示す。

解答・解説

⑤

① ダイヤモンドの図（➡ p.94）を参照。〈正しい〉

② 黒鉛の図（➡ p.95）を参照。〈正しい〉

④ 石英（SiO_2）の図（➡ p.95）を参照。〈正しい〉 また，石英の結晶の組成式は Si 原子1個あたり実質$\frac{1}{2}$個の O 原子が共有されているので，

$\mathrm{Si : O} = 1 : \frac{1}{2} \times 4 = 1 : 2$　から SiO_2 となる。

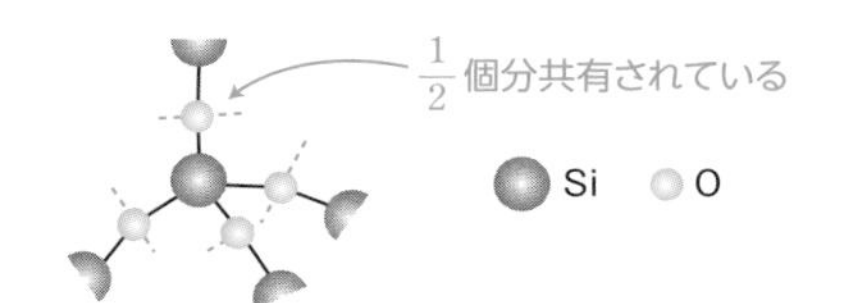

SiO₂
ガラス，シリカゲル，光ファイバーの原料になる。

⑤　黒鉛の結晶構造の各層どうしは，共有結合ではなく，弱い分子間力で結びついている。〈誤り〉

❷ プラスチック

共有結合で結びついてできている物質の中には，1種類または2種類以上の小さな分子が数百～数千個以上も結びついてできている巨大な高分子化合物があるんだ。

高分子化合物にはどんなものがあるの？

天然に存在する**天然高分子化合物**と人工的に合成される**合成高分子化合物**がある。**天然高分子化合物はデンプンやタンパク質，合成高分子化合物はプラスチックが有名**なんだ。『化学基礎』ではプラスチックをおさえておけばいいよ。

プラスチックのような**合成高分子化合物は，単量体（モノマー）とよばれる小さな分子を化学反応（重合）させてつくる**。このようにして生成した大きな化合物を**重合体（ポリマー）**といって，この重合体がプラスチックになるんだ。

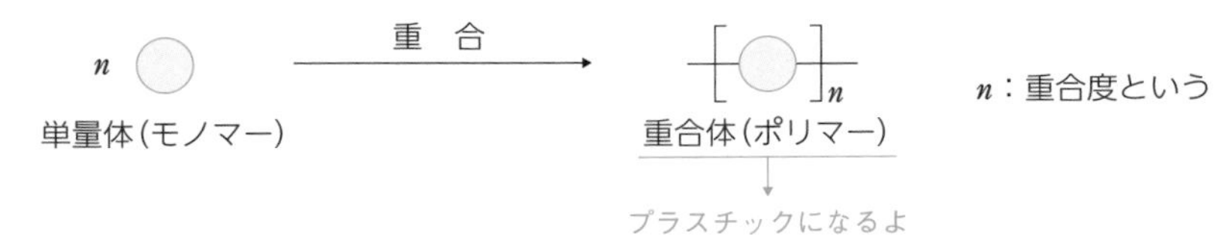

『化学基礎』では，重合のしかたとして(a)**付加重合**と(b)**縮合重合**をおさえておけばいいんだ。

(a)　**付加重合**：炭素原子間の二重結合（C＝C）をもつ分子のC＝Cのうちの一の1つが切れて（C＝CがC－C）となり，他の分子と共有結合で次々とつながっていく反応。

付加重合のようす

… ＋ C＝C ＋ C＝C ＋ C＝C ＋… $\xrightarrow{\text{切れて}}$ … ＋ C−C ＋ C−C ＋ C−C ＋…

切れる　切れる　切れる

$\xrightarrow{\text{つながる}}$ C−C　C−C　C−C

つながる　つながる　つながる　つながる

付加重合は次の例をおさえておいてね。

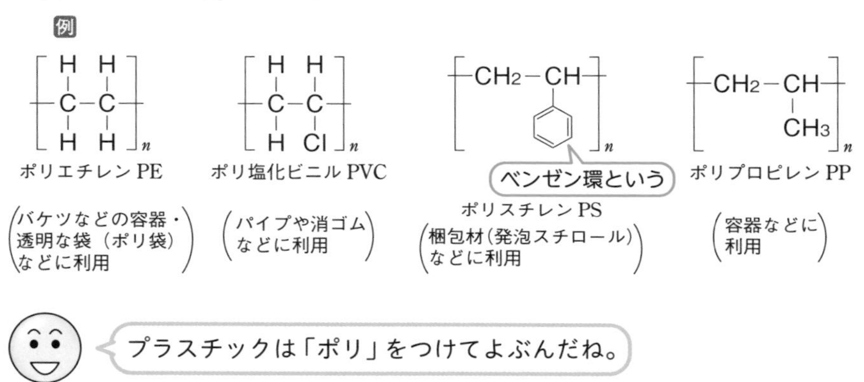

そうだね。**「ポリ」は「多数」を表すギリシャ語の数詞だから，プラスチックの名前の接頭語としてつけることが多い**んだ。

(b)　**縮合重合**：単量体(モノマー)の間から水 H_2O などの簡単な分子がとれて次々と共有結合で結びつく反応。

縮合重合のようす

縮合重合は次の例をおさえておいてね。

例1　ナイロン66(6,6－ナイロン)

$$n\ \mathrm{H{-}N(H){-}(CH_2)_6{-}N(H){-}H} + n\ \mathrm{HO{-}C(=O){-}(CH_2)_4{-}C(=O){-}OH}$$

ヘキサメチレンジアミン　アジピン酸　（H_2Oがとれる）

$$\xrightarrow{\text{縮合重合}} \left[\mathrm{N(H){-}(CH_2)_6{-}N(H){-}C(=O){-}(CH_2)_4{-}C(=O)}\right]_n + 2n\mathrm{H_2O}$$

ナイロン66(6,6－ナイロン)　（アミド結合という）

アメリカのカロザースにより発明された。ナイロン繊維だね。

ナイロン66は摩擦に強く，弾力もあって，靴下やロープなどに使われるんだ。

例2　ポリエチレンテレフタラート(PET)

$$n\ \mathrm{HO{-}C(=O){-}C_6H_4{-}C(=O){-}OH} + n\ \mathrm{H{-}O{-}(CH_2)_2{-}O{-}H}$$

テレフタル酸　エチレングリコール　（H_2Oがとれる）

$$\xrightarrow{\text{縮合重合}} \left[\mathrm{C(=O){-}C_6H_4{-}C(=O){-}O{-}(CH_2)_2{-}O}\right]_n + 2n\mathrm{H_2O}$$

ポリエチレンテレフタラート(PET)　（エステル結合という）

ポリエチレンテレフタラートは，軽量で丈夫なので，繊維としてワイシャツなどに使われたり，繊維以外にもペットボトルなどとして使われたりするんだ。

ポイント　プラスチックについて

- 付加重合による合成
  - (1)　ポリエチレン PE　(2)　ポリ塩化ビニル PVC
  - (3)　ポリスチレン PS　(4)　ポリプロピレン PP
- 縮合重合による合成
  - (1)　ナイロン66　(2)　ポリエチレンテレフタラート(PET)

チェック問題 10　標準　2分

石油(原油)やプラスチック(合成樹脂)に関する記述として誤りを含むものを，次の①～⑥のうちから1つ選べ。

① 石油(原油)は，沸点の違いを利用してさまざまな成分に分離してから利用されている。
② ポリ塩化ビニルは，水に溶けやすい高分子である。
③ ポリスチレンは，食品容器や緩衝材(かんしょうざい)として利用されている。
④ ナイロンは，繊維などに利用されている。
⑤ ポリエチレンは，炭素と水素だけからなる高分子化合物で，ポリ袋などに用いられる。
⑥ ポリエチレンテレフタラートは，飲料用ボトルに用いられている。

解答・解説

②

① 分留(分別蒸留)の説明。〈正しい〉
② プラスチックの多くは水に溶けにくい。ポリ塩化ビニルは，水に溶けない。〈誤り〉
⑤ ポリエチレン$\left[CH_2-CH_2 \right]_n$は，炭素Cと水素Hだけからなる。〈正しい〉

環境問題

プラスチックは自然界で分解されず，その廃棄は環境問題を引き起こす。焼却する場合は，生じる二酸化炭素CO_2の排出が問題になる。紫外線や水流などにより細かくなったプラスチックは**マイクロプラスチック**とよばれている。マイクロプラスチックが海の生物の体内に蓄積され，生態系に大きな影響を与える可能性が指摘されている。そのため，プラスチック廃棄物は，発生抑制・再使用・再利用(リサイクル)が必要になる。

❸ 金属結晶について

金属元素どうしは金属結合で結びついていたよね。金属原子の間にある電子は，金属原子からほとんど引っ張られず勝手に（自由に）動きまわるんだ。

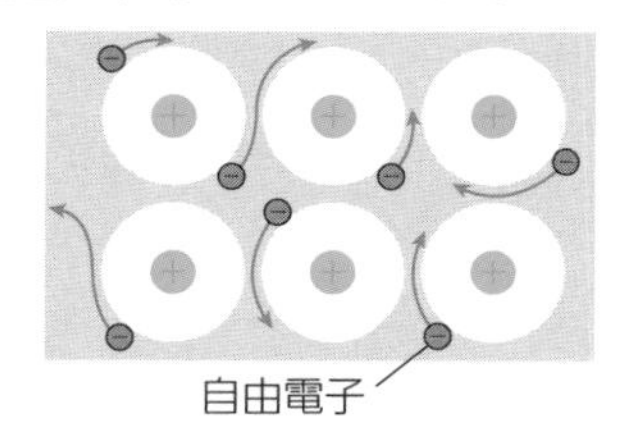

このような電子は**自由電子**といい，金属原子の電子が離れた残りの部分をくっつける「のり」の役割を果たしている。この自由電子が，**すべての金属原子に共有**されてできた結晶を**金属結晶**というんだ。

自由電子ってどんなはたらきをしているの？

自由電子により光が反射されることで金属光沢（金属のつや）が出て，自由電子が動くことで電気や熱をよく伝えるんだ。

また，結晶中の原子どうしの位置がずれても移動する自由電子により原子どうしの結合が保たれるので，金属の形を変えることができる。そのため，たたいてうすく広げたり（＝**展性**という），引っ張って長く延ばしたり（＝**延性**という）できるんだ。

金箔は展性を利用して，銅線は延性を利用してつくられるんだね。

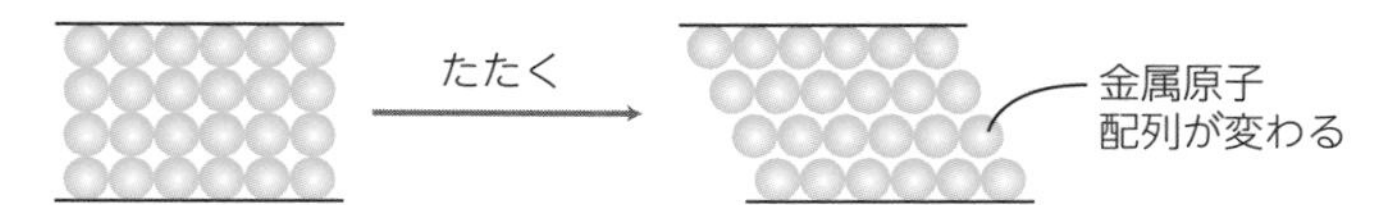

ポイント　金属結晶について

- **自由電子**をすべての原子で共有
  - ▶ ①　金属光沢がある
  - ②　熱や電気伝導性をよく通す
  - ③　展性・延性を示す

チェック問題 11

標準 2分

金属に関する記述として誤りを含むものを，次の①～⑥のうちから１つ選べ。

① 金属の熱伝導性がよいのは，金属中に自由電子が多数存在するためである。
② 金は酸化されにくく，単体として産出することが多い。
③ 金属が展性・延性を示すのは，原子どうしが自由電子によって結合しているからである。
④ 銀は，結晶内に動きやすい価電子が存在するので，電気をよく通す。
⑤ 金属はすべて固体である。
⑥ 金属は，たたいてうすく広げることや，引っ張って長く延ばすことができるものが多い。

解答・解説

⑤

② イオン化傾向(➡ p.228)の小さな白金 Pt や金 Au は酸化されにくく，天然には単体として産出することが多い。〈正しい〉
⑤ すべて固体ではない。水銀 Hg は液体として存在する。〈誤り〉
⑥ 原子どうしが金属結合してできており，展性や延性に富む。〈正しい〉

❹ イオン結晶について

金属元素と非金属元素の結合は**静電気力(クーロン力)**で結びついたイオン結合だったよね。たとえば，食塩である塩化ナトリウム NaCl は，ナトリウムイオン Na^+ と塩化物イオン Cl^- が右の図のように，たがいに静電気力で結びついてできているんだ。

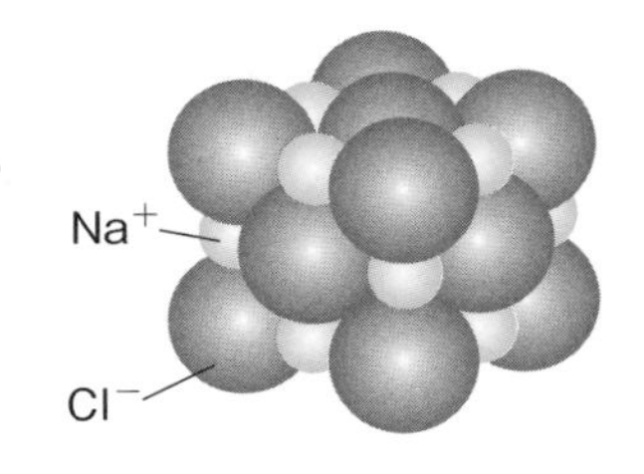

NaCl のように，陽イオンと陰イオンが交互に立体的に配列しできた結晶を**イオン結晶**という。**イオン結晶は陽イオンと陰イオンが強い静電気力で結びついているので，融点が高く硬いものが多い**んだ。ただ，硬いけれど，より強い

力が加わりイオンの位置がずれると，簡単にこわれる（➡ **もろい！**）。

強い静電気力で結びついているのに，なぜこわれるの？

それはね，強い力によってイオンの配列がずれると陽イオンどうし，陰イオンどうしが出会うよね。そうすると，イオンどうしが反発してこわれる（＝**へき開**という）んだ。

ずれると…

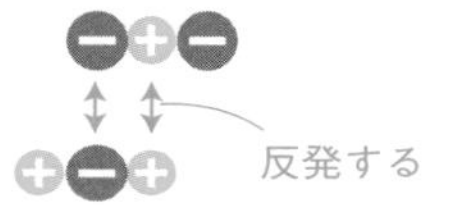

また，イオン結晶はイオンの位置が固定されているから**電気を通さない**んだ。ただ，**加熱してどろどろにして（＝融解という）融解液にしたり，水に溶かして水溶液にしたりすると，イオンが動けるようになるので電気を通す**んだ。

ポイント イオン結晶について

- 結晶の状態 ➡ 電気を通さない
- 融解液，水溶液 ➡ 電気を通す

チェック問題 12　標準

結晶がイオン結晶でないものを，次の①～⑥のうちから１つ選べ。

① 二酸化ケイ素　② 硝酸ナトリウム　③ 塩化銀
④ 硫酸アンモニウム　⑤ 酸化カルシウム　⑥ 炭酸カルシウム

解答・解説

①

① 二酸化ケイ素 SiO_2 は，共有結合の結晶。
② $NaNO_3$（Na^+ と NO_3^- からなる）
③ $AgCl$（Ag^+ と Cl^- からなる）
④ $(NH_4)_2SO_4$（NH_4^+ と SO_4^{2-} からなる）
⑤ CaO（Ca^{2+} と O^{2-} からなる）

⑥　$CaCO_3$(Ca^{2+} と CO_3^{2-} からなる)
以上より，②，③，④，⑤，⑥はイオン結晶。

チェック問題 13

標準 

イオン結晶の性質の記述として誤りを含むものを，次の①～⑤のうちから１つ選べ。

①　融点の高いものが多い。
②　固体の状態でも電気をよく通すものが多い。
③　強い力が加わると割れやすい。
④　結晶中では，陽イオンと陰イオンが規則正しく並んでいる。
⑤　水に溶かすと，陽イオンと陰イオンに電離する。

解答・解説

②

②　イオン結晶は，固体の状態ではイオンの位置が固定されているので，電気を通さない。融解したり，水に溶けると電気をよく通す。〈誤り〉
③　硬いが，割れやすくもろい。〈正しい〉
⑤　たとえば，イオン結晶であるNaClは，水に溶かすと陽イオンNa^+と陰イオンCl^-に電離する。〈正しい〉　$NaCl \longrightarrow Na^+ + Cl^-$

❺　分子結晶について

共有結合で結びついてできた二酸化炭素CO_2，ヨウ素I_2，水H_2Oなどの分子が，右のページの図のように**分子間力によって引き合ってできている結晶を分子結晶という**。

分子結晶は，それほどは強くない分子間力で結びついているために，**やわらかくて融点の低いものが多く**，**ドライアイス**CO_2や**ヨウ素**I_2のように固体から液体にならずに，直接気体に変化(＝**昇華**という)するものもあるんだ。

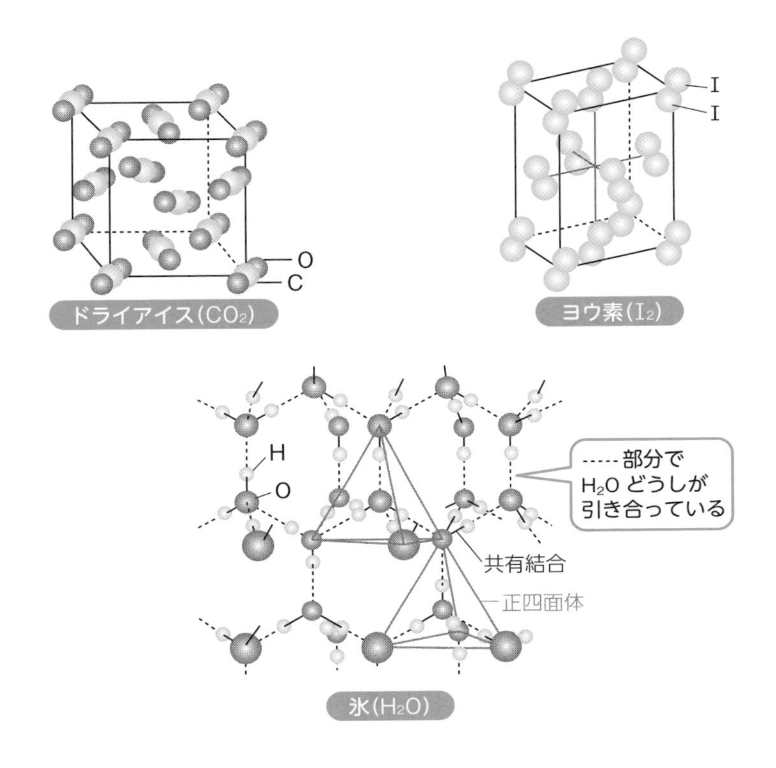

氷 H_2O の構造ってダイヤモンドの構造と似ているね。

そうなんだ。**氷は1個の水 H_2O 分子が，まわりの4個の水 H_2O 分子と分子間力で引き合って正四面体構造をとっている**んだ。図を見るとわかるけど，氷はかなりすき間だらけだよね(=**すき間の多い構造**)。

液体の水は水分子の配列がくずれ，すき間の少ない構造になるから，水の体積は氷の体積よりも小さくなるんだ。同じ重さの氷と水で考えれば体積の大きい**氷のほうが密度が小さくなる**よね。

密度って，質量÷体積　だからだね。

だから，氷は水より密度が小さいので，水に浮くんだ。

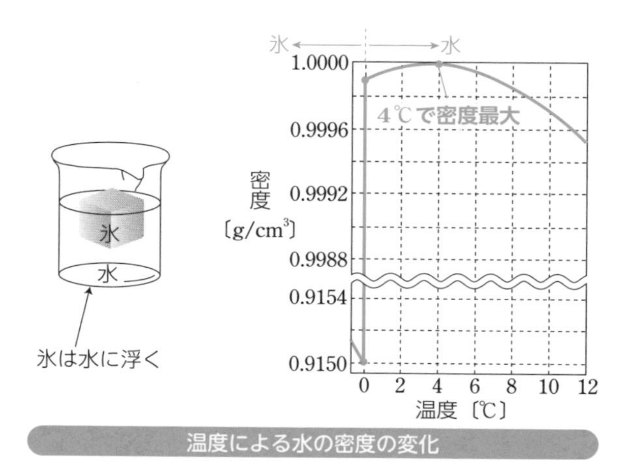

温度による水の密度の変化

ポイント 分子結晶について

- やわらかくて融点の低いものが多く，昇華しやすいものもある

  例　ヨウ素 I_2，ドライアイス CO_2，ナフタレン $C_{10}H_8$，氷 H_2O など

チェック問題 14

標準 

分子結晶に関する記述として誤りを含むものを，次の①～⑧のうちから1つ選べ。

① 分子が規則正しく配列してできた固体である。
② 通常，イオン結晶と比べて融点が低い。
③ 昇華するものがある。
④ 分子結晶をつくる主要な力は，分子間力である。
⑤ 電気伝導性を示さないものが多い。
⑥ 極性分子は分子結晶にならない。
⑦ 分子の位置はほぼ固定されているが，分子は常温でも常に熱運動(振動)している。
⑧ やわらかく，くだけやすいものが多い。

解答・解説

⑥

③ 〈正しい〉ドライアイス，ヨウ素，ナフタレンなど。

⑥ 〈誤り〉H_2O は極性分子だが，その固体である氷は分子結晶になる。もちろん極性分子だけでなく無極性分子も分子結晶になる（例ドライアイス CO_2）。

第２章　物質の変化

物質量（モル）

この項目のテーマ

1 単位変換
単位の変換は「確実に」！

2 原 子 量
「原子量の求め方」を理解しよう！

3 分子量・式量
分子量・式量は「原子量の総和」！

4 物質量（モル）
単位変換をうまく使い，モル計算を完璧に！

1 単位変換について

4 t を g に変換できる？

うーん。1 t は1000 kg で 1 kg は1000 g だよね。

「いつも」「確実に」単位を変換するには，どう解けばいいのだろう？

たとえば， $1\,\text{kg} = 1000\,\text{g} = 10 \times 10 \times 10\,\text{g} = 10^3\,\text{g}$ だよね。このように同じ量を２通りの単位で表せるとき， $\dfrac{1\,\text{kg}}{10^3\,\text{g}}$ または $\dfrac{10^3\,\text{g}}{1\,\text{kg}}$ と表し，**必要なほうを選び単位ごと計算する**ことで目的の単位に変換することができる。

たとえば，5 kg を「kg から g」に変換するにはこう解けばいいんだ。

$1\,\text{kg} = 1000\,\text{g} = 10^3\,\text{g}$ は， $\dfrac{1\,\text{kg}}{10^3\,\text{g}}$ または $\dfrac{10^3\,\text{g}}{1\,\text{kg}}$ と表すことができる。

「kg」から「g」に変換するので，右を選択して，

$$5\,\text{kg} \times \frac{10^3\,\text{g}}{1\,\text{kg}} = 5 \times 10^3\,[\text{g}]$$ ⬅単位も記入して，計算する！

kg どうしを消去する !!

ポイント 単位変換について

- 単位変換は，単位ごと計算すればまちがえない！

チェック問題 1

易 

(1)　4 t は何 g か。　(2)　3 m^3 は何 L か。

解答・解説

(1)　**4×10^6**〔g〕　(2)　**3×10^3**〔L〕

(1)「t」を「g」に変換するので，まず「t」を消去する必要がある。「t」は，$1\,t=10^3\,kg$ を利用して「kg」に変換できる。

$$4\,\cancel{t}\times\frac{10^3\,kg}{1\,\cancel{t}}=4\times10^3〔kg〕$$ ⬅ t どうしを消去する！

「kg」は目標の単位ではないので，次に $1\,kg=10^3\,g$ を利用して「g」に変換すればよい。

$$4\times10^3\,\cancel{kg}\times\frac{10^3\,g}{1\,\cancel{kg}}=4\times10^6〔g〕$$ ⬅ kg どうしを消去する！（目標の単位になった！）

慣れてきたら，次のように変換しよう。

$1\,t=10^3\,kg$，$1\,kg=10^3\,g$ より，

$$4\,\cancel{t}\times\frac{10^3\,\cancel{kg}}{1\,\cancel{t}}\times\frac{10^3\,g}{1\,\cancel{kg}}=4\times10^6〔g〕$$ ⬅ t どうしを消去　kg どうしを消去（g を残す）

(2)　$1\,m=10^2\,cm$，**$1\,cm^3=1\,mL$**(覚える！)，$1\,L=10^3\,mL$　より，

$$3\,m^3\times\left(\frac{10^2\,cm}{1\,m}\right)^3\times\frac{1\,mL}{1\,cm^3}\times\frac{1\,L}{10^3\,mL}$$

m^3を消去するので３乗する

$$=3\,\cancel{m^3}\times\frac{10^6\,\cancel{cm^3}}{1\,\cancel{m^3}}\times\frac{1\,\cancel{mL}}{1\,\cancel{cm^3}}\times\frac{1\,L}{10^3\,\cancel{mL}}=3\times10^3〔L〕$$

2 原子量について

まず，**「質量数12の炭素原子 ^{12}C 1個の質量を12」と決め，これを基準**にし

て ^{12}C 以外の原子の**相対質量**(質量の比の値)を求める。次に，**同位体が存在する原子はその相対質量の平均値を求めると「原子量」になり，同位体が存在しない原子はその相対質量がそのまま「原子量」になる**んだ。

同位体が存在するときは，相対質量の平均値を原子量とするんだよね。

そうなんだ。たとえば，炭素(^{12}C と ^{13}C の混合物)を燃焼させると，同位体がいっしょに燃えちゃうよね。化学実験のたびに，同位体を分けて反応させることはふつうしないので，**同位体の存在する原子はその相対質量の平均値を求めて，それを原子量とする**んだ。

原子量はテストの平均点を求める要領で計算するといいよ。化学のテストで，70点の人が 3 人と80点の人が 1 人だったら，このテストの平均点は，

$$\frac{70\times3+80\times1}{3+1}=\frac{70\times3+80\times1}{4}=72.5\text{〔点〕}$$

になるよね。たとえば，銅 Cu には 2 種類の同位体($^{63}_{29}Cu$, $^{65}_{29}Cu$)が存在し，その存在比は相対質量63の $^{63}_{29}Cu$ が 69%，相対質量65の $^{65}_{29}Cu$ が 31% なので，この銅 Cu の原子量は,

$$\frac{63\times69+65\times31}{69+31}=\frac{63\times69+65\times31}{100}$$

$$=\underbrace{63}_{^{63}_{29}\text{Cu の相対質量}}\times\underbrace{\frac{69}{100}}_{\text{存在比}}+\underbrace{65}_{^{65}_{29}\text{Cu の相対質量}}\times\underbrace{\frac{31}{100}}_{\text{存在比}}=63.62\fallingdotseq\underbrace{64}_{\text{相対質量の平均値＝原子量}}$$

と求められるんだ。

同位体が存在しない原子もあるよね。

そうだね。たとえば，天然に同位体が存在しないアルミニウム Al は，相対質量26.98がそのまま Al の原子量になるんだ。

ポイント 原子量について

- **同位体**が存在する場合 ➡ 相対質量の平均値が原子量となる
- 同位体が存在しない場合 ➡ 相対質量がそのまま原子量となる
- それぞれの原子の相対質量は，^{12}C 1 個の質量を基準とする

チェック問題 2

標準 

カリウムKは，原子量が39.10であり，^{39}K（相対質量38.96）と^{41}K（相対質量40.96）の２つの同位体が自然界で大部分を占めている。これら以外の同位体は無視できるものとし，^{41}Kの存在比として最も適当な数値を次の①～⑧のうちから１つ選べ。

① 1.0　② 5.0　③ 7.0　④ 49
⑤ 51　⑥ 93　⑦ 95　⑧ 99

解答・解説

③

（質量数→^{39}K／相対質量は質量数に近い値になる）

カリウムKの同位体は^{39}K（相対質量38.96），^{41}K（相対質量40.96）が大部分を占めている。カリウムKの原子量が39.10なので，次の式が成り立つ。

（^{39}K：存在比は100－x%となる／^{41}K：存在比をx%とおく）

$$\underbrace{38.96}_{^{39}\text{Kの相対質量}}\times\underbrace{\frac{100-x}{100}}_{\text{存在比}}+\underbrace{40.96}_{^{41}\text{Kの相対質量}}\times\underbrace{\frac{x}{100}}_{\text{存在比}}=\underbrace{39.10}_{\text{相対質量の平均値（原子量）}}$$

$$-\frac{38.96}{100}x+38.96\times\frac{100}{100}+\frac{40.96}{100}x=39.10$$

$$38.96+0.020x=39.10$$

$$x=7.0$$

よって，存在比はそれぞれ^{39}K：$100-x=93\%$，^{41}K：$x=7.0\%$

3 分子量・式量について

二酸化炭素CO_2のような「**分子**」や塩化ナトリウムNaClのような「**組成式で表す物質**」などには，それぞれ**分子量**（ぶんしりょう）や**式量**（しきりょう）を使う。**分子量・式量は，それぞれ構成している原子の原子量の総和を求める**んだ。

じゃあ，二酸化炭素CO_2の分子量は，（Cの原子量）＋（Oの原子量）×２＝12＋16×２＝44だし，塩化ナトリウムNaClの式量は（Naの原子量）＋（Clの原子量）＝23＋35.5＝58.5になるね。

そうだね。**原子量**は問題の中で**与えられる**ので，それを使って**分子量**や**式量**を求めてね。

チェック問題 3　易　2分

ある金属の臭化物(MBr_3)の式量をXとする。この金属の酸化物(M_2O_3)の式量として正しいものを，次の①～⑤のうちから1つ選べ。原子量は O ＝16，Br ＝80 とする。

① $X-432$　② $X-216$　③ $X-196$　④ $2X-432$　⑤ $2X-216$

解答・解説

④

MBr_3 の式量：Xは，M の原子量をMとすると，$X=M+\underbrace{80}_{\text{Br の原子量}}\times 3$

M_2O_3 の式量：$2M+\underbrace{16}_{\text{O の原子量}}\times 3=2(X-80\times 3)+16\times 3$
$=2X-432$

「**分子量を用いる物質**」と「**式量を用いる物質**」を区別できる？

分子量を用いるのは二酸化炭素 CO_2，式量を用いるのは塩化ナトリウム NaCl だったよ。

そのとおりだね。酸素 O_2，二酸化炭素 CO_2，水 H_2O などいくつかの原子が結びついてできた粒子のことを分子といったよね。このような「分子を単位とする物質」に分子量を用いるんだ。

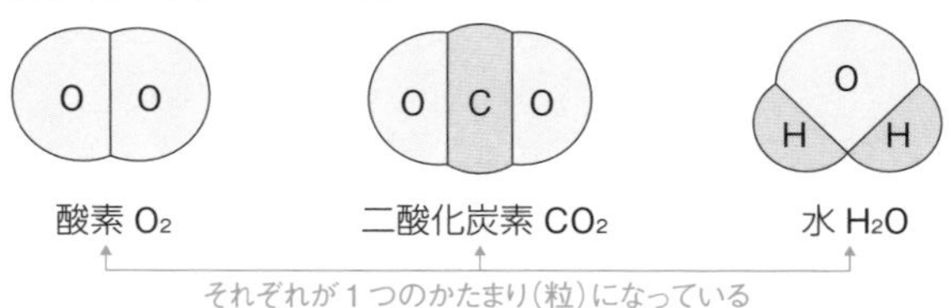

ところが，酸化銅(Ⅱ)CuO，塩化ナトリウム NaCl，銅 Cu，ダイヤモンド C などは莫大(ばくだい)な数のイオンや原子が集まって結晶をつくっているので，これらは「分子をつくらない物質」なんだ。これらの結晶は，イオンの数の比や原子の数の比を最も簡単な整数比(➡ **組成式**という)で表し，これらの結晶には式

量を用いるんだ。

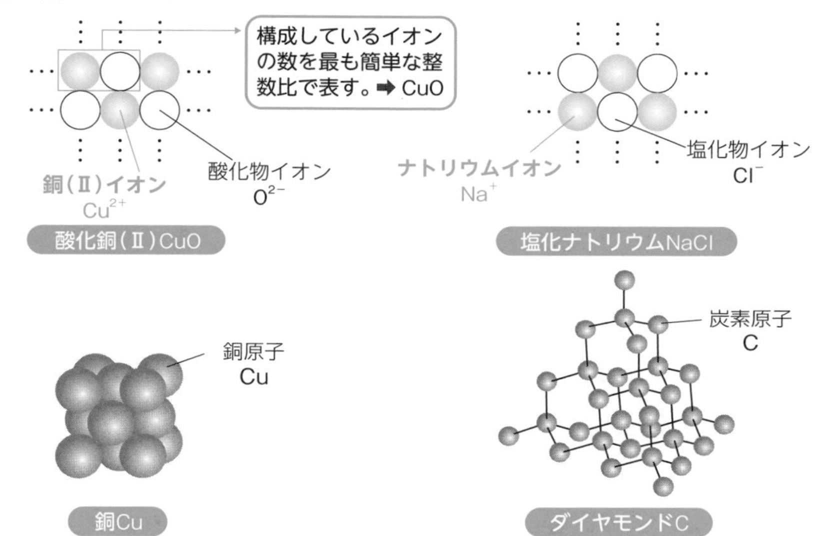

ポイント 分子量・式量について

- 分子量 ▶「O_2 や H_2O などのように分子を単位とする物質」に用いる
- 式　量 ▶「イオン，イオンからなる化合物，金属，共有結合の結晶などの組成式で表す物質」に用いる

たしかにね。だったら，具体例で覚えたらどうかな？

- 分子量を用いるもの…O_2，CO_2，H_2O，NH_3 など（分子）
- 式量を用いるもの…Na^+，Cl^-，SO_4^{2-}（イオン）

  CuO（Cu^{2+} と O^{2-} からなる），$NaCl$（Na^+ と Cl^- からなる），（イオンからなる化合物）

  Cu（金属），ダイヤモンド C（共有結合の結晶）など

次の **チェック問題** で，分子量を用いる物質と式量を用いる物質とを区別する練習をしてみてね。

チェック問題 4　やや難　2分

式量ではなく分子量を用いるのが適当なものを，次の①～⑥のうちから1つ選べ。

① 塩化ナトリウム　② ダイヤモンド　③ 銅
④ アンモニア　⑤ 酸化銅(Ⅱ)　⑥ 金

解答・解説

④

① 塩化ナトリウム NaCl は，イオン(Na^+，Cl^-)からなる。
② ダイヤモンドは共有結合の結晶で，組成式 C で表す。
③ 銅は，組成式 Cu で表す。
④ アンモニアは，NH_3 分子からなる。
⑤ 酸化銅(Ⅱ)CuO は，イオン(Cu^{2+}，O^{2-})からなる。
⑥ 金は，組成式 Au で表す。

よって，④だけ分子量を用いる。①，②，③，⑤，⑥は，式量を用いる。

思考力のトレーニング 1　やや難　3分

臭素 Br には質量数が79と81の同位体がある。^{12}C の質量を12としたときの，それらの相対質量と存在比(%)を表に示す。臭素の同位体に関する記述として誤りを含むものはどれか。最も適当なものを，あとの①～④のうちから1つ選べ。

表　^{79}Br と ^{81}Br の相対質量と存在比

	相対質量	存在比(%)
^{79}Br	78.90	51
^{81}Br	80.90	49

① 臭素の原子量は，79.88になる。
② ^{79}Br と ^{81}Br は同じ元素なので，ほとんど同じ化学的性質を示す。
③ ^{79}Br と ^{81}Br の中性子の数は異なる。
④ ^{79}Br と ^{81}Br からなる臭素分子 Br_2 は，おおよそ

$$^{79}Br\,^{79}Br : ^{79}Br\,^{81}Br : ^{81}Br\,^{81}Br = 1 : 1 : 1$$

の比で存在する。

解答・解説

④

① 原子量は，同位体の存在を考慮した相対質量と存在比から求めた平均値になる。臭素の原子量は次のように求めることができる。

$$\frac{78.90\times51+80.90\times49}{100}=\underbrace{78.90}_{^{79}Br\text{の相対質量}}\times\underbrace{\frac{51}{100}}_{\text{存在比}}+\underbrace{80.90}_{^{81}Br\text{の相対質量}}\times\underbrace{\frac{49}{100}}_{\text{存在比}}=\underbrace{79.88}_{\text{相対質量の平均値（臭素の原子量）}}$$ 〈正しい〉

② ^{79}Br と ^{81}Br はたがいに同位体であり，同位体の化学的性質(他の物質との反応のようす)はほとんど同じ。〈正しい〉

③ 同位体は，中性子の数が異なるため，質量数が異なる。〈正しい〉

(参考) Br の原子番号は35なので，$^{79}_{35}Br$ は79－35＝44個の中性子をもち，$^{81}_{35}Br$ は81－35＝46個の中性子をもつ。

④ 分子を構成する原子の質量数の総和を M とおくと，2つの Br 原子(^{79}Br と ^{81}Br)からなる臭素分子 Br_2 は次の3種類になる。

$^{79}Br-^{79}Br$	$^{79}Br-^{81}Br=^{81}Br-^{79}Br$（同じ分子）	$^{81}Br-^{81}Br$
$M=79+79=158$（M：質量数の総和）	$M=79+81=160$	$M=81+81=162$

まず，$M=158$ になる Br_2 分子は $^{79}Br-^{79}Br$ であり，この分子は Br 原子がともに ^{79}Br になる場合なので，その割合は，

$$\frac{51}{100}\times\frac{51}{100}\times100=26.01\ [\%]$$

次に，$M=162$ になる Br_2 分子は $^{81}Br-^{81}Br$ であり，この分子は Br 原子がともに ^{81}Br になる場合なので，その割合は，

$$\frac{49}{100}\times\frac{49}{100}\times100=24.01\ [\%]$$

よって，$M=160$ の Br_2 分子(^{79}Br と ^{81}Br からなる Br_2 分子)の割合は，

M＝158の Br_2 分子($^{79}Br-^{79}Br$)の割合と M＝162の Br_2 分子($^{81}Br-^{81}Br$)の割合を全体(100%)から引けばよい。

$$\underbrace{100}_{\text{全体}} - \underbrace{26.01}_{^{79}Br-^{79}Br\text{ の場合〔\%〕}(M=158\text{のもの})} - \underbrace{24.01}_{^{81}Br-^{81}Br\text{ の場合〔\%〕}(M=162\text{のもの})} = \underbrace{49.98}_{^{79}Br\text{ と }^{81}Br\text{ からなる場合〔\%〕}(M=160\text{のもの})}〔\%〕$$

以上から，^{79}Br と ^{81}Br からなる臭素分子 Br_2 は，

$$^{79}Br\,^{79}Br : ^{79}Br\,^{81}Br : ^{81}Br\,^{81}Br = 26.01 : 49.98 : 24.01 \fallingdotseq 1 : 2 : 1$$

の比で存在する。〈誤り〉

本問を100(%)から引くことで求めたのは，次の **別解** の2通りの部分に（×2の部分）気づきにくいため。慣れてきたら **別解** のように解きたい。

別解

M＝160になる Br_2 分子には

$^{79}Br-^{81}Br$　と　$^{81}Br-^{79}Br$

の **2通り** が考えられ，どちらも M＝160の Br_2 分子になる。

$$\underbrace{\frac{51}{100}}_{^{79}Br\text{ の存在比}} \times \underbrace{\frac{49}{100}}_{^{81}Br\text{ の存在比}} \times \overset{2\text{通り}}{2}$$

よって，

$$^{79}Br\,^{79}Br : ^{79}Br\,^{81}Br : ^{81}Br\,^{81}Br = \frac{51}{100}\times\frac{51}{100} : \frac{51}{100}\times\frac{49}{100}\times 2 : \frac{49}{100}\times\frac{49}{100}$$

≒1：2：1 の比になる。〈誤り〉

参考

^{79}Br 3個，^{81}Br 1個，C で構成される CBr_4 であれば，

の4通りを考える必要がある。

4 物質量（モル）について

約５万枚の500円硬貨（371 kg）がある。

たくさんの500円硬貨があるね。

そうだね。原子くんなら，500円硬貨が何枚あるかどうやって数えるかな？

10枚を１単位として数えるよ。

なるほどね。じゃあ，約５万枚の500円硬貨のかたまりを10枚を１単位として分けてみるね。500円硬貨のかたまりは，次のように数えられるよ。

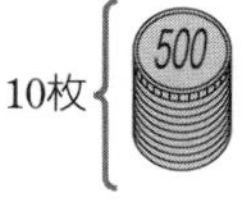

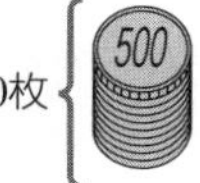

……

よって，➡10 枚 × 5300 ＝ 53000 枚だったとわかる。

10 枚を１単位とすると，5300 単位あった。

たしか，500円硬貨は10枚で70 g だから，500円硬貨のかたまり全体の質量を調べても数えられるんじゃない？

さえてるね。約５万枚の500円硬貨のかたまり全体の**質量**を調べてみたら，371 kg だった。ということは，500円硬貨のかたまりは，

$$\left\{371\,\text{kg} \times \frac{10^3\,\text{g}}{1\,\text{kg}}\right\} \div \left\{\frac{70\,\text{g}}{10\text{枚}}\right\} = 371 \times 10^3\,\text{g} \times \frac{10\text{枚}}{70\,\text{g}} = 53000\text{枚}$$

上の500円硬貨のかたまり全体の質量〔g〕

500円硬貨10枚で70 g なので

と数えることもできるね。

チェック問題 5

易　1分

900000本の鉛筆は，何ダースか。

解答・解説

75000ダース

1ダース＝12本なので $\frac{12\text{本}}{1\text{ダース}}$ または $\frac{1\text{ダース}}{12\text{本}}$ と表すことができ，「本からダース」への変換なので $\frac{1\text{ダース}}{12\text{本}}$ を利用して，次のように求める。

$$900000\text{本} \times \frac{1\text{ダース}}{12\text{本}} = 75000\text{ダース}$$

「本」どうしを消去して「ダース」を残す

化学で扱う原子，分子，イオンは，たった1gの中にも莫大な数の原子，分子，イオンが存在するんだ。だから，500円硬貨の枚数を数えたように単位（まとまり）をつくって数えると「速く」「正確」に数えられそうだね。

「6.0×10^{23} 個を1単位，つまり1モル（mol）」として扱う

（注 この 6.0×10^{23} という数値を**アボガドロ数**という。）

化学では，原子，分子，イオンのようなツブ・6.0×10^{23} 個を1mol（1単位）として扱うんだ。

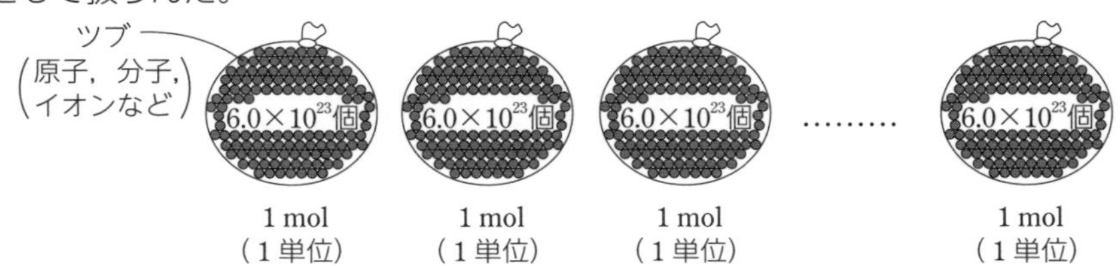

気をつけてほしいのは，鉛筆はもちろん，ジュースや消しゴムでも12本（個）を1ダースとして数えたよね。化学でも，**原子はもちろん分子やイオンもすべて 6.0×10^{23} 個を1モル（mol）として数える**んだ。

銅 Cu はもちろん，二酸化炭素 CO_2 や塩化ナトリウム NaCl でも6.0×10^{23} 個を 1 モル(mol)とすればいいんだね。

ポイント 物質量(モル)について①

- 原子・分子・イオン ▶ 6.0×10^{23} 個を 1 モル(mol)とする

そして，原子や分子などを6.0×10^{23} 個集めると，その質量は原子量 g，分子量 g になる。また，**温度 0 ℃，圧力1013 hPa＊ ＝ 1.013×10^5 Pa ＝ 1 atm の状態を標準状態**といい，0℃，1.013×10^5 Pa において気体 1 mol が占める体積は，**気体の種類によらず22.4 L** になるんだ(➡ 覚える！)。
→ CO_2でも N_2でも…

＊：ヘクト h は，10^2 を表すので，1013 hPa ＝1013×10^2 Pa ＝1.013×10^5 Pa

CO_2 分子が6.0×10^{23} 個(1 mol)あると，質量は44 g(分子量 g)で，その体積は0℃，1.013×10^5 Pa で22.4 L になるね。

ポイント 物質量(モル)について②

- 例 CO_2 1 mol は，
  - 分子の個数 ➡ 6.0×10^{23} 個
  - 質量 ➡ 44.0 g(分子量 g)
  - 体積 ➡ 22.4 L(0 ℃, 1.013×10^5 Pa(標準状態))

チェック問題 6　易　1分

2.4×10^{24} 個の銅 Cu 原子は，何 mol か。ただし，アボガドロ数を 6.0×10^{23}とする。

解答・解説

4.0 mol

Cu原子6.0×10^{23}個＝Cu原子1 molなので，$\dfrac{1\ \text{mol}}{6.0\times10^{23}\ \text{個}}$または

$\dfrac{6.0\times10^{23}\ \text{個}}{1\ \text{mol}}$と表すことができ，「個からmol」への変換なので$\dfrac{1\ \text{mol}}{6.0\times10^{23}\ \text{個}}$

を利用する。

$$2.4\times10^{24}\ \text{個}\times\frac{1\ \text{mol}}{6.0\times10^{23}\ \text{個}}=\frac{24\times10^{23}}{6.0\times10^{23}}\text{mol}=4.0\ \text{〔mol〕}$$

「個」を消去して「mol」を残す

$2.4\times10^{24}=24\times\frac{1}{10}\times10^{24}$
$=24\times10^{-1}\times10^{24}=24\times10^{23}$　より

物質量〔mol〕と粒子数・質量・気体の体積の関係

(1)　アボガドロ定数(記号N_A)

1 molあたりの粒子の数6.0×10^{23}個を**アボガドロ定数**といい，共通テストでは**6.0×10^{23}/mol**や**N_A〔mol〕**と与えられる。

（粒子→原子，分子，イオンなど）

(2)　モル質量

物質1 molあたりの質量を**モル質量**といい，共通テストでは原子量・分子量・式量に単位**g/mol**をつけて与えられる。

例 Ne＝20は20 g/mol，H_2O＝18は18 g/mol，NaCl＝58.5は58.5 g/mol

(3)　モル体積

物質1 molあたりの体積をいい，0℃，1.013×10^5 Paでは**22.4 L/mol**となる。

（0℃，1.013×10^5 Pa→標準状態）

物質量〔mol〕計算のコツ

6.0×10^{23}/molには6.0×10^{23}**個**/$_1$mol，g/molにはg/$_1$mol，22.4 L/molには22.4 L/$_1$molと「**個**や**1**」を書き足してから問題を解くようにしよう！

ポイント 単位変換と物質量計算のまとめ

- 単位ごと計算することでミスを防ぐ
- 個や1を書き加えてから解く

チェック問題 7

標準 

プロパン C_3H_8 に関する次の(1)，(2)に答えよ。答えはそれぞれ①～⑤のうちから１つ選べ。ただし，原子量はＨ＝1.0，Ｃ＝12，アボガドロ定数 6.0×10^{23} /mol とする。

(1)　プロパン分子１個の質量は何 g か。

①　6.7×10^{-23}　②　6.8×10^{-23}　③　7.0×10^{-23}

④　7.3×10^{-23}　⑤　7.5×10^{-23}

(2)　2.2 g のプロパンは何 mol か。

①　0.050　②　0.055　③　0.060　④　0.065　⑤　0.070

解答・解説

(1)　④　　(2)　①

プロパン C_3H_8 の分子量は，$\underbrace{12}_{C}\times3+\underbrace{1.0}_{H}\times8=44$ なので，プロパン C_3H_8 のモル質量は44 g/ ₁mol となる。また，アボガドロ定数は 6.0×10^{23} 個 / ₁mol と表せる。

（44 g/ $_1$mol：1 がかくれている）（個：個がかくれている）（/ $_1$mol：1 がかくれている）

(1)　C_3H_8 分子１個あたりの質量〔g〕を求めるので，『g ÷個』で求められる。

C_3H_8 分子 1 mol は44 g で 6.0×10^{23} 個であることから，

$$44\text{ g}\div6.0\times10^{23}\text{ 個}=\frac{44\text{ g}}{6.0\times10^{23}\text{ 個}}\fallingdotseq7.3\times10^{-23}\ \text{〔g/個〕}$$ ⬅ 単位に注目しよう！

(2)　C_3H_8のモル質量が44 g / $_1$mol なので，$\frac{1\text{ mol}}{44\text{ g}}$ または $\frac{44\text{ g}}{1\text{ mol}}$ と表すことができ，「g から mol」への変換なので $\frac{1\text{ mol}}{44\text{ g}}$ を利用する。

$$2.2\text{ g}\times\frac{1\text{ mol}}{44\text{ g}}=0.050\ \text{〔mol〕}$$ ⬅ 単位変換

g どうしを消去して mol を残す

チェック問題 8　標準　3分

体積1.0 cm^{3}の氷に，水分子は何個含まれるか。最も適当な数値を，次の①～⑥のうちから１つ選べ。ただし，氷の密度は0.91 g/cm^3，原子量は，H＝1.0，O＝16，アボガドロ定数 6.0×10^{23} /mol とする。

① 3.0×10^{21}　② 3.3×10^{21}　③ 3.7×10^{21}
④ 3.0×10^{22}　⑤ 3.3×10^{22}　⑥ 3.7×10^{22}

解答・解説

④

水 H_2O の分子量は，$\underset{H}{1.0}\times 2+\underset{O}{16}=18$　なので H_2O のモル質量は18 g / $_1$ mol。（1がかくれている）

アボガドロ定数は 6.0×10^{23}個 / $_1$ mol と表せ（個がかくれている，1がかくれている），氷の密度0.91〔g/cm^3〕は $\frac{0.91\text{ g}}{1\text{ cm}^3}$ と表すことができる。

よって，氷1.0 cm^{3}に含まれる H_2O 分子は，

$\frac{0.91\text{ g}}{1\text{ cm}^3}$，$\frac{1\text{ mol}}{18\text{ g}}$，$\frac{6.0\times10^{23}\text{ 個}}{1\text{ mol}}$ を利用し，

$$1.0\text{ cm}^3\times\frac{0.91\text{ g}}{1\text{ cm}^3}\times\frac{1\text{ mol}}{18\text{ g}}\times\frac{6.0\times10^{23}\text{ 個}}{1\text{ mol}}\fallingdotseq 3.0\times10^{22}\text{〔個〕}$$

となる。

（cm^{3}どうしを消去する　→ 氷〔g〕，gどうしを消去する　→ H_2O〔mol〕，molどうしを消去する　→ H_2O〔個〕）

チェック問題 9

やや易 

0℃，1.013×10^5 Pa における体積が最も大きいものを，次の①～⑤のうちから1つ選べ。ただし，原子量は，H＝1.0，C＝12，N＝14，O＝16とする。

① 2.0 g の H_2
② 0℃，1.013×10^5 Pa で20 L の He
③ 88 g の CO_2
④ 28 g の N_2と 0℃，1.013×10^5 Pa で5.6 L の O_2との混合気体
⑤ 2.5 mol の CH_4

解答・解説

⑤

0℃，1.013×10^5 Pa では，気体1 mol の体積は気体の種類に関係なく22.4 L なので，モル体積は22.4 L/₁mol と表すことができる。（1がかくれている）①～⑤の 0℃，1.013×10^5 Pa における体積は次のようになる。

① H_2＝2.0より（モル質量2.0 g/₁mol） $2.0\,\text{g}\times\dfrac{1\,\text{mol}}{2.0\,\text{g}}\times\dfrac{22.4\,\text{L}}{1\,\text{mol}}=22.4$〔L〕（$H_2$〔mol〕，$H_2$〔L〕）

② 20 L（He〔L〕）

③ CO_2＝44より（モル質量44 g/₁mol） $88\,\text{g}\times\dfrac{1\,\text{mol}}{44\,\text{g}}\times\dfrac{22.4\,\text{L}}{1\,\text{mol}}=44.8$〔L〕（$CO_2$〔mol〕，$CO_2$〔L〕）

④ N_2＝28より（モル質量28 g/₁mol） $28\,\text{g}\times\dfrac{1\,\text{mol}}{28\,\text{g}}\times\dfrac{22.4\,\text{L}}{1\,\text{mol}}+5.6\,\text{L}=28$〔L〕（$N_2$〔mol〕，$N_2$〔L〕，$O_2$〔L〕）

⑤ $2.5\,\text{mol}\times\dfrac{22.4\,\text{L}}{1\,\text{mol}}=56$〔L〕（$CH_4$〔L〕）

よって，⑤ 56 L ＞ ③ 44.8 L ＞ ④ 28 L ＞ ① 22.4 L ＞ ② 20 L となる。（⑤ 56 L：最も大きい）

チェック問題 10 標準 3分

ヘリウム He と窒素 N_2 からなる混合気体 1.00 mol の質量が 10.0 g であった。この混合気体に含まれる He の物質量の割合は何%か。最も適当な数値を，次の①～⑤のうちから1つ選べ。ただし，原子量は，He＝4，N＝14 とする。

① 30　② 40　③ 67　④ 75　⑤ 90

解答・解説

④

ヘリウム He(モル質量4 g/1 mol)を x mol とおくと，窒素 N_2(モル質量28 g/1 mol)は，1.00－x mol になる。この混合気体 1.00 mol の質量が 10.0 g なので，次の式が成り立つ。

貴ガスである He は単原子分子として存在するので，原子量に g/mol をつけたものがモル質量になる

混合気体が1.00 mol なので

混合気体：He と N_2

$$x\,\text{mol} \times \frac{4\,\text{g}}{1\,\text{mol}} + (1.00 - x)\,\text{mol} \times \frac{28\,\text{g}}{1\,\text{mol}} = 10.0\,\text{g}$$

（He〔g〕，N_2〔g〕，He＋N_2〔g〕）

$x = \frac{3}{4} = 0.75$ mol となり，この混合気体 1.00 mol に含まれる He の物質量〔mol〕の割合は $\frac{0.75\,\text{mol}}{1.00\,\text{mol}} \times 100 = 75$〔%〕（He / 混合気体）

思 考力のトレーニング 2 やや難 3分

ポリエチレンは，多数のエチレン分子 $CH_2=CH_2$ を重合してつくられる。ポリエチレンの構造式は図に示すように，かっこ［　］内の構造 C_2H_4 と，そのくり返しの数 n を用いて表すことができる。また，n が十分大きい場合には，ポリエチレンの分子量は，C_2H_4 の式量28と n の積 $28n$ とみなすことができる。$n=10000$ のときポリエチレン 1.0 kg の物質量は何 mol か。最も適当な数値を，次の①～④のうちから1つ選べ。

図　エチレンからのポリエチレンの合成とポリエチレンの構造式

①　0.0018　　②　0.0036　　③　0.0071　　④　0.014

解答・解説

②

$n=10000$ のときのポリエチレン $\left[-CH_2-CH_2-\right]_{10000}$ の分子量は，

（C_2H_4 の式量28，$n=10000$ なので）

$28\times10000=280000$ となり，そのモル質量は 280000 g/1 mol となる。

よって，ポリエチレン 1.0 kg の物質量は，

$$1.0\ \text{kg}\times\frac{10^3\ \text{g}}{1\ \text{kg}}\times\frac{1\ \text{mol}}{280000\ \text{g}}\fallingdotseq 0.0036\ \text{〔mol〕}$$

ポリエチレン〔g〕　ポリエチレン〔mol〕

思考力のトレーニング 3　やや難　3分

物質Aは，図に示すように，棒状の分子が水面に直立してすき間なく並び，一層の膜(単分子膜)を形成する。物質Aの質量が w〔g〕のとき，この膜の全体の面積は X〔cm^2〕であった。物質Aのモル質量を M〔g/mol〕，アボガドロ定数を N_A〔/mol〕としたとき，分子1個の断面積 s〔cm^2〕を表す式として正しいものを，次の①～⑥のうちから1つ選べ。

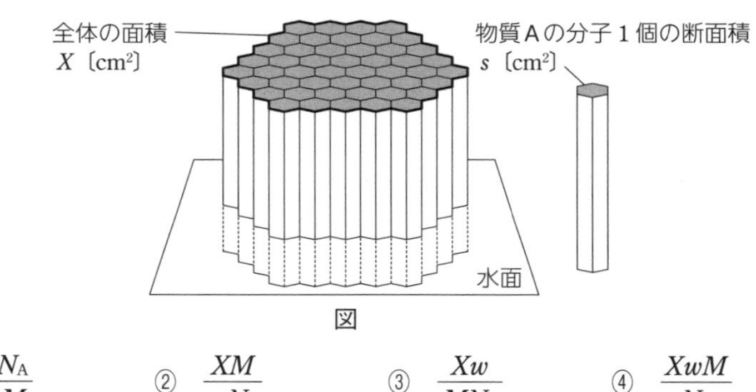

図

① $\dfrac{XN_A}{wM}$　② $\dfrac{XM}{wN_A}$　③ $\dfrac{Xw}{MN_A}$　④ $\dfrac{XwM}{N_A}$

⑤ $\dfrac{XwN_A}{M}$　⑥ $\dfrac{XMN_A}{w}$

解答・解説

②

単位を組み合わせると解くことができる。モル質量は M〔g/$_1$mol〕，アボガドロ定数は N_A〔個/$_1$mol〕，分子1個の断面積 s〔cm^2〕は s〔cm^2/$_1$個〕と表すことができる。

mol どうしを消去する

$$w\,\text{g} \times \frac{1\,\text{mol}}{M\,\text{g}} \times \frac{N_A\,\text{個}}{1\,\text{mol}} = X\,\text{cm}^2 \div s\,\text{cm}^2/1\,\text{個}$$

A〔g〕　A〔mol〕　A〔個〕

g どうしを消去する

単分子膜をつくっている A〔個〕

直すと ⬇

$$X\,\text{cm}^2 \times \frac{1\,\text{個}}{s\,\text{cm}^2}$$

cm^2どうしを消去する

$$s = \frac{XM}{wN_A}\,〔\text{cm}^2/\text{個}〕$$

6時間目 化学反応式と物質量（モル）

この項目のテーマ

1 化学反応式の読みとり
反応式の係数を「きちんと」読みとろう！

2 完全燃焼の反応式
燃焼させる物質の係数を１に！

3 反応式がつくれないとき
反応式がつくれなくてもあきらめない！

4 物質量（モル）計算のまとめ
速く問題を解くコツをつかもう！

1 化学反応式の読みとりについて

化学変化って**原子の結びつき（くっつき方）が変化するだけで，原子がなくなったり，新しく生成したりすることはない**んだ。つまり，反応の前後ではふつう**原子の種類や数は変化しない**ということなんだよ。

化学反応式は，これらの情報をひと目で理解できる便利なものなんだ。たとえば，一酸化炭素（●●）と酸素（●●）が反応して二酸化炭素（●●●）ができる反応をモデルで表すと，こうなるよね。

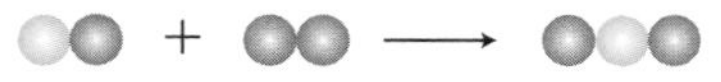
← モデル

あれっ。なんか変だよ。たしか，反応式の前後では原子の数は変わらないんじゃないの？

そうだね。このままでは，左辺と右辺にある酸素原子●の数が違うよね。

じゃあ，原子の数をそろえ直すとこうなるね（左辺の●と●の数と，右辺の●と●の数がそろうようにする！）。

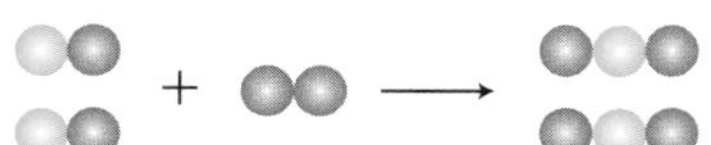
← モデル

これを化学式を使って表すと◯がCで●がOだから……

$$2CO + O_2 \longrightarrow 2CO_2$$ ⬅化学反応式

となるね。ここで，モデルからわかることは「◯● 2個と●● 1個が反応して●◯●が2個できる」ということだね。そして，**この個数関係が化学反応式の係数で表されている**ことにも気づく。じゃあ，CO分子200個を反応させたらどうなるかな？

O_2分子が100個反応して，CO_2分子が200個できるね。

そうだね。じゃあ，CO分子$2 \times (6.0 \times 10^{23})$個ならどうなる？

O_2分子が6.0×10^{23}個反応して，CO_2分子が$2 \times (6.0 \times 10^{23})$個生成するよ。

分子6.0×10^{23}個は1モル(mol)だから，いいかえると**この化学反応式は，CO 2 molとO_2 1 molからCO_2 2 molが生成することを表している**んだ。

ポイント　化学反応式について

- 化学反応式の係数は，物質量(モル)の関係を表している

ここで，$2CO + O_2 \longrightarrow 2CO_2$の化学反応式を利用して，もう少し考えてみるね。

たとえば，CO 8 molを完全燃焼させるのに必要なO_2は何molになるかな？

反応式の係数を読みとると，CO 2 molとO_2 1 molが反応するとわかるから……

いい感じだね。慣れないうちは，単位の横に小さく化学式を書いて単位ごと計算するといいんだ。

化学反応式の係数を読みとると CO 2 mol と O_2 1 mol が反応することがわかるね。これを

$$\frac{1\ \mathrm{mol}\ O_2}{2\ \mathrm{mol}\ CO} \text{ または } \frac{2\ \mathrm{mol}\ CO}{1\ \mathrm{mol}\ O_2}$$

← 慣れるまではミスを防ぐために化学式を小さく書く

と表すことができるんだ。CO 8 mol を完全燃焼させるのに必要な O_2 の mol を求めるので，$\frac{1\ \mathrm{mol}\ O_2}{2\ \mathrm{mol}\ CO}$ を利用して

$$8\ \mathrm{mol}\ CO \times \frac{1\ \mathrm{mol}\ O_2}{2\ \mathrm{mol}\ CO} = 4\ \mathrm{mol}\ O_2$$

mol CO どうしを消去して mol O_2を残す

となり，必要な O_2 は 4 mol とわかる。このとき O_2 を20 mol 使っていたとすると，物質量〔mol〕の関係は次のようになるんだ。

	$2CO$	+	O_2	⟶	$2CO_2$
（反応前）	8 mol CO		20 mol O_2		
（変化量）	−8 mol CO		$-8\ \mathrm{mol}\ CO \times \frac{1\ \mathrm{mol}\ O_2}{2\ \mathrm{mol}\ CO}$		$+8\ \mathrm{mol}\ CO \times \frac{2\ \mathrm{mol}\ CO_2}{2\ \mathrm{mol}\ CO}$
（反応後）	0 mol CO		(20−4) mol O_2		8 mol CO_2

完全燃焼したので減少する

CO と反応したので減少する

余った O_2

生成するので増加する

生成した CO_2

ポイント　化学反応式の係数について

$$aA + bB \longrightarrow cC$$

の反応において，x mol の A と反応する B は

$$x\ \mathrm{mol}\ A \times \frac{b\ \mathrm{mol}\ B}{a\ \mathrm{mol}\ A} = x \times \frac{b}{a}\ \mathrm{mol}\ B$$

と計算できるので，

$x \times \frac{b}{a}$〔mol〕となる。

チェック問題 1

(1) 水酸化ナトリウム水溶液に5.4 g のアルミニウム小片を加えたところ，次の反応により水素を発生して完全に溶けた。このとき発生した水素の質量は何 g か。最も適当な数値を，次の①～⑥のうちから１つ選べ。原子量は Al ＝27，H ＝1.0とする。

(反応式) $2Al + 2NaOH + 6H_2O \longrightarrow 2Na[Al(OH)_4] + 3H_2$

① 0.2　② 0.4　③ 0.6　④ 0.8　⑤ 1.0　⑥ 1.2

(2) 自動車衝突事故時の安全装置であるエアバッグには，固体のアジ化ナトリウム NaN_3 と酸化銅(Ⅱ) CuO から，次の反応によって気体を瞬時に発生させる方式のものがある。

$$2NaN_3 + CuO \longrightarrow 3N_2 + Na_2O + Cu$$

この反応によって0℃，1.013×10^5 Pa で44.8 L の気体を得るのに必要なアジ化ナトリウムと酸化銅(Ⅱ)の質量の合計は何 g か。最も適当な数値を，次の①～⑤のうちから１つ選べ。原子量は N ＝14，O ＝16，Na ＝23，Cu ＝64とする。

① 53　② 87　③ 97　④ 140　⑤ 210

解答・解説

(1) ③　(2) ④

(1) 与えられた反応式より Al 2 mol から H_2 **3 mol** が発生したことがわかる。
モル質量は，Al 27g/₁mol，
H_2 **2.0 g/₁mol** なので，

$$5.4\text{ g} \times \frac{1\text{ mol Al}}{27\text{ g}} \times \frac{3\text{ mol } H_2}{2\text{ mol Al}} \times \frac{2.0\text{ g}}{1\text{ mol } H_2} = 0.6\ [\text{g}]$$

Al[mol]　H_2[mol]　H_2[g]

(2) モル質量は，アジ化ナトリウム NaN_3 65 g/₁mol，**酸化銅(Ⅱ) CuO 80 g/₁mol** であり，0℃，1.013×10^5 Pa におけるモル体積は22.4 L/₁mol，発生する気体は N_2 のみであることに注意する。

与えられた反応式から N_2 3 mol 得るのに NaN_3 2 mol が必要であることがわかる。必要な NaN_3 は,

$$44.8\,\text{L} \times \frac{1\,\text{mol}\ N_2}{22.4\,\text{L}} \times \frac{2\,\text{mol}\ NaN_3}{3\,\text{mol}\ N_2} \times \frac{65\text{g}}{1\,\text{mol}\ NaN_3} \fallingdotseq 86.6\,[\text{g}]$$

N_2〔mol〕　必要な NaN_3〔mol〕　必要な NaN_3〔g〕

また,与えられた反応式から N_2 3 mol 得るのに CuO **1 mol** が必要であることもわかる。必要な CuO は,

$$44.8\,\text{L} \times \frac{1\,\text{mol}\ N_2}{22.4\,\text{L}} \times \frac{1\,\text{mol}\ CuO}{3\,\text{mol}\ N_2} \times \frac{80\text{g}}{1\,\text{mol}\ CuO} \fallingdotseq 53.3\,[\text{g}]$$

N_2〔mol〕　必要な CuO〔mol〕　必要な CuO〔g〕

よって,必要な NaN_3 と CuO の質量の合計は,

$86.6 + 53.3 \fallingdotseq$ **140〔g〕**

2 完全燃焼の反応式について

p.128の反応式なら知っていたから簡単に反応式がつくれたけど,反応が複雑になったらどうしたらいいの？

反応式は,これから出てくるそれぞれの分野を学習するとつくれるようになるんだ。ただ,これまでの知識でつくれる反応式もあるから,ここではそれを勉強するね。完全燃焼って知っているかな？

完全燃焼って,炭素 C は CO_2 に,水素 H は H_2O に,硫黄 S は SO_2 に,というように完全に酸化が進むことをいうんだ。炭素 C が CO になることは完全燃焼とはいわないんだ。気をつけてね。

❶ 左辺に「完全燃焼させる物質と酸素 O_2」,「右辺に完全燃焼後の物質」を書く。❷ 完全燃焼させる物質の**係数**を 1 とおく。❸ 炭素 C や水素 H などに注目しながら生成物に係数をつける。❹ **酸素** O_2 の係数をそろえる。ここで,❺ 反応式の係数が分数になったら全体を何倍かして**整数**にしてね。

たとえば,エタン C_2H_6 の場合について完全燃焼の反応式をつくってみると,

❶ $C_2H_6 + O_2 \longrightarrow CO_2 + H_2O$　⬅ 完全燃焼後は CO_2 と H_2O になる

❷ $1C_2H_6$ ＋ O_2 ⟶ CO_2 ＋ H_2O ⬅ C_2H_6 の係数を1とする

C 2 個と H 6 個をもつ

❸ $1C_2H_6$ ＋ O_2 ⟶ $2CO_2$ ＋ $3H_2O$ ⬅ C と H の数に注目し，CO_2 と H_2O に係数をつける

O 4 個もつ　O 3 個もつ

❹ $1C_2H_6$ ＋ $\frac{7}{2}O_2$ ⟶ $2CO_2$ ＋ $3H_2O$ ⬅ O の数に注目し，O_2 に係数をつける

全体を **2 倍**して，

❺ $2C_2H_6$ ＋ $7O_2$ ⟶ $4CO_2$ ＋ $6H_2O$ ⬅ 完成です！

ポイント　完全燃焼の反応式について

(1) まず，完全燃焼させる物質の係数を **1** にする
(2) **生成物**に係数をつける
(3) **酸素** O_2 に係数をつける
(4) 反応式の係数が**整数**になるようにする

チェック問題 2　やや易　2分

エチレン $CH_2=CH_2$ の完全燃焼は次の式(1)で表される。式(1)の係数 [1]・[2] にあてはまる数字を，次の①～⑨のうちから1つずつ選べ。ただし，係数が1の場合は①を選ぶこと。同じものをくり返し選んでもよい。

$CH_2=CH_2$ ＋ [1] O_2 ⟶ $2CO_2$ ＋ [2] H_2O　　(1)

① 1　② 2　③ 3　④ 4　⑤ 5
⑥ 6　⑦ 7　⑧ 8　⑨ 9

解答・解説

[1]…③　[2]…②

（手順１） 与えられている式(1)を見ると，$CH_2=CH_2$ の係数は1で，CO_2とH_2O が生じている。

$$1CH_2=CH_2 \quad + \quad O_2 \quad \longrightarrow \quad CO_2 \quad + \quad H_2O$$

（手順２） $CH_2=CH_2$ 1個のもつCは2個，Hは4個なので，CO_2 の係数は2，H_2O の係数は2となる。

$$1CH_2=CH_2 \quad + \quad O_2 \quad \longrightarrow \quad 2CO_2 \quad + \quad 2H_2O$$

（手順３） 右辺のOは $2 \times 2 + 2 \times 1 = 6$ 個，左辺の $CH_2=CH_2$ のもつOは

（CO_2 がもつOは2個なので）（H_2O がもつOは1個なので）

ないため，左辺にはOが6個たりない。よって，O_2 の係数は3となる。

$$1CH_2=CH_2 \quad + \quad 3O_2 \quad \longrightarrow \quad 2CO_2 \quad + \quad 2H_2O$$

3 反応式がつくれないとき

そんなことはないよ。

さっき考えた「モデル」を使って考えてみると，CO（●●）2個から CO_2（●●●）が2個できることがわかれば，CO（●●）2 mol から CO_2（●●●）2 mol ができることがわかるよね。だから，反応式がつくれなくても**反応物と生成物の個数関係がわかれば計算問題は解ける**んだ。

ポイント 反応式がつくれないとき

- 反応式がつくれなくても，個数関係がわかれば計算問題は解ける

チェック問題 3　標準　3分

　ある自動車が10 km走行したとき，1.0 Lの燃料を消費した。このとき発生した二酸化炭素の質量は，平均すると1 kmあたり何gか。最も適当な数値を，次の①～⑥のうちから1つ選べ。ただし，燃料は完全燃焼したものとし，燃料に含まれる炭素の質量の割合は85%，燃料の密度は$0.70\ g/cm^3$，原子量は，C＝12，O＝16とする。

①　16　　②　33　　③　60　　④　220　　⑤　260　　⑥　450

解答・解説

④

● 炭素原子Cに注目して考えよう。

　もし，燃料にC原子が1個（mol）含まれていたとすれば，完全燃焼して発生するCO_2も1個（mol）である。

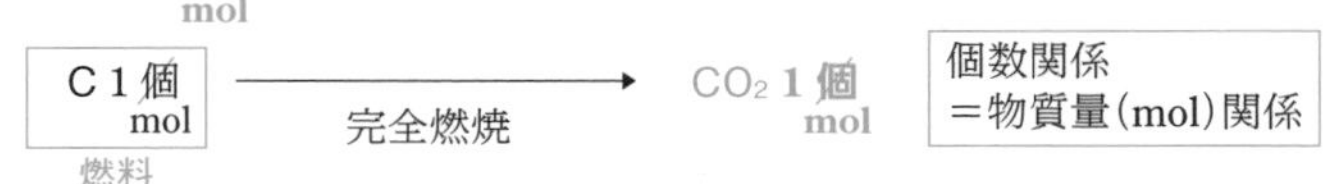

● あとは，**単位に注目**して計算する。

　この自動車が消費する燃料は1 kmあたり$\frac{1.0}{10}$＝0.10 Lとなり，

（10 kmで燃料を1.0 L消費するので）

　0.10 Lの燃料から発生したCO_2は，モル質量C 12 g/1 mol，CO_2 44 g/1 molより，

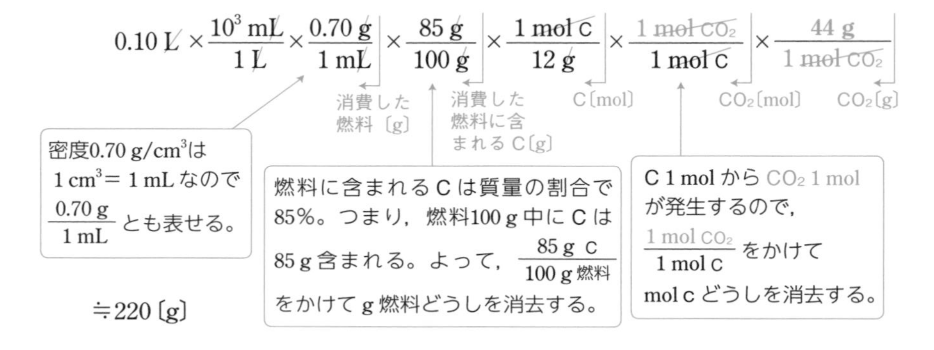

4 物質量(モル)計算のまとめ

物質量(モル)を求めることや反応式の係数を使って物質量(モル)計算をすることに慣れてきたかな？　物質量(モル)に関する計算問題は，共通テストの『化学基礎』でほぼ確実に出題される最重要のテーマなんだ。

ほぼ確実に出題されるなら，もう少し練習したいな。

そうだね。練習しないともったいないよね。今までは確実に解くことを最優先にした計算方法を紹介してきたので，ここからは確実に解くという原則を守りながらもスピードを意識した解き方を紹介していくことにするね。

どうすればいいの？

まずは，今までキッチリ書いていた「単位」を必要最小限にしぼって解いていくことからはじめるね。

必要最小限なの？

そうなんだ。単位をまったく書かずに解くとミスも出やすくなるので，少し省略する程度で解くようにするといいよ。**チェック問題** を解く中で慣れていってね。

計算のコツ① 単位省略のコツをつかむ

省略前 → **省略後**

例1 $5\,\text{kg} \times \dfrac{10^3\,\text{g}}{1\,\text{kg}}$ （kg に $\dfrac{\text{g}}{\text{kg}}$ をかけ算することをイメージしながら変換するようにする）⟹ 5×10^3
〔kg〕〔g〕

省略しすぎない!! この程度は書こう！

例2 $900000\,\text{本} \times \dfrac{1\,\text{ダース}}{12\,\text{本}}$ （本に $\dfrac{\text{ダース}}{\text{本}}$ をかけ算することをイメージしながら変換するようにする）⟹ $900000 \times \dfrac{1}{12}$
〔本〕〔ダース〕

例3 $2.2\,\text{g} \times \dfrac{1\,\text{mol}}{44\,\text{g}}$ （g に $\dfrac{\text{mol}}{\text{g}}$ をかけ算することをイメージしながら変換するようにする）⟹ $2.2 \times \dfrac{1}{44}$
〔g〕〔mol〕

チェック問題 4

標準

ドライアイスが気体に変わると，0 ℃，1.013×10^5 Pa で体積はおよそ何倍になるか。最も適当な数値を，次の①～⑤のうちから１つ選べ。ただし，ドライアイスの密度は，1.6 g/cm^3 であるとする。

ただし，原子量は C ＝12，O ＝16とする。

① 320　② 510　③ 640　④ 810　⑤ 1000

解答・解説

④

ドライアイス CO_2 のモル質量は44 g/$_1$mol，0 ℃，1.013×10^5 Pa でのモル体積は22.4 L/$_1$mol である。密度1.6 g/$_1$cm^{3}から，ドライアイス CO_2 1.6 g は 1 cm^{3}であり，この1.6 g のドライアイス CO_2 が気体に変わると，0 ℃，1.013×10^5 Pa での体積は，

$$1.6 \times \frac{1}{44} \times 22.4 \times 10^3 \fallingdotseq 815\ \text{〔mL〕}$$

CO_2〔g〕　CO_2〔mol〕　CO_2〔L〕　CO_2〔mL〕

$$\left(\begin{matrix}\text{単位の}\\ \text{イメージ}\end{matrix} \Rightarrow \mathrm{g} \times \frac{\mathrm{mol}}{\mathrm{g}} \times \frac{\mathrm{L}}{\mathrm{mol}} \times \frac{\mathrm{mL}}{\mathrm{L}}\right)$$

になる。

よって，1.6 g のドライアイス CO_2 1 cm^3が気体に変わると，815 mL ＝815 cm^3となり，その体積はおよそ810倍になる。

計算のコツ② 数値の扱い方をつかむ

(1) 問題文に与えられている数値は，解いている途中に読みまちがえないような工夫をする。数値を求めるときも同様。

例 4.0 % ⟶ 40%と読みまちがえないように，小数点以下を消して4 %に書き直して計算する。

(2) 分子の数値が同じときは，分母の数値が小さいほど大きくなる。

例 $\frac{1}{2} > \frac{1}{32}$ ← 分子が同じ 1 なので，分母の値で大小関係を考える

(3) 分母の数値が同じときは，分子の数値が大きいほど大きくなる。

例 $\frac{51}{22.4} > \frac{6}{22.4}$ ← 分母が同じ22.4なので，分子の値で大小関係を考える

チェック問題 5

1.0カラットのダイヤモンドに含まれる炭素原子の物質量〔mol〕として最も適当な数値を，次の①～⑥のうちから１つ選べ。ただし，カラットは質量の単位で，1.0カラットは0.20 g である。

ただし，原子量は C ＝12とする。

① 0.0017　② 0.0024　③ 0.017
④ 0.024　⑤ 0.17　⑥ 0.24

解答・解説

③

ミスしないように書き直す

ダイヤモンドは炭素原子からできている。~~1.0~~(1)カラット＝~~0.20~~(0.2) g なので~~ダイヤモンド~~(C原子のあつまり)1カラット＝0.2 g に含まれるCは，C＝12より，

$$\underset{C\,[g]}{0.2} \times \underset{C\,[mol]}{\frac{1}{12}}$$

$$= \frac{2}{10} \times \frac{1}{12} = \frac{1}{60} \fallingdotseq 0.017\,[\mathrm{mol}]$$

チェック問題 6

標準 2分

0 ℃，1.013×10^5 Pa において気体 1 g の体積が最も大きい物質を，次の①～④のうちから1つ選べ。

ただし，原子量は H＝1.0，C＝12，N＝14，O＝16，S＝32とする。

① O_2　② CH_4　③ NO　④ H_2S

解答・解説

②

気体の分子量を M とすると，気体 1 g の 0 ℃，1.013×10^5 Pa(標準状態)における体積は，

無理をして単位を省略しすぎないようにする

$$1\cancel{g} \times \frac{1\,\mathrm{mol}}{M\,\cancel{g}} \quad と \quad \frac{22.4\,\mathrm{L}}{1\,\mathrm{mol}} \quad より \quad \underset{気体\,[mol]}{\frac{1}{M}} \underset{気体\,[L]}{\times 22.4}$$

と表すことができる。

気体 1 g の体積 $\frac{1}{M} \times 22.4$ [L] が最も大きい物質は，<u>M が最も小さいもの</u>になる。①～④の分子量 M は，

① O_2：16 × 2 = 32（16：O）　② CH_4：12 + 1 × 4 = 16（分子量最小）（12：C，1：H）

③ NO：14 + 16 = 30（14：N，16：O）　④ H_2S：1 × 2 + 32 = 34（1：H，32：S）

なので，②の体積が最も大きい。

チェック問題 7

やや難　2分

次の気体のうち，同じ温度・圧力において質量が最も大きいものを，次の①～⑤のうちから1つ選べ。

ただし，原子量は H ＝1.0，C ＝12，N ＝14，O ＝16，Ar ＝40とする。

① 1.0 L のアルゴン　② 1.0 L の二酸化炭素　③ 3.0 L の水素
④ 3.0 L のメタン　⑤ 3.0 L のアンモニア

解答・解説

⑤

同じ温度・圧力とあるので，「0 ℃，1.013×10^5 Pa(標準状態)での質量を求める」ことで速く解くことができる。Ar ＝40，CO_2＝44，H_2＝ 2，CH_4＝16，NH_3＝17より，

① $1 \times \frac{1}{22.4} \times 40 = \frac{40}{22.4}$〔g〕
（1：Ar〔L〕，$\frac{1}{22.4}$：Ar〔mol〕，40：Ar〔g〕）

② $1 \times \frac{1}{22.4} \times 44 = \frac{44}{22.4}$〔g〕
（1：CO_2〔L〕，$\frac{1}{22.4}$：CO_2〔mol〕，44：CO_2〔g〕）

③ $3 \times \frac{1}{22.4} \times 2 = \frac{6}{22.4}$〔g〕
（3：H_2〔L〕，$\frac{1}{22.4}$：H_2〔mol〕，2：H_2〔g〕）

④ $3 \times \frac{1}{22.4} \times 16 = \frac{48}{22.4}$〔g〕
（3：CH_4〔L〕，$\frac{1}{22.4}$：CH_4〔mol〕，16：CH_4〔g〕）

⑤ $3 \times \frac{1}{22.4} \times 17 = \frac{51}{22.4}$〔g〕

NH₃〔L〕 NH₃〔mol〕 NH₃〔g〕

分子の数値が①～⑤の中で最も大きい

分母は①～⑤すべて同じ22.4

よって，⑤の質量が最も大きい。

計算のコツ③　数値計算

「最も適当な数値を選ぶ」とき，
こまかく計算をせずに正解を決定できることが多い。

例　$\frac{118}{119}$ mol ➡ これ以上の計算をせず，約 1 mol として正解の選択肢を探す。

チェック問題 8　やや難　3分

青銅(ブロンズ)は銅とスズの合金であり，さびにくく，美術品や鐘などに用いられる。2.8 kg の青銅 A(質量パーセント：Cu 96 %，Sn 4.0 %)と 1.2 kg の青銅 B(Cu 70 %，Sn 30 %)を混合して融解し，均一な青銅 C をつくった。1.0 kg の青銅 C に含まれるスズの物質量は何 mol か。最も適当な数値を，次の①～⑤のうちから 1 つ選べ。

ただし，原子量は Cu =64，Sn =119とする。

① 0.12　② 0.47　③ 0.99　④ 4.0　⑤ 12

解答・解説

③

青銅 A 2.8 kg に含まれているスズ Sn は，

$$2.8 \times 10^3 \times \frac{4}{100} = 112 \text{〔g〕}$$

青銅 A〔kg〕 青銅 A〔g〕 Sn〔g〕

青銅 B 1.2 kg に含まれているスズ Sn は，

$$1.2 \times 10^3 \times \frac{30}{100} = 360 \text{〔g〕}$$

青銅 B〔kg〕 青銅 B〔g〕 Sn〔g〕

となる。青銅 A 2.8 kg と青銅 B 1.2 kg を混合してつくった青銅 C は 2.8＋1.2＝4 kg になり，この青銅 C 1 kg（4 kg 中の 1 kg だけを考えること に注意）に含まれるスズ Sn は，Sn ＝119より，

（4 kg 中の 1 kg だけ → 4分の1）

$$(112+360) \times \frac{1}{4} \times \frac{1}{119}$$

(112＋360)：青銅 C 4 kg に含まれる Sn〔g〕
×1/4：青銅 C 1 kg に含まれる Sn〔g〕
×1/119：Sn〔mol〕

$=\dfrac{118}{119} \fallingdotseq 1$〔mol〕（③の0.99 mol を選ぶ）

$\left(\dfrac{118}{119}\right.$は約 1 なので，これ以上は計算せず③を選ぶと速く解くことができる。$\left.\right)$

計算のコツ④　反応式の係数の読みとり方

計算に慣れてきたら，次のように考えられるようにしよう。

$$a\text{A} + b\text{B} \longrightarrow c\text{C}$$

（A→C：$\times\frac{c}{a}$，A→B：$\times\frac{b}{a}$，B→C：$\times\frac{c}{b}$）

⇐ この反応式からわかることは，

(1)　C は，A の $\times\dfrac{c}{a}$ 倍（mol）生成する。

(2)　B は，A の $\times\dfrac{b}{a}$ 倍（mol）反応する。

(3)　C は，B の $\times\dfrac{c}{b}$ 倍（mol）生成する。

第2章 物質の変化

チェック問題 9　標準　3分

トウモロコシの発酵により生成したエタノール C_2H_5OH を完全燃焼させたところ，44 g の二酸化炭素が発生した。このとき燃焼したエタノールの質量は何 g か。最も適当な数値を，次の①～⑥のうちから１つ選べ。

ただし，原子量は H ＝1.0，C ＝12，O ＝16とする。

① 22	② 23	③ 32
④ 44	⑤ 46	⑥ 64

解答・解説

②

完全燃焼の反応式のつくり方(➡ p.131参照)の❸までを行い，解く。

$$1C_2H_5OH + \cdots \longrightarrow 2CO_2 + \cdots$$

×２倍

$C_2H_5OH = 46$，$CO_2 = 44$より，燃焼したエタノール C_2H_5OH を w〔g〕とすると，

$$\frac{w}{46} \times 2 = \frac{44}{44} \qquad w = 23 \text{〔g〕}$$

エタノール〔mol〕　CO_2〔mol〕　CO_2〔mol〕

エタノール C_2H_5OH

- $C_2H_5-O^{\delta-}-H^{\delta+}$ のような構造をもつ極性分子
- 水にきわめてよく溶ける無色の液体
- エタノールの水溶液は中性を示す
- 酒類の成分で，消毒薬や燃料(バイオエタノール)などに用いられている

チェック問題 10　標準　3分

鉄 Fe は，式(1)にしたがって，鉄鉱石に含まれる酸化鉄(Ⅲ)Fe_2O_3 の製錬によって工業的に得られている。

$$Fe_2O_3 + 3CO \longrightarrow 2Fe + 3CO_2 \quad (1)$$

Fe_2O_3 の含有率(質量パーセント)が48.0%の鉄鉱石がある。この鉄鉱石1000 kg から，式(1)によって得られる Fe の質量は何 kg か。最も適当な数値を，次の①～⑥のうちから1つ選べ。ただし，原子量は C＝12，O＝16，Fe＝56とする。

①　16.8　　②　33.6　　③　84.0　　④　168　　⑤　336　　⑥　480

解答・解説

⑤

$$1Fe_2O_3 + 3CO \longrightarrow 2Fe + 3CO_2$$

（Fe_2O_3 の係数1 → Fe の係数2：×2倍）

Fe_2O_3＝160，Fe＝56より，式(1)によって得られる Fe の質量は，

$$1000 \times 10^3 \times \frac{48}{100} \times \frac{1}{160} \times 2 \times 56 \times \frac{1}{10^3} = 336\ \text{[kg]}$$

鉄鉱石〔kg〕→ 鉄鉱石〔g〕→ Fe_2O_3〔g〕→ Fe_2O_3〔mol〕→ Fe〔mol〕→ Fe〔g〕→ Fe〔kg〕

計算のコツ⑤　複雑な物質量(mol)計算

個数関係から物質量(mol)の関係をつかむ

チェック問題 11　標準 

次の記述で示された酸素のうち，含まれる酸素原子の物質量が最も小さいものはどれか。正しいものを，次の①～④のうちから1つ選べ。ただし，原子量は H＝1.0，C＝12，O＝16 とする。

① 0℃，1.013×10^5 Pa の状態で体積が22.4 L の酸素
② 水18 g に含まれる酸素
③ 過酸化水素1.0 mol に含まれる酸素
④ 黒鉛12 g の完全燃焼で発生する二酸化炭素に含まれる酸素

解答・解説

②

① 0℃，1.013×10^5 Pa で酸素 O_2 1 mol の体積は22.4 L,
酸素 O_2 1個に含まれる**酸素原子 O は 2 個**なので,
mol ×2倍 mol

$$22.4 \times \frac{1}{22.4} \times 2 = 2 \text{ [mol]}$$

O_2〔L〕　O_2〔mol〕　O〔mol〕

② H_2O ＝18, H_2O 1個に含まれる**酸素原子 O は 1 個**なので,
mol ×1倍 mol

$$18 \times \frac{1}{18} \times 1 = 1 \text{ [mol]}$$

H_2O〔g〕　H_2O〔mol〕　O〔mol〕

③ 過酸化水素 H_2O_2 1個に含まれる**酸素原子 O は 2 個**なので
mol ×2倍 mol

$$1.0 \times 2 = 2 \text{ [mol]}$$

H_2O_2〔mol〕　O〔mol〕

④　黒鉛C 1個が完全燃焼するとCO_2 1個が発生する。

mol　×1倍　mol

C＝12より，黒鉛12 gの完全燃焼で発生するCO_2は，

$$12 \times \frac{1}{12} \times 1 = 1\,\text{mol}$$

C〔g〕　C〔mol〕　CO_2〔mol〕

になる。

ここで，CO_2 1個に含まれる**酸素原子Oは2個**なので，

mol　×2倍　mol

$$1 \times 2 = 2\,\text{〔mol〕}$$

発生したCO_2〔mol〕　O〔mol〕

以上より，含まれる酸素原子Oの物質量〔mol〕が最も小さいものは②になる。

★

以降のチェック問題では『計算のコツ①〜⑤』を利用し，**共通テスト本番を意識(スピード重視・ミスをしない)した解法をとっていく**ことにするね。

マーク式には，マーク式用の解き方があるんだね。

第2章　物質の変化

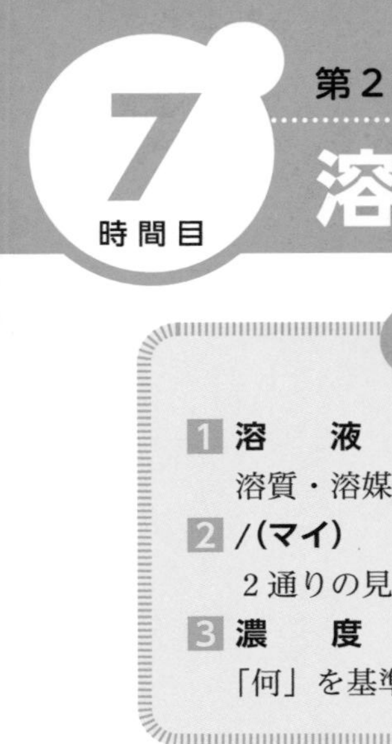

溶　　液

この項目のテーマ

1 溶　　液
溶質・溶媒をおさえる！

2 /(マイ)
２通りの見方をマスターしよう！

3 濃　　度
「何」を基準にとっているかを意識する

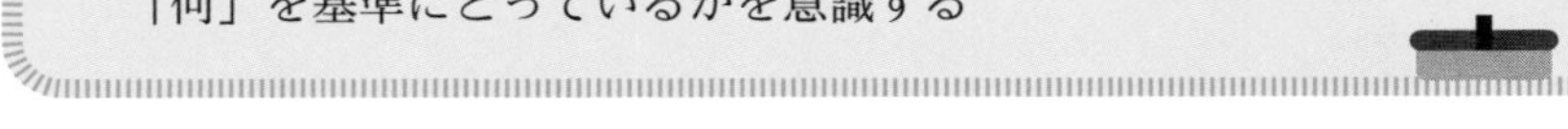

1 溶液について

スプーンですくった食塩(塩化ナトリウム NaCl)や砂糖(スクロース)をビーカー中の水に入れたらどうなるかな？

そうだね。このように，食塩や砂糖(＝**溶質**という)が水(＝**溶媒**という)に溶けて均一になる現象を**溶解**といい，できた混合物のことを**溶液**というんだ。

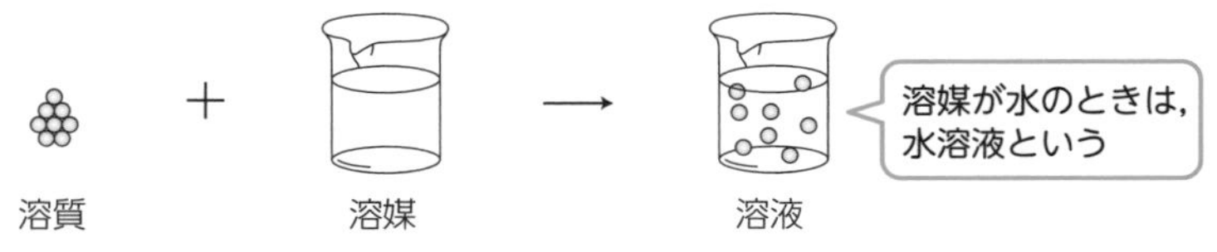

溶質には，塩化ナトリウム NaCl や塩化水素 HCl のように，水に溶けて陽イオンと陰イオンに電離する物質(＝電解質という)がある。

$NaCl \longrightarrow Na^{+} + Cl^{-}$　　$HCl \longrightarrow H^{+} + Cl^{-}$　⬅電解質

これに対して，**スクロースのように水に溶けても電離しない物質(＝非電解質という)もある**んだ。

ポイント 溶液について

- 溶液は，溶質 {電解質 / 非電解質} と 溶媒 からなる

2 /(マイ)について

km/h という単位を見て，どんなことに気づくかな？

そうだね。そして，これからはこの /(マイ)という記号を見つけたら，

❶ **距離〔km〕÷時間〔h〕** という計算で求めることができる

❷ **1 時間〔h〕あたり何 km 進むか**を表している

という 2 つのことをイメージできるようにしてほしいんだ。

ポイント B/A(B マイ A)を見つけたら

- ❶ B ÷ A と ❷ A あたり B の 2 つをイメージする

気体 1 L あたりの質量〔g〕を気体の密度というんだ。気体の密度の単位はどうなると思う？

1 L あたりの質量〔g〕だから，g/L だね。

そうだね。そして，単位からわかるように，気体の密度〔g/L〕は g ÷ L で求めることができる。つまり，次の式が成り立つんだ。

$$\text{気体の密度〔g/L〕} = \text{気体の質量〔g〕} \div \text{気体の体積〔L〕} = \frac{\text{気体の質量〔g〕}}{\text{気体の体積〔L〕}}$$

たとえば，二酸化炭素 CO_2(分子量 44) の 0 ℃，1.013×10^5 Pa における密度〔g/L〕は，CO_2 のモル質量 44 g/$_1$ mol とモル体積 22.4L/$_1$ mol から

↖ 1 がかくれている　　↖ 1 がかくれている

$$\frac{44\ \mathrm{g}}{1\ \mathrm{mol}} \div \frac{22.4\ \mathrm{L}}{1\ \mathrm{mol}} = \frac{44\ \mathrm{g}}{1\ \cancel{\mathrm{mol}}} \times \frac{1\ \cancel{\mathrm{mol}}}{22.4\ \mathrm{L}} = \frac{44\ \mathrm{g}}{22.4\ \mathrm{L}} \fallingdotseq 2.0\ \text{〔g/L〕}$$

と求めることができるんだ。

分子量 g ÷ 22.4 L で求められるんだね。

ポイント 気体の密度について

- 0 ℃，1.013×10^5 Pa(標準状態) における気体の密度〔g/L〕は，次のように求める。

  分子量 g ÷22.4 L

思 考力のトレーニング 1 やや難 3分

0 ℃，1.013×10^5 Pa において，体積比 2 ： 1 のメタン CH_4 と二酸化炭素 CO_2 からなる混合気体1.0 L の質量は何 g か。量も適当な数値を，次の①～⑤のうちから 1 つ選べ。ただし，原子量は H ＝1.0，C ＝12，O ＝16 とする。

① 0.71　② 1.1　③ 1.5　④ 2.0　⑤ 2.2

解答・解説

②

混合気体1.0 L あたりの質量 g は g/$_1$L と表せるので，0℃，1.013×10^5 Pa での混合気体の密度〔g/L〕を求めればよい。

また，この混合気体はメタン CH_4(分子量16) と二酸化炭素 CO_2(分子量44) が 2 ： 1 で含まれる。よって，この混合気体の分子量は，

↳「見かけの分子量」または「平均分子量」という

$$16\times\frac{2}{2+1}+44\times\frac{1}{2+1}\fallingdotseq 25.3$$ ⬅軽いものと重いものの平均

よって，この混合気体の 0 ℃，1.013×10^5 Pa における密度〔g/L〕は，

25.3 g ÷22.4 L ≒1.1〔g/L〕 ⬅分子量 g ÷22.4 L

思 考力のトレーニング 2 やや難

空気(大気)を窒素 N_2 と酸素 O_2 の体積比が 4 ： 1 の混合気体とすると，同温・同圧において，空気の密度に最も近い密度をもつ気体を，次の①～⑤のうちから１つ選べ。ただし，原子量は C ＝12，N ＝14，O ＝16，S ＝32，Ar ＝40とする。

① アルゴン Ar　② 一酸化窒素 NO　③ オゾン O_3
④ 二酸化硫黄 SO_2　⑤ 二酸化炭素 CO_2

解答・解説

②

思 考力のトレーニング 1 の解説から空気の見かけの分子量(平均分子量)に最も近い分子量をもつ気体の密度が最も空気の密度に近いとわかる。

空気の見かけの分子量は，N_2＝28，O_2＝32より，

$$28\times\frac{4}{4+1}+32\times\frac{1}{4+1}=28.8$$ ⬅軽いものと重いものの平均

ここで，①～⑤の各気体の分子量は次のとおり。

① Ar ＝40（単原子分子）　② NO ＝30　③ O_3＝48　④ SO_2＝64　⑤ CO_2＝44

よって，28.8に最も近い分子量をもつものは，②の NO。

3 濃度について

溶質の量が，「基準とするものの量」に対してどれくらい溶けているかを表したものを濃度というんだ。溶液の場合，何を基準にしたらいいかな？

溶質を溶かす前で考えるか，溶かした後で考えるかで迷うなぁ。

そうだね。溶質を溶かす前の**溶媒を基準**にとるか，溶かした後の**溶液を基準**にとるかで，濃度の表し方がいくつかあるんだ。

この中で，『化学基礎』では，溶液を基準にとった濃度だけが出題されるんだ。

溶液を基準にとった濃度にはどんなものがあるの？

まず，**溶液の質量〔g〕を基準にとった「質量パーセント濃度」がある**んだ。
次のポイントの式を覚えて，**チェック問題**を解いてみてね。

ポイント 質量パーセント濃度について

●質量パーセント濃度〔%〕＝ $\dfrac{\text{溶質の質量〔g〕}}{\text{溶液の質量〔g〕}}$ ×100

▶ 溶液100 g の中に溶けている溶質の質量〔g〕を表す

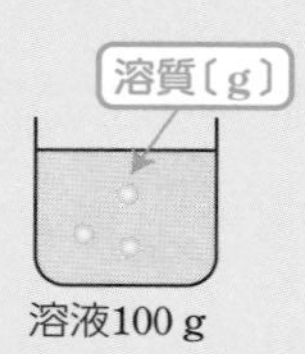

チェック問題 1

易 1分

グルコース18 g を水182 g に溶かした水溶液の質量パーセント濃度〔%〕を小数第 1 位まで求めよ。

解答・解説

9.0〔%〕

$$\frac{\text{溶質：18 g}}{\text{溶液：(18＋182) g}} \times 100 = 9.0\text{〔%〕}$$

質量パーセント濃度は **「溶液100 g の中に溶けている溶質の質量〔g〕を表す」** と覚えておくといいよ。これからは，問題文に「質量パーセント濃度が8.0%の水溶液……」とあれば，

$$\frac{\text{8 g の溶質}}{\text{100 g の水溶液}}$$ ⬅8.0は 8 と書き直す（p.137参照）

と書き直してから，問題を解くようにしてね。

チェック問題 2

標準 2分

質量パーセント濃度 8.0% の水酸化ナトリウム水溶液の密度は1.1 g/cm^3 である。この溶液100 mL に含まれる水酸化ナトリウムの物質量は何 mol か。最も適当な数値を，次の①～⑥のうちから１つ選べ。ただし，原子量は H ＝1.0，O ＝16，Na ＝23とする。

① 0.18　② 0.20　③ 0.22
④ 0.32　⑤ 0.35　⑥ 0.38

解答・解説

③

質量パーセント濃度は，溶液100 g 中に溶けている溶質 g を表すので，~~8.0~~%（8）は $\frac{8\ \text{g NaOH}}{100\ \text{g 水溶液}}$ と表すことができる。

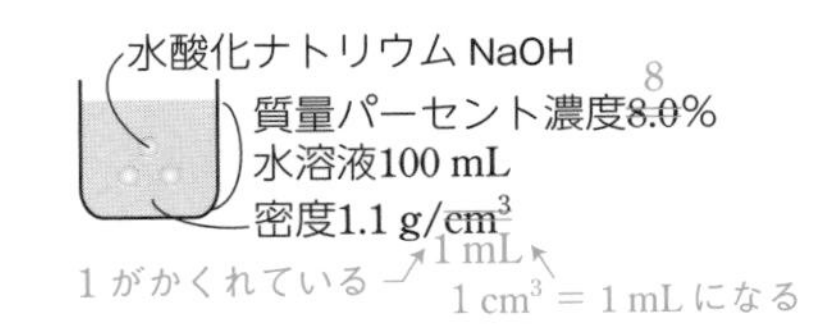

NaOH の式量は 23（Na）＋ 16（O）＋ 1（H）＝ 40 なので，NaOH のモル質量は 40 g/ mol（1がかくれている）と表すことができる。

よって，この溶液100 mL に含まれる NaOH は，

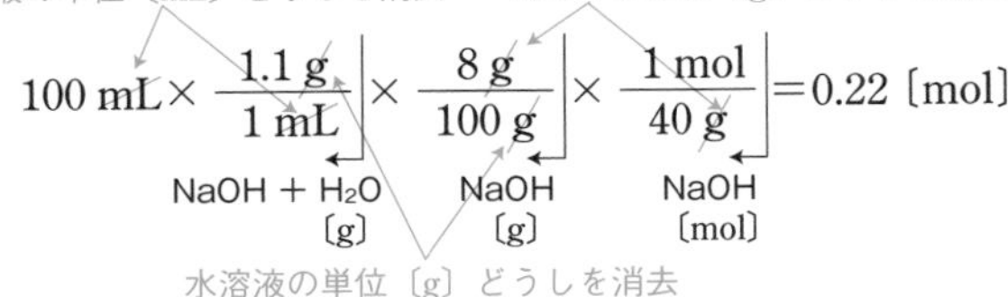

次に，**溶液の体積〔L〕を基準にとったときの濃度を「モル濃度」（単位：mol/L）という**んだ。

モル濃度〔mol/L〕は，/（マイ）に注目しながら考えると次のポイントのようになるね。

ポイント モル濃度について

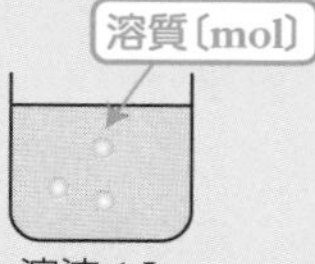

● モル濃度〔mol/L〕
　＝溶質の物質量〔mol〕÷ 溶液の体積〔L〕
➡ 溶液 1 L に溶けている溶質の物質量〔mol〕を表す

チェック問題 3

標準 

グルコース(分子量180)18 g を水に溶かして100 mL とした水溶液のモル濃度〔mol/L〕を小数第 1 位まで求めよ。

解答・解説

1.0〔mol/L〕

$$\underbrace{\left(18\,\text{g}\times\frac{1\,\text{mol}}{180\,\text{g}}\right)}_{\text{溶質}}\div\underbrace{\left(100\,\text{mL}\times\frac{1\,\text{L}}{10^3\,\text{mL}}\right)}_{\text{溶液}}=1.0\ \text{〔mol/L〕}$$

● **チェック問題 3** の1.0 mol/L のグルコース水溶液の調製(ちょうせい)のしかた

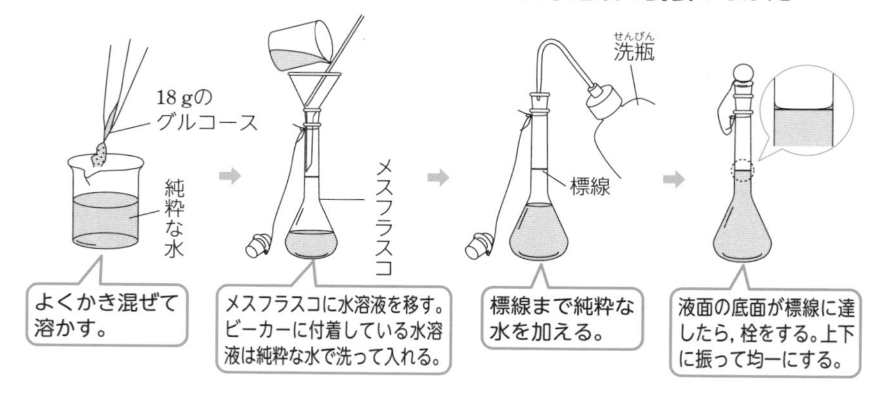

ここまでの **チェック問題** は簡単だったね。

そうだね。ここまでの計算だったら，公式を覚えて代入するという機械的な作業でも解けそうだね。でもね，公式代入だけでは共通テストでよく出る濃度の計算問題を「いつも」「確実に」解くことはできないんだ。

いつも確実に解くためには，どうしたらいいの？

「**単位**」に注目しながら計算していくことが重要なんだ。そうすればミスを減らすことができて，濃度の計算問題を「いつも」「確実に」解くことができるよ。

ポイント 濃度計算について

- 濃度計算も単位ごと計算するとよい

チェック問題 4 標準 3分

市販の飲料にはアスコルビン酸（ビタミンC，分子式 $C_6H_8O_6$）が含まれているものがある。ある市販の飲料500 mL に0.88 g のアスコルビン酸が含まれているとき，この飲料に含まれているアスコルビン酸のモル濃度は何 mol/L か。最も適当な数値を，次の①～⑥のうちから１つ選べ。ただし，原子量は H＝1.0，C＝12，O＝16 とする。

① 0.0018　② 0.0050　③ 0.010
④ 0.044　⑤ 0.88　⑥ 1.8

解答・解説

③

アスコルビン酸 $C_6H_8O_6$ の分子量は176なので，アスコルビン酸のモル質量は176 g/${}_1$ mol になる。

アスコルビン酸 $C_6H_8O_6$ 0.88 g は$0.88\ \text{g} \times \dfrac{1\ \text{mol}}{176\ \text{g}} = 0.005\ \text{mol}$ になるので，

この飲料に含まれているアスコルビン酸 $C_6H_8O_6$のモル濃度〔mol/L〕は，

$$0.005\ \text{mol} \div \left(\frac{500}{1000}\ \text{L}\right) = 0.010\ \text{〔mol/L〕}$$

（注 p.137『計算のコツ②(1)』参照）

食品の酸化を防ぐ

食品は酸素により酸化されると風味が落ちる・変色するなどの品質低下が起こってしまう。これらを防ぐために食品添加物を使うなどする。

例 • ビタミンC（アスコルビン酸）➡ 緑茶飲料などに加えられている食品添加物。茶よりも酸化されやすく，茶の酸化を防ぐので酸化防止剤として用いる。

チェック問題 5　やや難　3分

密度1.14 g/cm³，質量パーセント濃度32.0 %の塩酸10.0 mLを純水で希釈して500 mLにした。この水溶液のモル濃度は何mol/Lか。最も適当な数値を，次の①～⑥のうちから1つ選べ。

ただし，原子量はH＝1.0，Cl＝35.5とする。

① 0.0175　② 0.0200　③ 0.100

④ 0.175　⑤ 0.200　⑥ 0.640

解答・解説

⑤

塩酸は，塩化水素HClの水溶液のこと。

まず，HClの分子量は $\underbrace{1}_{H}+\underbrace{35.5}_{Cl}=36.5$ なので，HClのモル質量は，

36.5 g/$_1$mol　……(1)　と表すことができる。

（1がかくれている）

次に，密度1.14 g/$_1$cm³は $\frac{1.14\ \text{g}}{1\ \text{cm}^3}$ と表すことができ，1 cm³ ＝ 1 mLなので，これは $\frac{1.14\ \text{g}}{1\ \text{mL}}$　……(2)　とも表すことができる。

（1がかくれている）

最後に，質量パーセント濃度~~32.0~~（32）%は $\frac{32\ \text{g HCl}}{100\ \text{g 水溶液}}$　……(3)　と表す

ことができる。

よって，(1)，(2)，(3)から，塩酸~~10.0~~ 10 mL に含まれる HCl(溶質)は，

水溶液の mL どうしを消去　　HCl の g どうしを消去

(2)より　(3)より　(1)より

$$10\ \text{mL} \times \frac{1.14\ \text{g}}{1\ \text{mL}} \times \frac{32\ \text{g}}{100\ \text{g}} \times \frac{1\ \text{mol}}{36.5\ \text{g}} \fallingdotseq 0.1\ \text{〔mol〕}$$

HCl ＋ H_2O〔g〕　HCl〔g〕　HCl〔mol〕

水溶液の g どうしを消去

とわかり，純水で希釈された500 mL の塩酸のモル濃度〔mol/L〕を求めるので，

$$\underbrace{0.1\ \text{mol}}_{\text{溶質 HCl}} \div \left(\underbrace{\frac{500}{1000}\ \text{L}}_{\text{溶液}}\right) = \frac{0.1\ \text{mol}}{0.5\ \text{L}} = 0.2\ \text{〔mol/L〕}$$

となる。　(注 p.137『計算のコツ②(1)』参照)

チェック問題 6　やや難　3分

質量パーセント濃度が20 %の硝酸カリウム KNO_3 水溶液のモル濃度は何 mol/L か。最も適当な数値を，次の①～⑥のうちから 1 つ選べ。ただし，溶液の密度は1.1 g/cm^3 である。

ただし，原子量は N ＝14，O ＝16，K ＝39とする。

① 0.20　② 0.22　③ 1.0
④ 1.1　⑤ 2.0　⑥ 2.2

解答・解説

⑥

KNO_3 の式量　$\underset{K}{39} + \underset{N}{14} + \underset{O}{16} \times 3 = 101$　⟶　101 g/mol　……(1)

質量パーセント濃度　20%　⟶　$\dfrac{20\ \text{g 溶質}}{100\ \text{g 水溶液}}$　……(2)

溶液の密度1.1 g/cm^3＝1.1 g/mL　⟶　$\dfrac{1.1\ \text{g}}{1\ \text{mL}}$ または $\dfrac{1\ \text{mL}}{1.1\ \text{g}}$　……(3)

と表すことができる。モル濃度は，$\dfrac{溶質〔mol〕}{溶液〔L〕}$なので，分母や分子に(1)～(3)式を代入し，溶質はmol，溶液はLに単位を変換する。

溶質のgどうしを消去する　(1)より

$$\frac{溶質〔mol〕：20\text{ g}\times\dfrac{1\text{ mol}}{101\text{ g}}}{溶液〔L〕：100\text{ g}\times\dfrac{1\text{ mL}}{1.1\text{ g}}\times\dfrac{1\text{ L}}{10^3\text{ mL}}}=\frac{1\times\dfrac{1}{101}}{5\times\dfrac{1}{1.1}\times\dfrac{1}{1000}}$$

(2)より　(3)より　求める単位はLなので変換する

溶液のgどうしを消去するために(3)は$\dfrac{1\text{ mL}}{1.1\text{ g}}$を利用する

$$=\frac{1}{101}\div\left\{5\times\frac{1}{1.1}\times\frac{1}{1000}\right\}=\frac{1}{101}\div\frac{1}{220}$$

$$=\frac{220}{101}\doteqdot\frac{220}{100}=2.2\ 〔\text{mol/L}〕$$

（注 p.137『計算のコツ②(1)』参照）

思考力のトレーニング 3　やや難　3分

希釈前の試料に含まれる塩化水素のモル濃度は2.60 mol/L，密度は1.04 g/cm^{3}だった。試料中の塩化水素（分子量36.5）の質量パーセント濃度は，［　　］%であることがわかった。

［　　］にあてはまる数値として最も適当なものを，次の①～⑤のうちから1つ選べ。

① 8.7　② 9.1　③ 9.5　④ 9.8　⑤ 10.3

解答・解説

②

2.60 mol/$_1$L，1.04 g/$_1$cm^3＝1.04 g/$_1$mLより，塩化水素の水溶液（塩酸）1 L

（1がかくれている　1がかくれている）

＝1000 mLの質量は，1000 [mL] × 1.04 [g] ＝ 1040 gであり，この中に含まれ

ていた塩化水素は HCl 36.5 g/$_1$mol より，
1がかくれている

$$\underset{\text{mol}}{2.60} \times \underset{\text{g}}{36.5} = 94.9\ \text{g}$$

となる。よって，試料中の HCl の質量パーセント濃度は，

$$\frac{94.9\ \text{g}}{1040\ \text{g}} \times 100 \fallingdotseq 9.1\ [\%]$$

思考力のトレーニング 4　難　5分

操作Ⅰ　試料として，質量パーセント濃度が10%のエタノール水溶液(原液A)をつくった。

操作Ⅱ　蒸留装置を用いて，原液Aを加熱し，蒸発した気体をすべて回収して，原液Aの質量の $\frac{1}{10}$ の蒸留液Aと $\frac{9}{10}$ の残留液Aを得た。

原液A $\xrightarrow{\text{加熱}}$ 蒸留液A ＋ 残留液A

操作Ⅲ　得られた蒸留液Aのエタノール濃度を測定したところ，蒸留液A中のエタノールの質量パーセント濃度は50%だった。

次の問い(a，b)に答えよ。

a　操作Ⅰで，原液Aをつくる手順として最も適当なものを，次の①～④のうちから1つ選べ。ただし，エタノールと水の密度はそれぞれ0.79 g/cm^3，1.00 g/cm^{3}とする。

① エタノール100 g をビーカーに入れ，水900 g を加える。
② エタノール100 g をビーカーに入れ，水1000 g を加える。
③ エタノール100 mL をビーカーに入れ，水900 mL を加える。
④ エタノール100 mL をビーカーに入れ，水1000 mL を加える。

b　原液Aに対して操作Ⅱ・Ⅲを行ったとき，残留液A中のエタノールの質量パーセント濃度は何%か。最も適当な数値を，次の①～⑤のうちから1つ選べ。

① 4.4　② 5.0　③ 5.6　④ 6.7　⑤ 10

解答・解説

a ①　b ③

a　原液A(エタノール水溶液，質量パーセント濃度10%)は，エタノール100 gをビーカーに入れ，水900 gを加える(→①)とつくることができる。

$$\frac{\text{エタノール}\quad:\quad 100\,\text{g}}{\text{エタノール水溶液}:(100+900)\,\text{g}}\times 100 = 10\%$$になる。

(参考)　②〜④の質量パーセント濃度は，それぞれ次のようになる。

② $\dfrac{100\,\text{g}}{(100+1000)\,\text{g}}\times 100 \fallingdotseq 9\%$　③ $\dfrac{100\times 0.79\,\text{g}}{(100\times 0.79+900\times 1.00)\,\text{g}}\times 100 \fallingdotseq 8\%$

④ $\dfrac{100\times 0.79}{100\times 0.79+1000\times 1.00}\times 100 \fallingdotseq 7\%$

b　原液A 100 gに対して操作Ⅱ・Ⅲを行うとする。
x〔g〕とおくより，計算が楽になる！

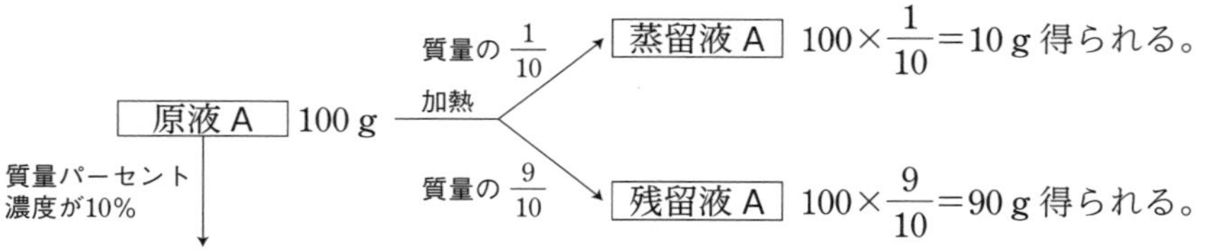

原液A 100 g —加熱→ 質量の$\frac{1}{10}$ → 蒸留液A　$100\times\dfrac{1}{10}=10\,\text{g}$得られる。

原液A 100 g —加熱→ 質量の$\frac{9}{10}$ → 残留液A　$100\times\dfrac{9}{10}=90\,\text{g}$得られる。

原液A —質量パーセント濃度が10%→

原液A中のエタノールは，

$$100\times\frac{10}{100}=\boxed{10\,\text{g}}$$

蒸留液A中のエタノールの質量パーセント濃度が50%とあるので，得られた蒸留液A 10 g中のエタノールは$10\times\dfrac{50}{100}=\boxed{5\,\text{g}}$になる。

よって，残留液A 90 g中のエタノールは$\boxed{10}-\boxed{5}=5\,\text{g}$とわかる。

（$\boxed{10}$：原液A中のエタノール〔g〕，$\boxed{5}$：蒸留液A中のエタノール〔g〕）

以上から，残留液A中のエタノールの質量パーセント濃度は，

$$\frac{\text{残留液A中のエタノール}\quad 5\,\text{g}}{\text{残留液A}\quad 90\,\text{g}}\times 100 \fallingdotseq 5.6〔\%〕$$

8 時間目 酸と塩基の反応（1）

この項目のテーマ

1 酸・塩基の定義
アレニウスの定義をおさえる！

2 電離度と価数
強酸，強塩基から覚えよう！

3 pH
酸性・中性・塩基性の意味をおさえる！

4 中　和
反応式を書けるようにしよう！

5 中和の量的関係
公式は意味を考えながら利用しよう！

1 酸・塩基の定義について

アレニウスは，「水溶液中で電離して**水素イオン H^+ を生じる物質を酸，水酸化物イオン OH^- を生じる物質を塩基**」と定義したんだ。

酸や塩基には，どんなものがあるの？

酸には，塩化水素 HCl や酢酸 CH_3COOH などの水素化合物が，塩基には，水酸化ナトリウム NaOH や水酸化カルシウム $Ca(OH)_2$ などの OH^- をもつ物質（金属元素の水酸化物）などがあるんだ。

$$HCl \longrightarrow H^+ + Cl^-$$
$$CH_3COOH \rightleftarrows CH_3COO^- + H^+$$
→ **H^+ を生じる**

$$NaOH \longrightarrow Na^+ + OH^-$$
$$Ca(OH)_2 \longrightarrow Ca^{2+} + 2OH^-$$
→ **OH^- を生じる**

ただ，酸から放出された水素イオン H^+ は水溶液中で H^+ のままでは存在していないんだよ。

どうなっているの？

水 H_2O と配位結合して，**オキソニウムイオン** H_3O^+ として存在しているんだ（➡ p.83）。

$$H^+ \quad + \quad H_2O \quad \longrightarrow \quad H_3O^+$$

けっきょく，塩化水素 HCl の水溶液である**塩酸**の電離を正確に表すと，

$$HCl \quad + \quad H_2O \quad \longrightarrow \quad H_3O^+ \quad + \quad Cl^-$$

となるんだ。

いつも，水素イオン H^+ をオキソニウムイオン H_3O^+ で書くとめんどうだね。

そうだね。**H_3O^+ を使わないと，わかりにくいときや反応式が書きにくいとき以外は，ふつう H_3O^+ を H^+ と書く**んだ。

ポイント　酸・塩基の定義について①

● **アレニウスの定義**

酸：H^+ を生じる物質　　塩基：OH^- を生じる物質
H^+ は水溶液中で，オキソニウムイオン H_3O^+ として存在

2 電離度と価数について

酸や塩基は水溶液中で電離し，H^+ や OH^- を生じるんだったよね。このとき，酸や塩基の種類によっては「そのすべてが電離している」わけではないんだ。

どの程度酸や塩基が電離しているのかを表すのに，**電離度**（α）を使うことが多いんだ。

$$\text{電離度}(\alpha) = \frac{\text{電離した酸(塩基)の物質量〔mol〕}}{\text{溶けている酸(塩基)の物質量〔mol〕}}$$

注　物質量〔mol〕のところは，モル濃度〔mol/L〕でもよい。また，α を100倍してパーセントで表すこともある。

グラフを見ると，酢酸の電離度は濃度によって変化していることがわかるね。

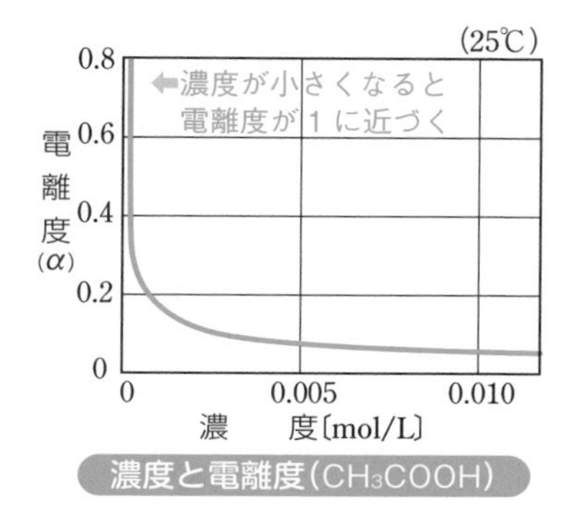

濃度と電離度(CH_3COOH)

そうなんだ。**電離度(α)は，水溶液の温度が変化したり，濃度が変化したりすると変わってしまうので，それぞれの水溶液について同じ温度(25℃)，同じ濃度(0.10 mol/L)で考える**ことが多いんだ。

このとき，電離度(α)が1に近い(ほとんどすべてが電離している)酸や塩基を**強酸**，**強塩基**といい，電離度(α)が1よりもかなり小さい(あまり電離していない)酸や塩基を**弱酸**，**弱塩基**という。

酸や塩基には電離度(α)以外の分類はないの？

酸や塩基を，1分子から**電離して生じ得る水素イオン H^+ や水酸化物イオン OH^- の数(＝酸や塩基の価数という)で分類する**こともできるんだ。

たとえば，塩酸 HCl や酢酸 CH_3COOH は次のように電離するので，

$$HCl \longrightarrow ①H^+ + Cl^-$$
$$CH_3COOH \rightleftarrows CH_3COO^- + ①H^+$$

$\rightleftarrows$ は反応が完全に進んでいないことを表している。

それぞれ1価の酸となり，硫酸 H_2SO_4 は次のように二段階に電離するので，

$$H_2SO_4 \longrightarrow 1H^+ + HSO_4^-$$
$$HSO_4^- \rightleftarrows 1H^+ + SO_4^{2-}$$

2価の酸となるんだ。同じように，水酸化ナトリウム NaOH や水酸化カルシウム $Ca(OH)_2$ は次のように電離するんだ。

$$NaOH \longrightarrow Na^+ + 1OH^-$$
$$Ca(OH)_2 \longrightarrow Ca^{2+} + 2OH^-$$

水酸化ナトリウム NaOH は 1 価の塩基，水酸化カルシウム $Ca(OH)_2$ は 2 価の塩基だね。

そうだね。化学式さえ覚えてしまえば，この分類は簡単だね。

価数	強　　酸	弱　　酸	強 塩 基	弱 塩 基
1	HCl 塩酸 HNO_3 硝酸	CH_3COOH 酢酸	NaOH 水酸化ナトリウム KOH 水酸化カリウム	NH_3 アンモニア
2	H_2SO_4 硫酸	$(COOH)_2$ シュウ酸 $H_2CO_3(CO_2+H_2O)$ 炭酸 H_2S 硫化水素	$Ca(OH)_2$ 水酸化カルシウム $Ba(OH)_2$ 水酸化バリウム	$Zn(OH)_2$ 水酸化亜鉛 $Cu(OH)_2$ 水酸化銅(Ⅱ)
3		H_3PO_4 リン酸		$Al(OH)_3$ 水酸化アルミニウム

種類がたくさんあるね。どう覚えたらいいの？

そうだね。多くの酸や塩基を一度に覚えるのはたいへんだよね。

はじめは，酸については，**塩酸** HCl，**硝酸** HNO_3，**硫酸** H_2SO_4 を「**強酸**」，**それ以外の酸を**「**弱酸**」と覚えるんだ。

塩基については，**水酸化ナトリウム** NaOH **や水酸化カリウム** KOH（➡ **アルカリ金属の水酸化物**）**と水酸化カルシウム** $Ca(OH)_2$ **や水酸化バリウム** $Ba(OH)_2$（➡ **ベリリウム** Be **とマグネシウム** Mg **を除くアルカリ土類金属の水酸化物**）**を**「**強塩基**」，**それ以外の塩基を**「**弱塩基**」**と覚えるといい**んだ。酸か塩基かは，物質名や化学式を見れば簡単にわかるし，慣れてくれば表のすべてを覚えられると思うよ。

ポイント　強酸・強塩基の電離度について

- **強　酸**（$\alpha \fallingdotseq 1$）➡ HCl，HNO_3，H_2SO_4
- **強塩基**（$\alpha \fallingdotseq 1$）➡ NaOH，KOH，$Ca(OH)_2$，$Ba(OH)_2$

アンモニア NH_3 は，塩基と考えていいの？

アンモニア NH_3 は，水溶液中で，

$$NH_3 + H_2O \rightleftarrows NH_4^+ + OH^-$$

のように電離して，赤色リトマス紙を青変させるから塩基ではあるんだ。だけど，**アレニウスの定義**では，分子内に OH^- をもたないアンモニア NH_3 が塩基に分類できることを説明しにくいよね。

また，水溶液中以外でも酸や塩基の反応が起こったりして，アレニウスの定義ではいろいろ説明しにくいことが出てくるんだ。

じゃあ，きちんと説明するにはどうしたらいいの？

ブレンステッドとローリーは，「酸とは水素イオン H^+ を相手に与える物質で，塩基とは水素イオン H^+ を受けとる物質」と定義したんだ。

ブレンステッド・ローリーの定義なら，アンモニア NH_3 は

$$NH_3 + H_2O \rightleftarrows NH_4^+ + OH^-$$

（H^+：H_2O → NH_3）

と電離するときに H^+ を受けとるから，「塩基」と説明できるね。

そうだね。このとき水 H_2O は H^+ をアンモニア NH_3 に与える物質だから「**酸**」だよね。でも，次の反応

$$\underset{酸}{CH_3COOH} + \underset{塩基}{H_2O} \rightleftarrows CH_3COO^- + H_3O^+$$

（H^+：CH_3COOH → H_2O）

では，水 H_2O は酢酸 CH_3COOH から H^+ を受けとる物質だから「**塩基**」になるんだ。

水 H_2O は，酸にも塩基にもなれるんだね。

ポイント　酸・塩基の定義について②

●ブレンステッド・ローリーの定義

▶酸：H^+ を与える物質　塩基：H^+ を受けとる物質

チェック問題 1　易　1分

酸や塩基に関する記述として正しいものを，次の①～⑥のうちから2つ選べ。

① 酸には必ず酸素原子が含まれている。

② オキソニウムイオン H_3O^+ 1個がもつ電子の数は11個である。

③ 水溶液中での酢酸の電離度は，その濃度が小さくなるにつれて，小さくなる。

④ 水に溶けた物質に限らず，気体状態でも酸や塩基としてはたらく物質がある。

⑤ 水は，酸としても塩基としてもはたらく。

⑥ 塩基の強弱は，その塩基の価数で決まる。

解答・解説

④，⑤

① 必ずではない。〈誤り〉 例 HCl

② 11個ではなく10個。〈誤り〉➡ $H_3O^{\oplus}$：$\underbrace{1}_{_1H}\times 3+\underbrace{8}_{_8O}-1=$10個 ⬅ 1価の陽イオンなので，電子1個を失っている。

③ 酢酸の電離度は，その濃度が小さくなるにつれて，大きくなる(p.161の図を参照)。〈誤り〉

④ 気体のアンモニア NH_3 と気体の塩化水素 HCl が反応し，塩化アンモニウム NH_4Cl の白煙(固体の微粒子)を生じる。

$$NH_3 + HCl \longrightarrow NH_4Cl$$
$$(NH_4^+ + Cl^-)$$

この反応はブレンステッド・ローリーの定義によると，H^+ を与えているHClが酸，H^+ を受けとっている NH_3 が塩基になる。このように気体

状態でも酸や塩基としてはたらく物質がある。〈正しい〉

⑤　p.163にあるように，水は酸としても塩基としてもはたらく。〈正しい〉

⑥　酸・塩基の強弱は，電離度の大小で決まる。価数の大小には関係しない。〈誤り〉

チェック問題 2　標準　2分

次の反応ア～オのうち，水が酸としてはたらいている反応はどれか。正しく選択しているものを，次の①～⑤のうちから1つ選べ。

ア　$HCl + H_2O \longrightarrow H_3O^+ + Cl^-$

イ　$HNO_3 + H_2O \longrightarrow H_3O^+ + NO_3^-$

ウ　$CH_3COO^- + H_2O \rightleftarrows CH_3COOH + OH^-$

エ　$CH_3COOH + H_2O \rightleftarrows H_3O^+ + CH_3COO^-$

オ　$CO_3^{2-} + H_2O \rightleftarrows HCO_3^- + OH^-$

①　ア，イ　　②　ウ，オ　　③　エ，オ

④　ア，イ，エ　　⑤　ウ，エ，オ

解答・解説

②

酸としてはたらくもの ➡ H^+を与えている
塩基としてはたらくもの ➡ H^+を受けとっている

H^+ のやりとりは以下のようになる。

ア　HCl（酸） $+$ H_2O（塩基） $\longrightarrow H_3O^+ + Cl^-$　（H^+：HCl → H_2O）➡ H_2O は塩基

イ　HNO_3（酸） $+$ H_2O（塩基） $\longrightarrow H_3O^+ + NO_3^-$　（H^+：HNO_3 → H_2O）➡ H_2O は塩基

ウ　CH_3COO^-（塩基） $+$ H_2O（酸） $\rightleftarrows$ CH_3COOH（酸） $+$ OH^-（塩基）　（H^+：H_2O → CH_3COO^-，CH_3COOH → OH^-）➡ H_2O は酸

エ　CH_3COOH（酸） $+$ H_2O（塩基） $\rightleftarrows$ H_3O^+（酸） $+$ CH_3COO^-（塩基）　（H^+：CH_3COOH → H_2O，H_3O^+ → CH_3COO^-）➡ H_2O は塩基

オ　CO_3^{2-} (塩基) ＋ H_2O (酸) ⇄ HCO_3^- (酸) ＋ OH^- (塩基)　➡ H_2O は酸

（H^+ は H_2O から CO_3^{2-} へ）

よって，H_2O が酸としてはたらいている反応は，ウとオ。

3 pH について

純粋な水（＝**純水**という）は，ごくわずかに電離して水素イオン H^+ と水酸化物イオン OH^- を生じているんだ。

$$H_2O \rightleftarrows H^+ + OH^-$$

このとき，**純水では H^+ と OH^- のモル濃度は等しく，25℃ではいずれも 10^{-7}〔mol/L〕になる。**それぞれのイオンのモル濃度〔mol/L〕を $[H^+]$，$[OH^-]$ と書くと，

$$[H^+] = [OH^-] = 10^{-7} \text{〔mol/L〕}$$ ⬅［ ］はモル濃度〔mol/L〕を表している

ここで，純水に酸を溶かすと $[H^+]$ が増え，その濃度は 10^{-7}〔mol/L〕より大きくなるし，純水に塩基を溶かすと $[OH^-]$ が増え，その濃度は 10^{-7}〔mol/L〕より大きくなるんだ。

酸性で $[H^+] > 10^{-7}$〔mol/L〕，塩基性で $[OH^-] > 10^{-7}$〔mol/L〕になるんだね。

そうだね。これまでの内容を整理すると，水溶液中での $[H^+]$ と $[OH^-]$ の関係は次の3通りになるよね。

❶ $[H^+]$ が $[OH^-]$ より大きい　➡　$[H^+] > [OH^-]$

❷ $[H^+]$ と $[OH^-]$ が等しい　➡　$[H^+] = [OH^-]$

❸ $[H^+]$ より $[OH^-]$ が大きい　➡　$[H^+] < [OH^-]$

❶〜❸のそれぞれを，❶ 酸性，❷ 中性，❸ 塩基性 とよび，その関係を数値で示すと次のようになるんだ。

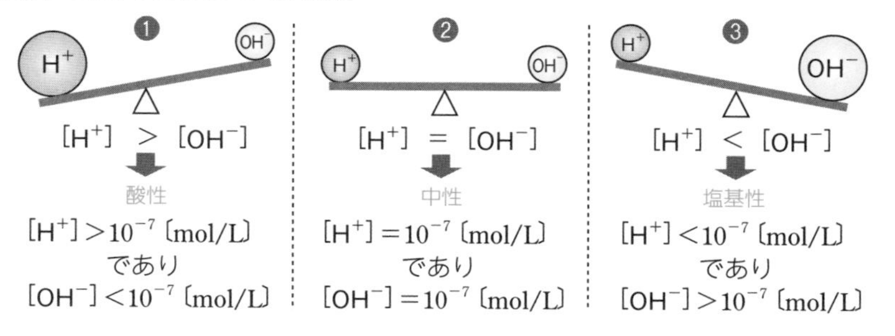

数値が小さすぎてわかりにくいね。

そうなんだ。水溶液の状態を，水素イオンのモル濃度（＝**水素イオン濃度**）$[H^+]$ や水酸化物イオンのモル濃度 $[OH^-]$ の値で表しても，数値が非常に小さいためにそのままではわかりにくいんだ。

だから，$[H^+]=10^{-n}$ の指数の部分 n を使って，水溶液の状態を表すことにしたんだよ。**この n を水素イオン指数といって，記号 pH と書く**んだ。

$[H^+]=10^{-n}$〔mol/L〕のとき，pH $= n$

25℃のときには，**中性だったら $[H^+]=10^{-7}$〔mol/L〕なので，pH $=7$，酸性だったら $[H^+]>10^{-7}$〔mol/L〕なので，下の図から pH <7，塩基性なら $[H^+]<10^{-7}$〔mol/L〕なので，下の図から pH >7 となる**んだ。

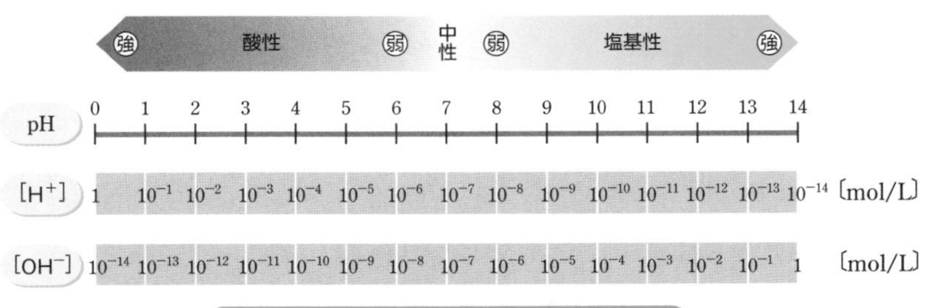

$[H^+]$，$[OH^-]$ およびpHの関係を表す図

上の図を見ると，$[H^+]=10^{-1}$〔mol/L〕は pH $=1$，$[OH^-]=10^{-1}$〔mol/L〕は $[H^+]=10^{-13}$〔mol/L〕で pH $=13$だね。

そうだね。（発展内容だけど…）25℃で $[H^+]\times[OH^-]=10^{-14}$〔mol/L〕^{2} になることを覚えておくといいよ。つまり，$[OH^-]=10^{-1}$〔mol/L〕のときは，$[H^+]\times10^{-1}=10^{-14}$ より $[H^+]=10^{-13}$〔mol/L〕となり，pH $=13$ と答えられるね。ほかに上の図で気づくことはあるかな？

酸性が強くなると $[H^+]$ が大きく，pH が小さくなっているね。

そうなんだ。**$[H^+]$ が大きくなるほど，また pH が小さくなるほど，酸性が**

強くなるんだ。正誤問題で注意してね。

> **ポイント** 水溶液の pH について
>
> ● **酸性** ▶ pH ＜ 7　● **中性** ▶ pH ＝ 7　● **塩基性** ▶ pH ＞ 7
>
> ● $[H^+] \times [OH^-] = 10^{-14}$ 〔mol/L〕^{2}　(25℃)
>
> ＊ $[H^+]$ が大きくなると，pH は小さくなるので注意。

4 中和について

酸と塩基を混合すると，酸から放出された H^+ と塩基から放出された OH^- が反応して，酸の性質と塩基の性質がたがいに打ち消される反応が起こる。この反応を**中和反応**，または**中和**というんだ。

たとえば，塩酸 HCl と水酸化ナトリウム NaOH 水溶液を混ぜると，次のように反応する。

2つの反応式を加えてまとめる。

$$HCl \longrightarrow H^+ + Cl^- \quad \text{⬅電離する}$$
$$+)\ NaOH \longrightarrow Na^+ + OH^- \quad \text{⬅電離する}$$
$$HCl + NaOH \longrightarrow H^+ + Cl^- + Na^+ + OH^-$$

まとめて NaCl にする　まとめて H_2O にする

よって，$HCl + NaOH \longrightarrow NaCl + H_2O$

このとき，水とともに生じる NaCl のような化合物を**塩**(えん)というんだ。

> **ポイント** 中和について
>
> ● **酸** ＋ **塩基** ⟶ **塩** ＋ **水**
>
> ● **塩**：酸から生じる陰イオンと塩基から生じる陽イオンからなる物質

5 中和の量的関係について

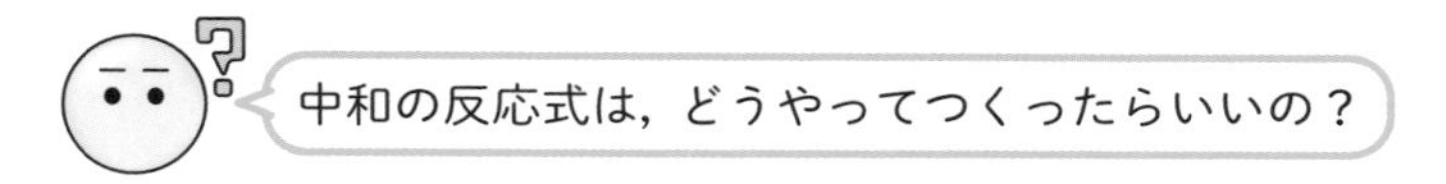

中和の反応式は，**ふつう酸の放出する H^+ の数と塩基の放出する OH^-（または，塩基の受けとる H^+）の数が等しくなるように書く**んだ。

→これを「過不足なく中和する」という。

● 硫酸 H_2SO_4 と水酸化ナトリウム NaOH の中和反応

$$
\begin{array}{rcl}
H_2SO_4 & \longrightarrow & 2H^+ + SO_4^{2-} \\
+)\ (NaOH & \longrightarrow & Na^+ + OH^-) \times 2 \\
\hline
H_2SO_4 + 2NaOH & \longrightarrow & 2H^+ + SO_4^{2-} + 2Na^+ + 2OH^-
\end{array}
$$

まとめる。

OH^- の数を H^+ の数とそろえるために２倍する!!

まとめて Na_2SO_4 にする

H^+ や OH^- はすべて H_2O になる

$2H_2O$ となる

よって，$H_2SO_4 + 2NaOH \longrightarrow Na_2SO_4 + 2H_2O$

ただ，アンモニア NH_3 の中和反応のように，塩だけが生じて水 H_2O が生じないこともあるから気をつけてね。

● 塩酸 HCl とアンモニア NH_3 の中和反応

$$
\begin{array}{rcl}
HCl & \longrightarrow & H^+ + Cl^- \\
+)\ NH_3 + H_2O & \rightleftarrows & NH_4^+ + OH^- \\
\hline
HCl + NH_3 + H_2O & \longrightarrow & H^+ + Cl^- + NH_4^+ + OH^-
\end{array}
$$

$$HCl + NH_3 + \cancel{H_2O} \longrightarrow NH_4Cl + \cancel{H_2O}$$

H_2O は左辺と右辺にあるので消去する

よって，$HCl + NH_3 \longrightarrow NH_4Cl$

また，強酸である HCl と強塩基である NaOH は，

$$HCl + NaOH \longrightarrow NaCl + H_2O$$

と反応して，**HCl 1 mol と NaOH 1 mol が過不足なく（ぴったり）中和する（➡ 反応式の係数の関係からわかる）**し，弱酸である CH_3COOH と強塩基である NaOH も，

$$CH_3COOH + NaOH \longrightarrow CH_3COONa + H_2O$$

と反応して，**CH_3COOH 1mol と NaOH 1mol が過不足なく（ぴったり）中和する**んだ。

強酸，弱酸に関係なく NaOH 1 mol で中和できるね。

反応式がつくれるようになると，過不足なく（ぴったり）中和するのに必要な酸と塩基の量的な関係（➡ H_2SO_4 1mol は NaOH 2mol で，HCl 1mol は

NaOH 1 mol で，CH_3COOH 1 mol も NaOH 1 mol でぴったり中和できる）がわかるんだ。そして，**酸や塩基の強弱は，中和する酸や塩基の量的な関係には影響しない**こともわかるね。

ポイント 中和の量的な関係について

- **酸や塩基の強弱は，中和する酸や塩基の量的な関係には影響しない**

＊HCl または CH_3COOH 1 mol は，NaOH 1 mol で過不足なく中和できる ➡ 同じ価数の酸と塩基は，物質量（mol）が等しいとき，過不足なく中和できる。

計算問題のたびに反応式をつくって，係数から量的な関係を読みとる必要があるの？

「中和反応が終わる点（中和点）」では，酸の性質と塩基の性質が打ち消されることに注目すれば，

- 酸が放出した H^+ の物質量〔mol〕

＝塩基が放出した OH^- の物質量〔mol〕

の関係式が成り立つよね。この関係式がわかっていれば，計算のたびに反応式をつくる必要がなくなるんだ。**チェック問題 3** で考えてみるね。

チェック問題 3　標準　2分

希硫酸10.0 mL を，0.10 mol/L の水酸化ナトリウム水溶液で滴定したところ，中和までに16.0 mL を要した。希硫酸の濃度は何 mol/L か。最も適当な数値を，次の①～⑤のうちから１つ選べ。

① 0.080　② 0.16　③ 0.40　④ 0.80　⑤ 1.2

解答・解説

①

求める希硫酸の濃度を x〔mol/$_1$L〕とすると，希硫酸~~10.0~~（10）mL 中の硫酸 H_2SO_4 の物質量〔mol〕は，

←1がかくれている

$$\frac{x\ \text{mol}}{1\ \cancel{\text{L}}} \times \frac{10}{1000}\cancel{\text{L}} = x \times \frac{10}{1000}\ \text{〔mol〕}$$ ⬅単位変換

となり，硫酸 H_2SO_4 は **2 価の酸**だから，中和点までに放出される H^+の物質量〔mol〕は，

$$x \times \frac{10}{1000} \times 2\ \text{〔mol〕}$$ ⬅ $H_2SO_4 \longrightarrow 2H^+ + SO_4^{2-}$ より

また，中和に要した ~~0.10~~(0.1) mol/L 水酸化ナトリウム水溶液 ~~16.0~~(16) mL 中の水酸化ナトリウムの物質量〔mol〕は，

$$\frac{0.1\ \text{mol}}{1\ \cancel{\text{L}}} \times \frac{16}{1000}\cancel{\text{L}} = 0.1 \times \frac{16}{1000}\ \text{〔mol〕}$$ ⬅単位変換

水酸化ナトリウム NaOH は **1 価の塩基**だから，中和点までに放出される OH^- の物質量〔mol〕は，

$$0.1 \times \frac{16}{1000} \times 1\ \text{〔mol〕}$$ ⬅ $NaOH \longrightarrow Na^+ + OH^-$ より

となるんだ。

「中和反応が終わる点(中和点)」では，

酸が放出した H^+ の物質量〔mol〕
＝塩基が放出した OH^- の物質量〔mol〕

の関係式が成り立つので，

$$x \times \frac{10}{1000} \times 2\ \text{〔mol〕} = 0.1 \times \frac{16}{1000} \times 1\ \text{〔mol〕}$$ （注 p.137『計算のコツ②(1)』を参照）

となり，これを解いて，

$x = 0.08$〔mol/L〕

別解 反応式を書いて，物質量〔mol〕の関係を係数から読みとって解いてもいいよ。

つまり，この中和反応の化学反応式は，

$$H_2SO_4 \quad + \quad 2NaOH \longrightarrow Na_2SO_4 \quad + \quad 2H_2O$$

となり，硫酸 H_2SO_4と水酸化ナトリウム NaOH は物質量〔mol〕の比が 1：2 で反応するんだ。だから，

$$\underbrace{x \times \frac{10}{1000}}_{H_2SO_4\text{〔mol〕}} : \underbrace{0.1 \times \frac{16}{1000}}_{NaOH\text{〔mol〕}} = 1 : 2$$ が成立するので，

$x = 0.08$〔mol/L〕と解くことができるね。

もちろん，化学反応式の係数を読みとり，単位に注意して解くこともできるんだ。

$$x \times \frac{10}{1000}\,\text{mol}\ H_2SO_4 \times \frac{2\text{mol NaOH}}{1\text{mol}\ H_2SO_4} = 0.1 \times \frac{16}{1000}\,\text{mol NaOH}$$

H_2SO_4〔mol〕　必要な NaOH〔mol〕　NaOH〔mol〕

を解いて，$x = 0.08$〔mol/L〕としてもいいね。

ポイント 中和の関係式について

● m 価の酸 C〔mol/L〕, V〔mL〕と m' 価の塩基 C'〔mol/L〕, V'〔mL〕

$$C \times \frac{V}{1000} \times m = C' \times \frac{V'}{1000} \times m'$$

チェック問題 4

問1　2価の強酸の水溶液Aがある。このうち5mLをはかりとり，コニカルビーカーに入れた。これに水30mLと指示薬を加えて，モル濃度 x〔mol/L〕の水酸化ナトリウム水溶液で中和滴定したところ，中和点に達するのに y〔mL〕を要した。水溶液A中の強酸のモル濃度は何mol/Lか。モル濃度を求める式として正しいものを，次の①～⑧のうちから1つ選べ。

① $\dfrac{xy}{5}$　② $\dfrac{xy}{10}$　③ $\dfrac{xy}{35}$　④ $\dfrac{xy}{70}$

⑤ $\dfrac{xy}{5+y}$　⑥ $\dfrac{xy}{35+y}$　⑦ $\dfrac{xy}{2(5+y)}$　⑧ $\dfrac{xy}{2(35+y)}$

問2　水酸化バリウム17.1gを純水に溶かし，1.00Lの水溶液とした。この水溶液を用いて，濃度未知の酢酸水溶液10.0mLの中和滴定を行ったところ，過不足なく中和するのに15.0mLを要した。この酢酸水溶液の濃度は何mol/Lか。最も適当な数値を，次の①～⑥のうちから1つ選べ。

ただし，原子量はH＝1.0，O＝16，Ba＝137とする。

① 0.0300　② 0.0750　③ 0.150

④ 0.167　⑤ 0.300　⑥ 0.333

解答・解説

問1　②　　問2　⑤

問1　水溶液 A 中の 2 価の強酸のモル濃度を A〔mol/L〕とすると，次の式が成り立つ。

$$A \times \frac{5}{1000} \times ② = x \times \frac{y}{1000} \times ①$$

〔mol/L〕　酸〔mol〕（②価）　H$^+$〔mol〕　〔mol/L〕　NaOH〔mol〕（①価）　OH$^-$〔mol〕

$$A = \frac{xy}{10}\ \text{〔mol/L〕}$$

注　水 30 mL と指示薬を加えてもはかりとった酸の物質量〔mol〕は変わらない。

問2　水酸化バリウム $Ba(OH)_2$ の式量は $\underset{Ba}{137} + (\underset{O}{16} + \underset{H}{1}) \times 2 = 171$

なので171 g/mol と表すことができる。滴定に使用した水酸化バリウム水溶液は，1 L(＝1000 mL)のうちの15.0 mL である点に注意しよう。

この酢酸 CH_3COOH 水溶液を x〔mol/L〕とすると，次の式が成り立つ。

$$\frac{17.1}{171} \times \frac{15}{1000} \times ② = x \times \frac{10}{1000} \times ①$$

水溶液 1 L 中の $Ba(OH)_2$〔mol〕　$Ba(OH)_2$〔mol〕（②価）　OH$^-$〔mol〕　〔mol/L〕　CH_3COOH〔mol〕（①価）　H$^+$〔mol〕

滴定に使用した $Ba(OH)_2$は，1000 mL のうちの15 mL 分だけ

（注　問1～2のいずれも，p.137『計算のコツ②(1)』を参照）

$$x = 0.3\ \text{〔mol/L〕}$$

思　考力のトレーニング　やや難

濃度不明の希硫酸10.0 mL に，0.50 mol/L の水酸化ナトリウム水溶液20.0 mL を加えると，その溶液は塩基性となった。さらに，その混合溶液に0.10 mol/L の塩酸を加えていくと，20.0 mL 加えたときに過不足なく中和した。もとの希硫酸の濃度は何 mol/L か。最も適当な数値を，次の①～⑤のうちから 1 つ選べ。

①　0.30　　②　0.40　　③　0.50　　④　0.60　　⑤　0.80

解答・解説

②

もとの希硫酸 H_2SO_4 の濃度を x〔mol/L〕とし，実験操作を図に示すと，次のようになる。

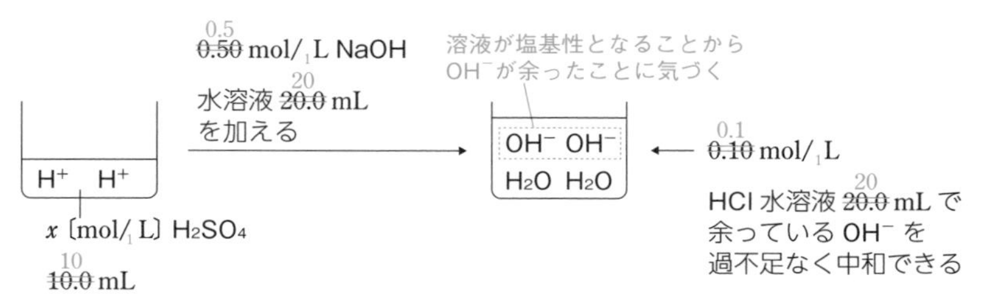

このような滴定を**逆滴定**という。今回の逆滴定を線分図に示してみる。

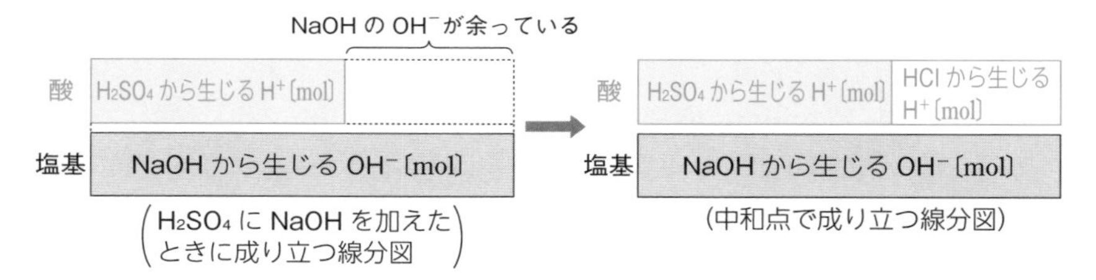

以上から，H_2SO_4は 2 価の酸，HCl は 1 価の酸，NaOH は 1 価の塩基であることに注意すると，中和点では次の式が成り立つ。

$$x \times \frac{10}{1000} \times ② + 0.1 \times \frac{20}{1000} \times ① = 0.5 \times \frac{20}{1000} \times ①$$

H_2SO_4〔mol〕（②価） H^+〔mol〕　HCl〔mol〕（①価） H^+〔mol〕　NaOH〔mol〕（①価） OH^-〔mol〕

酸が放出した H^+〔mol〕　塩基が放出した OH^-〔mol〕

$x = 0.4$〔mol/L〕

9時間目 酸と塩基の反応(2)

この項目のテーマ

1 塩の分類
「見た目」で分けよう！

2 塩の水溶液の性質
酸性塩と正塩で考え方を変えよう！

3 酸の陰イオン・塩基の陽イオン
弱酸や弱塩基のイオンが大切！

4 弱酸の遊離・弱塩基の遊離
化学反応式をつくれるようにしよう！

1 塩の分類について

酸と塩基を混合したら？

中和反応が起こって，塩と水が生成したよね。

そうだね。このときに生成した**塩は，その形から3種類に分類することができる**んだ。

酸性塩（さんせいえん）	➡ 酸のHが残っている塩	例 $NaHSO_4$, $NaHCO_3$
塩基性塩（えんきせいえん）	➡ 塩基のOHが残っている塩	例 $MgCl(OH)$
正塩（せいえん）	➡ 酸のH，塩基のOHが残っていない塩	例 $NaCl$，NH_4Cl

ここで気をつけなくてはいけないのが，酸性塩だからといって酸性を示すというわけではなく，あくまで**その形から，つまり見た目だけで判断している**ということなんだ。

チェック問題 1　標準　2分

次の塩ア～カには，下の記述(a ～ c)にあてはまる塩が 2 つずつある。その塩の組み合わせとして最も適当なものを，次の①～⑧のうちから 1 つずつ選べ。

a　酸性塩　　b　塩基性塩　　c　正塩

ア　$NaHSO_4$　　イ　NH_4Cl　　ウ　$MgCl(OH)$
エ　KNO_3　　オ　$NaHCO_3$　　カ　$CaCl(OH)$

①　アとウ　②　アとオ　③　イとウ　④　イとエ
⑤　ウとカ　⑥　エとオ　⑦　エとカ　⑧　オとカ

解答・解説

a　②　　b　⑤　　c　④

酸性塩 ➡ $NaHSO_4$，$NaHCO_3$
塩基性塩 ➡ $MgCl(OH)$，$CaCl(OH)$
正塩 ➡ NH_4Cl，KNO_3
酸の H，塩基の OH が残ってない

2 塩の水溶液の性質について

塩を水に溶かして水溶液にすると，塩の水溶液は「酸性・中性・塩基性」のいずれかを示す。塩の水溶液が何性を示すか(＝**塩の水溶液の性質**という)を答える問題は，共通テストの『化学基礎』では頻出問題なんだ。塩の分類については **1** で勉強したよね。

塩には,「酸性塩・塩基性塩・正塩」があったよ。

そうだね。その中で，**「酸性塩」と「正塩」の水溶液が何性を示すか**を覚えてね。

❶ 酸性塩

「**酸性塩**」については，次の 2 つを覚えてほしいんだ。

酸性塩　$NaHSO_4$ の水溶液は**酸性**を示す
　　　　$NaHCO_3$ の水溶液は**塩基性**を示す

酸性塩という名前で塩基性を示すものもあるんだね。

そうなんだ。**「塩の分類」と「塩の水溶液の性質」は分けて考える**必要があるんだ。

ポイント　塩の水溶液の性質について①

酸性塩については，次の 2 つを覚える

$NaHSO_4$ 水溶液 ⟶ **酸性**を示す

$NaHCO_3$ 水溶液 ⟶ **塩基性**を示す

❷ 正　塩

こんどは，「**正塩**」について考えるね。まず，正塩については，

強いものが勝つ！

と覚えてほしいんだ。

「強いものが勝つ！」……覚えたよ。

次に，正塩を生じる中和反応をイメージするんだ。

❶ CH_3COONa

たとえば，CH_3COONa という正塩を生じる中和反応を覚えているかな？

CH_3COONa は「CH_3COOH ＋ NaOH」で生じたよね。

$CH_3COOH + NaOH \longrightarrow CH_3COONa + H_2O$

だったからね。

さすがだね。「CH_3COOH ➡ 弱酸，NaOH ➡ ㊤塩基」なので，「弱酸＋㊤塩基」から「㊤いもの」である「㊤塩基」が勝つ！　と考えて，**塩基性を示す**とわかるんだ。

CH_3COONa の場合

CH_3COONa を生じる中和反応をイメージする。

⬇

$$CH_3COOH + NaOH \longrightarrow CH_3COONa + H_2O$$

弱酸　　㊐強塩基

㊐い塩基が勝って，「塩基性」を示すと判定する

❷ NH_4Cl

NH_4Cl だったら，NH_4Cl という正塩を生じる中和反応

$$NH_3 + HCl \longrightarrow NH_4Cl$$

弱塩基　㊐酸

㊐い酸が勝って，「酸性」を示すと判定する

から，NH_4Cl 水溶液は酸性を示すとわかるんだ。

❸ NaCl

NaCl は，NaCl という正塩を生じる中和反応

$$HCl + NaOH \longrightarrow NaCl + H_2O$$

㊐酸　　㊐塩基

強いものが勝つ！　はずだけど，強いものどうし。強いものどうしのときは「引き分け」と考えて，「中性」を示すと判定する

から，NaCl 水溶液は中性を示すとわかるんだ。

「㊐酸＋㊐塩基」は，引き分けで，「中性」なんだね。

ポイント　塩の水溶液の性質について②

正塩については，「強いものが勝つ！」

CH_3COONa	NH_4Cl	NaCl
「弱酸＋強塩基」	「強酸＋弱塩基」	「強酸＋強塩基」
⬇	⬇	⬇
塩基性	酸性	中性

チェック問題 2

やや難 

次の塩ア～カには，下の記述(a・b)にあてはまる塩が2つずつある。その塩の組み合わせとして最も適当なものを，次の①～⑧のうちから1つずつ選べ。

a　水に溶かしたとき，水溶液が酸性を示すもの
b　水に溶かしたとき，水溶液が塩基性を示すもの

ア	CH_3COONa	イ	KCl	ウ	Na_2CO_3
エ	NH_4Cl	オ	$CaCl_2$	カ	$(NH_4)_2SO_4$

①	アとウ	②	アとオ	③	イとウ	④	イとエ
⑤	ウとカ	⑥	エとオ	⑦	エとカ	⑧	オとカ

解答・解説

a ⑦　b ①

まず，ア～カのすべてが「正塩」であることを確認すること。
（「酸性塩」は，$NaHSO_4$ 水溶液が酸性，$NaHCO_3$ 水溶液が塩基性を示す。）

ア	CH_3COOH	+	$NaOH$	⟶	CH_3COONa + H_2O
	「弱酸	+	㊥強塩基」	➡	「塩基性」を示す（塩基が勝つ！）
イ	HCl	+	KOH	⟶	KCl + H_2O
	「強酸	+	強塩基」	➡	「中性」を示す（引き分け）
ウ	H_2CO_3	+	$2NaOH$	⟶	Na_2CO_3 + $2H_2O$
	「弱酸	+	強塩基」	➡	「塩基性」を示す（塩基が勝つ！）
エ	HCl	+	NH_3	⟶	NH_4Cl
	「強酸	+	弱塩基」	➡	「酸性」を示す（酸が勝つ！）
オ	$2HCl$	+	$Ca(OH)_2$	⟶	$CaCl_2$ + $2H_2O$
	「強酸	+	強塩基」	➡	「中性」を示す（引き分け）
カ	H_2SO_4	+	$2NH_3$	⟶	$(NH_4)_2SO_4$
	「強酸	+	弱塩基」	➡	「酸性」を示す（酸が勝つ！）

チェック問題 3　標準　1分

酸性塩で，水溶液が塩基性を示すものを，次の①～⑤のうちから１つ選べ。

①　CH_3COONa　②　$NaHSO_4$　③　Na_2SO_4
④　$NaHCO_3$　⑤　Na_2CO_3

解答・解説

④

酸性塩 ➡ ② $NaHSO_4$，　④ $NaHCO_3$ ← どちらの条件もみたす！
水溶液が塩基性を示すもの ➡ ① CH_3COONa，　④ $NaHCO_3$，　⑤ Na_2CO_3

思 考力のトレーニング 1　やや難　2分

$CaCl_2$ 水溶液の pH と最も近い pH の値をもつ水溶液を，次の①～④のうちから１つ選べ。ただし，混合する酸および塩基の水溶液はすべて，濃度が0.100 mol/L，体積は10.0 mL とする。

①　希硫酸と水酸化カリウム水溶液を混合した水溶液
②　塩酸と水酸化カリウム水溶液を混合した水溶液
③　塩酸とアンモニア水を混合した水溶液
④　塩酸と水酸化バリウム水溶液を混合した水溶液

解答・解説

②

$CaCl_2$ は「正塩」であり，$CaCl_2$ を生じる中和反応

$$2HCl + Ca(OH)_2 \longrightarrow CaCl_2 + 2H_2O$$

㊕酸　㊕塩基

強いものどうしなので「引き分け」と考えて，「中性」と判定できる

から，$CaCl_2$ 水溶液は中性つまり pH＝7 になる。

混合する酸および塩基の物質量〔mol〕は，~~0.100~~ (0.1) mol/ (1) L，~~10.0~~ (10) mL からどれも $0.1 \times \frac{10}{1000} = 10^{-3}$ mol になる。

〔mol/L〕　〔mol〕

10^{-3} mol = a mol とおくと，①～④の水溶液の pH は次のようになる。

① $H_2SO_4 + 2KOH \longrightarrow K_2SO_4 + 2H_2O$

反応前　a mol　a mol

反応後　$\left(a - a \times \frac{1}{2}\right)$ mol（余る）　0　$a \times \frac{1}{2}$ mol（生じる）　a mol（生じる）

反応後は，H_2SO_4(強酸)が余り，K_2SO_4 は中性(「正塩」で「引き分け」)なので，①の水溶液は強酸性つまり pH は 7 よりかなり小さくなる。

② $HCl + KOH \longrightarrow KCl + H_2O$

反応前　a mol　a mol

反応後　0　0　a mol（生じる）　a mol（生じる）

反応後は，KCl 水溶液になり，KCl は「正塩」で「引き分け」なので，②の水溶液は中性つまり pH = 7 になる。〈答〉

③ $HCl + NH_3 \longrightarrow NH_4Cl$

反応前　a mol　a mol

反応後　0　0　a mol（生じる）

反応後は，NH_4Cl 水溶液になり，NH_4Cl は「正塩」で「酸が勝つ！」ので，③の水溶液は酸性(弱酸性)つまり pH は 7 より小さくなる。

④ $2HCl + Ba(OH)_2 \longrightarrow BaCl_2 + 2H_2O$

反応前　a mol　a mol

反応後　0　$\left(a - a \times \frac{1}{2}\right)$ mol（余る）　$a \times \frac{1}{2}$ mol（生じる）　a mol（生じる）

反応後は，$Ba(OH)_2$(強塩基)が余り，$BaCl_2$ は中性(「正塩」で「引き分け」)なので，④の水溶液は強塩基性つまり pH は 7 よりかなり大きくなる。

よって，$CaCl_2$ 水溶液と② KCl 水溶液は，pH の値がどちらも 7 になる。

3 酸の陰イオン・塩基の陽イオンについて

ここでは，塩を水に溶かすと生じる陽イオンと陰イオンについて考えてみるね。

まず，「**酸**」側から考えると，塩酸 HCl，硫酸 H_2SO_4，硝酸 HNO_3 は**強酸**とよばれ，ほぼ完全に電離してそのほとんどは，H^+ と Cl^-，SO_4^{2-}，NO_3^- になっていたよね。ここで，電離して生じた「**イオン**」側から考えると，**強酸から電離して生じた** Cl^-，SO_4^{2-}，NO_3^- **は** H^+ **と結びつきにくい**ということができるんだ。

同じように，強塩基である水酸化ナトリウム NaOH，水酸化カリウム KOH，水酸化カルシウム $Ca(OH)_2$，水酸化バリウム $Ba(OH)_2$ からほぼ完全に電離して**生じた** Na^+，K^+，Ca^{2+}，Ba^{2+} **は** OH^- **と結びつきにくい**ということができるよね。

$$HCl \longrightarrow H^+ + Cl^-$$

この反応は一方通行なので，Cl^- は H^+ と結びつきにくい！

$$NaOH \longrightarrow Na^+ + OH^-$$

同様に考えると，Na^+ は OH^- と結びつきにくい！

ポイント 強酸・強塩基からのイオンについて

- **強酸**から電離して生じた**陰イオン**は，H^+ と結びつきにくい
- **強塩基**から電離して生じた**陽イオン**は，OH^- と結びつきにくい

次に，弱酸である酢酸 CH_3COOH や炭酸 H_2CO_3 は，**一部だけ電離して** H^+ と CH_3COO^-，HCO_3^-，CO_3^{2-} になっていたので，CH_3COO^-，HCO_3^-，CO_3^{2-} **は** H^+ **と結びつきやすい**と考えることができるね。同じように，弱塩基であるアンモニア NH_3 が一部電離して生じた NH_4^+ は，OH^- と結びつきやすいと考えることができるんだ。

$$CH_3COOH \rightleftarrows CH_3COO^- + H^+$$

反応が行ったりきたりなので，CH_3COO^- は H^+ と結びつきやすい！

$$NH_3 + H_2O \rightleftarrows NH_4^+ + OH^-$$

（同様に考えると，NH_4^+ は OH^- と結びつきやすい！）

ポイント 弱酸・弱塩基からのイオンについて

- **弱酸**から電離して生じた**陰イオン**は，H^+ と結びつきやすい
- **弱塩基**から電離して生じた**陽イオン**は，OH^- と結びつきやすい

4 弱酸の遊離・弱塩基の遊離について

3 酸の陰イオン・塩基の陽イオンで**弱酸**・**弱塩基**のイオンについて勉強したよね。覚えていることを教えてよ。

「弱酸から電離して生じた陰イオン（弱酸の陰イオン）は H^+ と結びつきやすい」，「弱塩基から電離して生じた陽イオン（弱塩基の陽イオン）は OH^- と結びつきやすい」って勉強したよ。

そうだね。ここで，「**弱酸の陰イオン**」に「**強酸**」を加えてみるんだ。そうすると，**「弱酸の陰イオン」は H^+ と結びつきやすいので「強酸」のもつ H^+ と結びついて弱酸になる**んだ。

ちょっと難しいね。

そうだね。具体的に考えてみるね。

弱酸である酢酸 CH_3COOH の陰イオン CH_3COO^- に，強酸の塩酸 HCl を加えると，CH_3COO^- と HCl の H^+ が結びついて CH_3COOH になるので，

$$CH_3COO^- + H^+ \longrightarrow CH_3COOH$$

つまり，

$$CH_3COO^- + HCl \longrightarrow CH_3COOH + Cl^-$$

の反応が起こる。

ここで，CH_3COO^- を含んでいる塩として酢酸ナトリウム CH_3COONa を使ったときには，両辺に Na^+ を加えると化学反応式が完成するんだ。

$$
\begin{array}{rlllll}
 & CH_3COO^- & + \ HCl & \longrightarrow & CH_3COOH & + \ Cl^- \\
+) & \ \ Na^+ & & & & \ \ Na^+ \\
\hline
 & CH_3COONa & + \ HCl & \longrightarrow & CH_3COOH & + \ NaCl
\end{array}
$$
⬅両辺に加える

次に**炭酸** H_2CO_3 をつくってみることにするね。

そうだね。炭酸 H_2CO_3 は水 H_2O と二酸化炭素 CO_2 に分解するから，**炭酸をつくると二酸化炭素** CO_2 **が発生する**んだ。

弱酸である炭酸 H_2CO_3 の陰イオン CO_3^{2-} に強酸の希塩酸 HCl を加えると，次の反応が起こる。

$$CO_3^{2-} \ + \ 2HCl \ \longrightarrow \ H_2CO_3 \ + \ 2Cl^-$$

炭酸 H_2CO_3 は水 H_2O と二酸化炭素 CO_2 に分解するので，

$$CO_3^{2-} \ + \ 2HCl \ \longrightarrow \ H_2O \ + \ CO_2 \ + \ 2Cl^-$$

とすることができるね。

ここで，CO_3^{2-} を含んでいる塩として炭酸カルシウム $CaCO_3$ を使ったときには，両辺に Ca^{2+} を加えると化学反応式が完成するんだ。

$$CaCO_3 \ + \ 2HCl \ \longrightarrow \ H_2O \ + \ CO_2 \ + \ CaCl_2$$

炭酸カルシウムは大理石や石灰石と書かれることもあるから注意してね。

ポイント　弱酸の遊離について

- 弱酸の塩＋強酸　⟶　弱酸＋強酸の塩

$$CH_3COONa \ + \ HCl \ \longrightarrow \ CH_3COOH \ + \ NaCl$$

$$CaCO_3 \ + \ 2HCl \ \longrightarrow \ H_2O + CO_2 \ + \ CaCl_2$$

思 考力のトレーニング 2　標準　3分

濃度が不明の塩酸 25 mL と炭酸カルシウム $CaCO_3$が反応して二酸化炭素を発生した。この反応は次の化学反応式で表される。

$$CaCO_3 + 2HCl \longrightarrow CaCl_2 + H_2O + CO_2$$

炭酸カルシウムの質量と発生した二酸化炭素の物質量の関係は図のようになった。反応に用いた塩酸の濃度は何 mol/L か。最も適当な数値を，次の①～⑥のうちから１つ選べ。ただし，原子量は C ＝12，O ＝16，Ca ＝40とする。

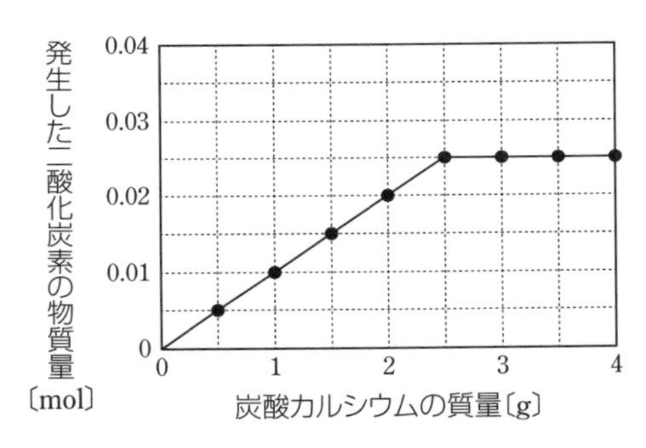

① 0.20　② 0.50　③ 1.0
④ 2.0　⑤ 10　⑥ 20

解答・解説

④

第2章 物質の変化

グラフの問題は，グラフの向きが変わる点に注目しよう！

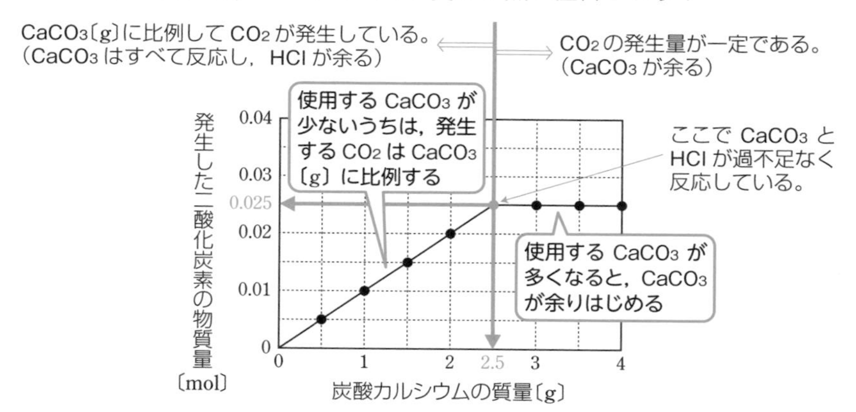

以上より，使用した $CaCO_3$(式量100) 2.5 g，発生した CO_2 0.025 mol のとき，$CaCO_3$ と HCl は過不足なく反応する。

反応に用いた塩酸 HCl を x mol/L とすると，

$$CaCO_3 + 2HCl \longrightarrow CaCl_2 + H_2O + 1CO_2$$（弱酸の遊離）

×2倍

より，次の式が成り立つ。

$$0.025 \times 2 = x \times \frac{25}{1000}$$

0.025：発生した CO_2〔mol〕，×2：必要な HCl〔mol〕，x：〔mol/L〕，$\frac{25}{1000}$：HCl〔mol/L〕

よって，$x = 2.0$〔mol/L〕となる。

別解

$$\frac{2.5}{100} \times 2 = x \times \frac{25}{1000}$$

$\frac{2.5}{100}$：$CaCO_3$〔mol〕，×2：必要な HCl〔mol〕，x：〔mol/L〕，$\frac{25}{1000}$：HCl〔mol/L〕

より，$x = 2.0$〔mol/L〕としてもよい。

弱酸の遊離と同じように**「弱塩基の陽イオン」に「強塩基」を加えると，「弱塩基の陽イオン」は OH^- と結びつきやすいので「強塩基」のもつ OH^- と結びついて弱塩基になる**んだ。この方法で弱塩基をつくることができるんだ。

弱塩基は，アンモニア NH_3 を覚えたよ。

さすがだね。弱塩基であるアンモニア NH_3 の陽イオン NH_4^+ に強塩基である水酸化ナトリウム NaOH 水溶液を加えると，NH_4^+ と NaOH の OH^- が結びついて NH_3 になるので，

$$NH_4^+ + OH^- \longrightarrow NH_3 + H_2O \quad \cdots\cdots(※)$$

つまり，

$$NH_4^+ + NaOH \longrightarrow NH_3 + H_2O + Na^+$$

の反応が起こる。

ここで，NH_4^+ を含んでいる塩として塩化アンモニウム NH_4Cl を使ったときには，両辺に Cl^- を加えると化学反応式が完成するんだ。

$$NH_4^+ + NaOH \longrightarrow NH_3 + H_2O + Na^+$$

$$+)\ Cl^- \qquad\qquad Cl^- \quad \Leftarrow \text{両辺に加える}$$

$$NH_4Cl + NaOH \longrightarrow NH_3 + H_2O + NaCl$$

また，強塩基として水酸化カルシウム $Ca(OH)_2$ を使ったときには，$Ca(OH)_2$ は 2 価の強塩基なので，(※)のイオン反応式全体を 2 倍して，

$$2NH_4^+ + 2OH^- \longrightarrow 2NH_3 + 2H_2O$$

とし，このイオン反応式の両辺に$2Cl^-$，Ca^{2+} を加えると，

$$2NH_4Cl + Ca(OH)_2 \longrightarrow 2NH_3 + 2H_2O + CaCl_2$$

と，書くことができるんだ。

ポイント　弱塩基の遊離について

- 弱塩基の塩 ＋ 強塩基 ⟶ 弱塩基 ＋ 強塩基の塩

$$NH_4Cl + NaOH \longrightarrow NH_3 + H_2O + NaCl$$

$$2NH_4Cl + Ca(OH)_2 \longrightarrow 2NH_3 + 2H_2O + CaCl_2$$

チェック問題 4

標準 2分

ある塩Aの水溶液に塩酸を加えると，塩酸のにおいとは異なる刺激臭のある物質が生じる。一方，水酸化ナトリウム水溶液を加えると，刺激臭のある別の物質が生じる。Aとして最も適当なものを，次の①～⑤のうちから1つ選べ。

① 硫酸アンモニウム　② 酢酸アンモニウム　③ 酢酸ナトリウム
④ 炭酸ナトリウム　⑤ 塩化カリウム

解答・解説

②

塩の化学式は，① $(NH_4)_2SO_4$，② CH_3COONH_4，③ CH_3COONa，④ Na_2CO_3，⑤ KCl になる。

塩酸 HCl を加えると，「弱酸の遊離」が起こるのは弱酸の陰イオンを含む②，③，④になる。

②と③は $CH_3COO^- + HCl \longrightarrow \underset{\text{刺激臭}}{CH_3COOH} + Cl^-$

が起こり，④は $CO_3^{2-} + 2HCl \longrightarrow H_2O + \underset{\text{無臭}}{CO_2} + 2Cl^-$

が起こる。

一方，水酸化ナトリウム $NaOH$ 水溶液を加えると，「弱塩基の遊離」が起こるのは弱塩基の陽イオンを含む①と②になる。①と②は，

$NH_4^+ + NaOH \longrightarrow \underset{\text{刺激臭}}{NH_3} + H_2O + Na^+$ が起こる。

よって，②の酢酸アンモニウム CH_3COONH_4 は塩酸で刺激臭のある酢酸 CH_3COOH，水酸化ナトリウム水溶液で刺激臭のあるアンモニア NH_3 が生じるので，塩Aは②とわかる。

思 考力のトレーニング 3 やや難 

　質量パーセント濃度が5.35％の塩化アンモニウム NH_4Cl 水溶液100 g に，十分な量の水酸化ナトリウム NaOH を加えて加熱し，すべてのアンモニウムイオン NH_4^+ を気体のアンモニア NH_3 として回収できたとする。このとき，得られる NH_3 の質量は何 g か。その数値を小数第 1 位まで次の形式で表すとき，[1] と [2] にあてはまる数字を，次の①～⓪のうちから 1 つずつ選べ。同じものをくり返し選んでもよい。ただし，NH_4Cl の式量を53.5，NH_3 の分子量を17とする。

NH_3 の質量 [1].[2] g

① 1　② 2　③ 3　④ 4　⑤ 5
⑥ 6　⑦ 7　⑧ 8　⑨ 9　⓪ 0

解答・解説

[1]…①　[2]…⑦

　塩化アンモニウム NH_4Cl(式量53.5)に水酸化ナトリウム NaOH を加えて加熱すると，次の「弱塩基の遊離」が起こり，NH_3 が得られる。

$$1NH_4Cl + NaOH \longrightarrow 1NH_3 + H_2O + NaCl$$

（NaOH：十分な量，NH_4Cl → NH_3：×1倍）

より，得られる NH_3(分子量17)の質量〔g〕は，

$$100 \times \frac{5.35}{100} \times \frac{1}{53.5} \times 1 \times 17 = 1.7\text{〔g〕}$$

（100：水溶液〔g〕，$\times \frac{5.35}{100}$ → NH_4Cl〔g〕，$\times \frac{1}{53.5}$ → NH_4Cl〔mol〕，$\times 1$ → NH_3〔mol〕，$\times 17$ → NH_3〔g〕）

となる。

第２章　物質の変化

酸と塩基の反応(3)

この項目のテーマ

1 強酸・強塩基の pH
きわめてうすくなったときに注意しよう！

2 弱酸・弱塩基の pH
電離度 α を使って表してみよう！

3 滴定曲線
グラフの形を覚え，指示薬を選択できるように！

4 滴定に使用する器具
器具名と使い方をていねいにチェックしよう！

1 強酸・強塩基の pH について

せっかくだから，pH を調べたいな。

そうだね。強酸と強塩基のそれぞれの pH について考えてみよう。まず，**1 価の強酸である 10^{-n} mol/L の塩酸の pH を求めてみる**ね。

強酸は，ふつう水溶液中で完全に電離しているので，電離度 $\alpha \fallingdotseq 1$ の酸ということができたよね。また，電離度(α)は「溶けている酸に対する電離した酸の割合」と勉強したので，電離度(α)が 1 ということは，100% 電離しているともいえるんだ。じゃあ，10^{-n} mol/1 L の塩酸，つまり 1 L の水溶液(塩酸)中の塩化水素 HCl 10^{-n} mol は，どれだけ電離しているかな？

100% 電離しているから，1 L の水溶液中 10^{-n} mol の HCl すべてが電離しているね。

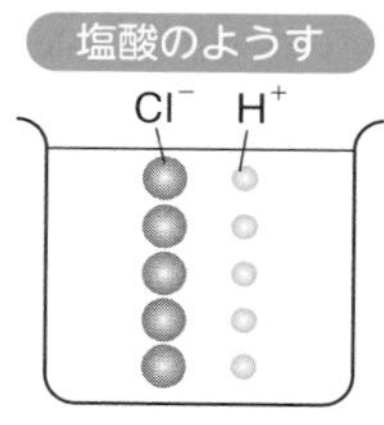

100%電離している

そうだね。1 L の水溶液中では，10^{-n} mol の HCl が100% 電離しているので，H^+ と Cl^- が 10^{-n} mol ずつ存在しているんだ。

	1 HCl	⟶	1 H^+	+	1 Cl^-
電離前	10^{-n}〔mol/L〕		0〔mol/L〕		0〔mol/L〕
電離後	0〔mol/L〕		10^{-n}〔mol/L〕		10^{-n}〔mol/L〕

よって，$[H^+]=10^{-n}$〔mol/L〕，pH = n となるんだ。

ここで気をつけてほしいことがあるんだ。

酸の水溶液をどんどんうすめていったときの pH についてなんだ。上の要領で計算していくと，10^{-6} mol/L の HCl の pH は 6（酸性），10^{-7} mol/L の HCl の pH は 7（中性），10^{-8} mol/L なら pH は 8（塩基性），……となり，酸をうすめていくと液性（えきせい）が酸性→中性→塩基性と変化していくことになるよね。

でも，実際は**酸の水溶液を水でうすめていっても中性や塩基性になることはなく，中性に近づいてはいくけれども酸の水溶液であるかぎり酸性に変わりはない**んだ。

じゃあ，強酸のときと同じように，1価の強塩基である 10^{-n} mol/L の水酸化ナトリウム NaOH 水溶液の pH を求めてみるね。

	1 NaOH	⟶	1 Na^+	+	1 OH^-
電離前	10^{-n}〔mol/L〕		0〔mol/L〕		0〔mol/L〕
電離後	0〔mol/L〕		10^{-n}〔mol/L〕		10^{-n}〔mol/L〕

$[OH^-]=10^{-n}$〔mol/L〕となるので，図（➡ p.167）や $[H^+]\times[OH^-]=10^{-14}$〔mol/L〕^{2} を使い，pH を求めることができるんだ。

ポイント 酸・塩基をうすめたときの pH について

● 10^{-n}〔mol/L〕 HCl の $[H^+]$ $=10^{-n}$〔mol/L〕

＊酸の水溶液を水でうすめていっても，中性には近づくけれど酸性であることに注意

● 10^{-n}〔mol/L〕 NaOH の $[OH^-]$ $=10^{-n}$〔mol/L〕

＊塩基の水溶液を水でうすめていっても，中性には近づくけれど塩基性であることに注意

チェック問題 1 標準 2分

次の(1)～(4)の各水溶液の pH の値を，それぞれの解答群①～⑤のうちから 1 つずつ選べ。必要があれば図(➡ p.167)を参照せよ。

(1) 0.01 mol/L の塩酸

① 1　② 2　③ 3　④ 4　⑤ 5

(2) 10^{-5} mol/L の塩酸をさらに純水で1000倍にうすめた水溶液

① 2　② 2と5の間　③ 5と7の間　④ 7と8の間　⑤ 8

(3) 0.001 mol/L の水酸化ナトリウム水溶液

① 8　② 9　③ 10　④ 11　⑤ 12

(4) 0.02 mol/L の水酸化ナトリウム水溶液 50 mL を純水で希釈して 100 mL とした水溶液

① 6　② 7　③ 8　④ 10　⑤ 12

解答・解説

(1) ②　(2) ③　(3) ④　(4) ⑤

(1) $0.01=\dfrac{1}{100}=\dfrac{1}{10^2}=10^{-2}$〔mol/L〕の HCl 水溶液は $[H^+]$ $=10^{-2}$〔mol/L〕なので，その pH の値は pH ＝ 2 となる。

(2) 10^{-5}〔mol/L〕の HCl 水溶液を$1000=10\times10\times10=10^3$ 倍にうすめると，$10^{-5}\times\dfrac{1}{10^3}=10^{-5}\times10^{-3}=10^{-8}$〔mol/L〕の HCl 水溶液となる。

→10^3 倍にうすめるので，うっかり $10^{-5}\times10^3$ としないようにする。

ここで，pH ＝ 8 (塩基性)を選ばないように注意しよう。酸の水溶液を水でうすめていくと pH ＝ 7 (中性)に近づくが，pH ＝ 7 をこえることはない。つまり，強酸を純水で希釈しても，pH が 7 より大きくなることはない。よって，中性に近い酸性 pH が 5 と 7 の間を選ぶ。

(3) $0.001=\frac{1}{1000}=\frac{1}{10^3}=10^{-3}$〔mol/L〕の NaOH 水溶液は $[OH^-]=10^{-3}$〔mol/L〕となり，$[H^+]\times[OH^-]=10^{-14}$ から $[H^+]=\frac{10^{-14}}{[OH^-]}=\frac{10^{-14}}{10^{-3}}=10^{-11}$〔mol/L〕と求められる。よって，pH ＝11となる。

(4) 0.02 mol/L の NaOH 水溶液 50 mL を 100 mL としたとあるので，濃度

2 倍にうすめた

は 2 分の 1 の $0.02\times\frac{1}{2}=0.01=10^{-2}$〔mol/L〕になる。

よって，$[OH^-]=10^{-2}$〔mol/L〕となり，$[H^+]\times[OH^-]=10^{-14}$ から $[H^+]=10^{-12}$〔mol/L〕と求められる。よって，pH＝12 となる。

2 弱酸・弱塩基の pH について

C〔mol/L〕の酢酸 CH_3COOH 水溶液(電離度 α)の pH を求めてみよう。
C〔mol/L〕の酢酸 CH_3COOH 水溶液は，どれだけ電離しているかな？

電離した酢酸 CH_3COOH は，電離度が α だから $C\alpha$〔mol/L〕だね。

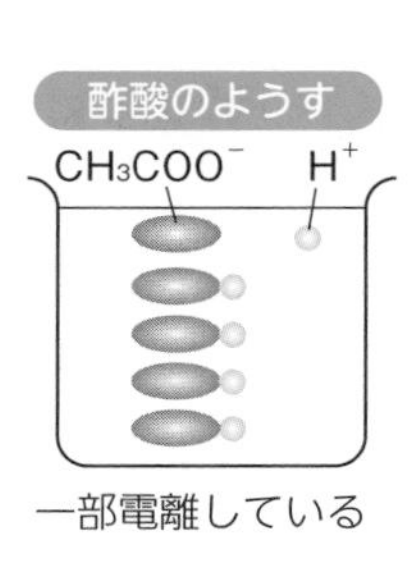

そうだね。そして，電離せずに残っている酢酸は，電離した酢酸を引くことで $C-C\alpha$〔mol/L〕になるんだ。反応式の係数から，酢酸 CH_3COOH 1 mol が電離すると，酢酸イオン CH_3COO^- と水素イオン H^+ が 1 mol ずつ生成するので，その量的な関係は次のようになる。

	1 CH_3COOH	⇄	1 CH_3COO^-	＋	1 H^+
電離前	C〔mol/L〕		0〔mol/L〕		0〔mol/L〕
電離後	$C-C\alpha$〔mol/L〕		$C\alpha$〔mol/L〕		$C\alpha$〔mol/L〕

電離した $C\alpha$〔mol/L〕を引く
$C\alpha$〔mol/L〕の CH_3COOH が電離したので $C\alpha$〔mol/L〕ずつ生成する

よって，$[H^+]=C\alpha$〔mol/L〕となり，pH を求めることができるんだ。

同じように，C〔mol/L〕のアンモニア NH_3 水（電離度 α）の pH は，

	$1\,NH_3$	$+\ H_2O \rightleftarrows$	$1\,NH_4^+$	$+$	$1\,OH^-$
電離前	C〔mol/L〕		0〔mol/L〕		0〔mol/L〕
電離後	$C-C\alpha$〔mol/L〕		$C\alpha$〔mol/L〕		$C\alpha$〔mol/L〕

$[OH^-]$ ＝ $C\alpha$〔mol/L〕となり，pH は図（➡ p.167）や $[H^+]\times[OH^-]=10^{-14}$〔mol/L〕^{2} を使って求めることができるんだ。

ポイント 弱酸・弱塩基の pH について

- 電離度 α のとき
  - **C〔mol/L〕の酢酸 CH_3COOH 水溶液の $[H^+]$ ＝ $C\alpha$〔mol/L〕**
  - **C〔mol/L〕のアンモニア NH_3 水の $[OH^-]$ ＝ $C\alpha$〔mol/L〕**

チェック問題 2　標準　2分

次の(1)，(2)の各水溶液の pH の値を，それぞれの解答群①～⑤のうちから１つずつ選べ。必要があれば図（➡ p.167）を参照せよ。

(1)　0.1 mol/L の酢酸水溶液（電離度0.01）

①　1　　②　2　　③　3　　④　4　　⑤　5

(2)　0.05 mol/L のアンモニア水（電離度0.02）

①　8　　②　9　　③　10　　④　11　　⑤　12

解答・解説

(1)　③　　(2)　④

(1)　$C=0.1=\frac{1}{10}=10^{-1}$〔mol/L〕の CH_3COOH 水溶液（$\alpha=0.01$）は，

$[H^+]=C\alpha=10^{-1}\times0.01=10^{-1}\times\frac{1}{100}=10^{-1}\times10^{-2}=10^{-3}$〔mol/L〕

となり，その pH の値は pH ＝ 3 となる。

(2) C ＝0.05〔mol/L〕の NH_3 水(α ＝0.02)は，

$$[OH^-] = C\alpha = 0.05 \times 0.02 = 0.001 = \frac{1}{1000} = \frac{1}{10^3} = 10^{-3}\ \text{〔mol/L〕}$$

となり，$[H^+] \times [OH^-] = 10^{-14}$ から $[H^+] = 10^{-11}$〔mol/L〕と求められる。

よって，pH ＝11となる。

チェック問題 3 やや難 

0.10 mol/L の酢酸水溶液 1.0L には，電離してできた酢酸イオンが何個あるか。最も適当な数値を，次の①～⑥のうちから 1 つ選べ。ただし，この水溶液中の酢酸の電離度は 1.6×10^{-2}, アボガドロ定数は 6.0×10^{23}/mol とする。

① 4.8×10^{20}　② 9.6×10^{20}　③ 1.9×10^{21}

④ 4.8×10^{21}　⑤ 9.6×10^{21}　⑥ 5.9×10^{22}

解答・解説

②

C ＝0.10 mol/L の CH_3COOH 水溶液(α ＝1.6×10^{-2})から電離してできた酢酸イオン CH_3COO^- のモル濃度は，

$$[CH_3COO^-] = C\alpha = 0.10 \times 1.6 \times 10^{-2} = 1.6 \times 10^{-3}\ \text{〔mol/}_1\text{L〕}$$

となり，この水溶液は 1.0 L であることとアボガドロ定数 6.0×10^{23} 個 /$_1$mol から電離してできた CH_3COO^- は，

$$1.6 \times 10^{-3} \times 1.0 \times 6.0 \times 10^{23} = 9.6 \times 10^{20}\text{個}$$

CH_3COO^-〔mol/L〕　CH_3COO^-〔mol〕　CH_3COO^-〔個〕

思 考力のトレーニング 1　やや難 

次に示す水溶液ア～ウをpHの小さい順に並べたものはどれか。最も適当なものを，次の①～⑥のうちから1つ選べ。

ア　0.01 mol/L 塩酸
イ　0.01 mol/L 塩酸を水で10倍に希釈したもの
ウ　0.1 mol/L 酢酸水溶液(電離度0.02)

①　ア<イ<ウ　　②　ア<ウ<イ　　③　イ<ア<ウ
④　イ<ウ<ア　　⑤　ウ<ア<イ　　⑥　ウ<イ<ア

解答・解説

②

ア　$0.01=10^{-2}$〔mol/L〕の HCl 水溶液は，$[H^+]=10^{-2}$〔mol/L〕（強酸の$[H^+]$）になる。

イ　$0.01=10^{-2}$〔mol/L〕の HCl 水溶液を10倍に希釈する(うすめる)と，$10^{-2}\times\frac{1}{10}=10^{-3}$〔mol/L〕の HCl 水溶液となり，$[H^+]=10^{-3}$〔mol/L〕（強酸の$[H^+]$）になる。

ウ　$C=0.1=10^{-1}$〔mol/L〕の CH_3COOH 水溶液($\alpha=0.02$)は，$[H^+]=C\alpha$ $=10^{-1}\times0.02=10^{-1}\times2\times10^{-2}=2\times10^{-3}$〔mol/L〕（弱酸の$[H^+]$）になる。

よって，$[H^+]$の大小関係は，ア　$[H^+]=10^{-2}=10\times10^{-3}$〔mol/L〕>ウ　$[H^+]=2\times10^{-3}$〔mol/L〕>イ　$[H^+]=10^{-3}$〔mol/L〕になる。$[H^+]$が大きくなるとpHは小さくなる点に注意すると，pHの大小関係はア<ウ<イ($[H^+]$の大小関係と逆)になる。

思考力のトレーニング 2　やや難 

　ともに質量パーセント濃度が0.10％で体積が1.0 Lの硝酸 HNO_3(分子量63)の水溶液Aと酢酸 CH_3COOH(分子量60)の水溶液Bがある。これらの水溶液中の HNO_3 の電離度を1.0，CH_3COOH の電離度を0.032とし，溶液の密度をいずれも1.0 g/cm^3 とする。水溶液Aと水溶液Bに関する次の問い(a・b)に答えよ。

a　電離している酸の物質量の大小関係を，次の①～③のうちから1つ選べ。

①　A＞B　　②　A＝B　　③　A＜B

b　過不足なく中和するために必要な0.10 mol/Lの水酸化ナトリウム NaOH 水溶液の体積の大小関係を，次の①～③のうちから1つ選べ。

①　A＞B　　②　A＝B　　③　A＜B

解答・解説

a　①　　b　③

a　0.10％で体積1.0 L(密度1.0 g/$_1$cm^3＝1.0 g/$_1$mL)の HNO_3 水溶液Aに含まれている HNO_3(63 g/$_1$mol)の物質量は，

1がかくれている

$$1.0 \times 10^3 \times 1.0 \times \frac{0.10}{100} \times \frac{1}{63} = \frac{1}{63}\ \text{[mol]}$$

(水溶液A〔L〕→水溶液A〔mL〕→水溶液A〔g〕→HNO_3〔g〕→HNO_3〔mol〕)

であり，電離度 $\alpha=1.0$ なので電離している HNO_3 の物質量は $\frac{1}{63}$ mol になる。

	HNO_3	$\longrightarrow$	H^+	＋	NO_3^-
電離前	$\frac{1}{63}$ mol				
変化量	$-\frac{1}{63}$ mol		$+\frac{1}{63}$ mol		$+\frac{1}{63}$ mol
電離後	0		$\frac{1}{63}$ mol		$\frac{1}{63}$ mol

$\alpha=1.0$ の強酸なので，電離後の HNO_3 は0 mol になる。

　0.10％で体積1.0 L(密度1.0 g/$_1$cm^3＝1.0 g/$_1$mL)の CH_3COOH 水溶液Bに含まれている CH_3COOH(60 g/$_1$mol)の物質量は，

$$1.0 \times 10^3 \times 1.0 \times \frac{0.10}{100} \times \frac{1}{60} = \frac{1}{60}\ \text{〔mol〕}$$

水溶液B〔L〕　水溶液B〔mL〕　水溶液B〔g〕　CH_3COOH〔g〕　CH_3COOH〔mol〕

であり，電離度 $\alpha = 0.032$ なので，電離している CH_3COOH の物質量は，$\frac{1}{60} \times \alpha = \frac{1}{60} \times 0.032$〔mol〕になる。

	CH_3COOH ⇄	CH_3COO^- +	H^+ （電離度 α）
電離前	$\frac{1}{60}$ mol		
変化量	$-\frac{1}{60}\alpha$ mol	$+\frac{1}{60}\alpha$ mol	$+\frac{1}{60}\alpha$ mol
電離後	$\frac{1}{60}(1-\alpha)$ mol	$\frac{1}{60}\alpha$ mol	$\frac{1}{60}\alpha$ mol

電離後の CH_3COOH は，$\frac{1}{60} - \frac{1}{60}\alpha = \frac{1}{60}(1-\alpha)$ mol となる。

よって，電離している酸の物質量の大小関係は，

$$\underset{A}{\frac{1}{63}\ \text{mol}} > \frac{1}{60} \times 0.032 = \underset{B}{\frac{0.032}{60}} = \frac{1}{1875}\ \text{mol}$$

⇐ 分子の数値を同じ1にそろえて大小関係を考えるとよい。（→ p.137『計算のコツ②(2)』参照）

となる。

別解 質量パーセント濃度・体積・密度が同じ値で分子量がほぼ同じなので，強酸である HNO_3($\alpha = 1.0$) のほうが弱酸である CH_3COOH ($\alpha = 0.032$) より多く電離している。よって，A＞B とわかる。（**別解**のほうが速く解ける。）

b 「酸や塩基の強弱は，中和する酸や塩基の量的な関係には影響しない」つまり，中和計算に電離度は無関係で価数だけを利用する点に注意しよう。水溶液A・水溶液Bを過不足なく中和するために必要な0.10 mol/L NaOH 水溶液の体積をそれぞれ V_A mL・V_B mL とおくと次の式が成り立つ。

$$\frac{1}{63} \times ① = 0.10 \times \frac{V_A}{1000} \times ① \qquad V_A = \frac{10000}{63}\ \text{〔mL〕}$$

HNO_3〔mol〕（①価）　H^+〔mol〕　NaOH〔mol〕（①価）　OH^-〔mol〕

$$\frac{1}{60} \times ① = 0.10 \times \frac{V_B}{1000} \times ① \qquad V_B = \frac{10000}{60}\ \text{〔mL〕}$$

CH_3COOH〔mol〕（①価）　H^+〔mol〕　NaOH〔mol〕（①価）　OH^-〔mol〕

よって，$V_A < V_B$　つまり　A＜B の関係になる。
（p.137『計算のコツ②(2)』参照）

別解　質量パーセント濃度・体積・密度が同じ値で分子量が HNO_3＝63，CH_3COOH＝60なので，物質量〔mol〕は HNO_3〔mol〕＜CH_3COOH〔mol〕となる。これらを同じ濃度の NaOH 水溶液で過不足なく中和するので必要な体積は A＜B となる。（別解 のほうが速く解ける。）

3 滴定曲線について

酸(または塩基)に塩基(または酸)を加えていくと，水素イオンのモル濃度が変化するので，pH の値も変化する。この「酸と塩基の**混合水溶液の pH**」と「**加えた塩基(または酸)の体積**」**の関係を表した曲線を滴定曲線という**んだ。

下の滴定曲線を見ると，中和反応が終わる点(＝**中和点**)の直前・直後で pH が大きく変化している部分(＝ **pH ジャンプ**という)があることに気づくよね。

0.1 mol/L の塩酸10 mL を0.1 mol/L の水酸化ナトリウム水溶液で滴定したときの滴定曲線は下のようになるんだ。

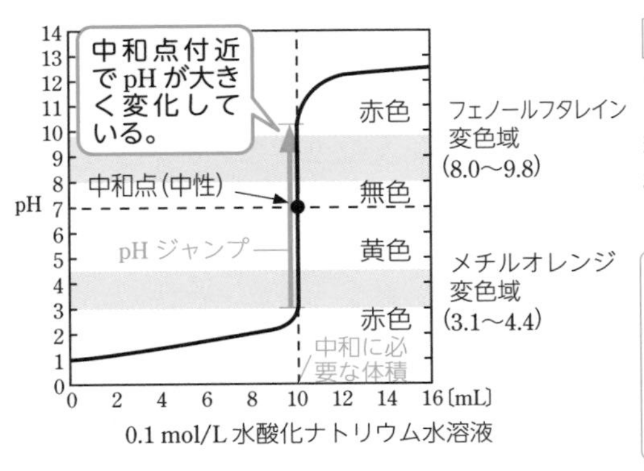

pH ジャンプ

中和点直前・直後のわずかな水酸化ナトリウム水溶液の体積変化（0.02 mL程度の変化）で pH が大きく変化（約3→10）している部分のこと。

⬇ pH ジャンプに注目すると

メチルオレンジが赤色から黄色に変色するときの体積とフェノールフタレインが無色から赤色に変色するときの体積は，ともに中和点の 10 mL とほとんどズレていないことがわかる。

滴定曲線は次の❶～❹のパターンをおさえよう。

メチルオレンジやフェノールフタレインが変色する体積を次ページの滴定曲線から読みとり，中和点の10 mL とズレが生じているかチェックしてみてね。

❶ 0.1 mol/L HClaq 10 mL を 0.1 mol/L NaOHaq で滴定する場合

HCl 水溶液を表す　（メチルオレンジ・フェノールフタレインともに使える）

❷ 0.1 mol/L CH_3COOHaq 10 mL を 0.1 mol/L NaOHaq で滴定する場合

（フェノールフタレインが使える）

❸ 0.1 mol/L NaOHaq 10 mL を 0.1 mol/L HClaq で滴定する場合

（メチルオレンジ・フェノールフタレインともに使える）

❹ 0.1 mol/L NH_3aq 10 mL を 0.1 mol/L HClaq で滴定する場合

（メチルオレンジが使える）

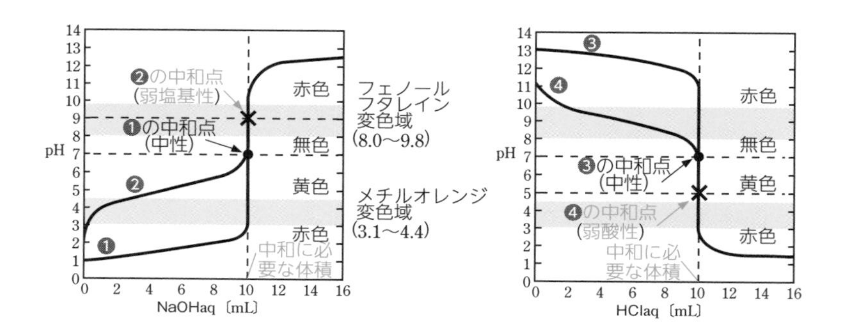

そうなんだ。中和点で生じている塩の水溶液が何性を示すか（➡ p.176参照）で，中和点の液性が決まる。❶や❸の中和点では NaCl **が生じているので中性**になるけど，❷の中和点では CH_3COONa **が生じているので弱塩基性**，❹の中和点では NH_4Cl **が生じているので弱酸性**になるんだ。

pH ジャンプの範囲内で色の変わる試薬を入れておいたら，何がわかるかな？

中和点を色の変化で知ることができるね。

そうだね。そして，中和点を知るのに使う試薬を**指示薬**といい，指示薬は変色する pH の範囲（＝**変色域**という）をもっている。指示薬は滴定の種類によって使い分けなければいけないんだ。

指示薬	0	1	2	3	4	5	6	7	8	9	10	11	12	13	14 (pH)
メチルオレンジ			赤色			黄色									
フェノールフタレイン								無色			赤色				

（網かけ部分：変色域）

どう使い分ければいいの？

中和点直前・直後のごくわずかな塩基（または酸）の体積〔mL〕変化で急に pH が変化するために，pH ジャンプが起こる。だから，**pH ジャンプが指示薬の変色域を通過していれば，中和点を知ることができる**よね。

つまり，**❶，❸の滴定ならメチルオレンジとフェノールフタレインが，❷の滴定ならフェノールフタレインが，❹の滴定ならメチルオレンジが使える**んだ。

ポイント 滴定曲線について

- 「酸・塩基の組み合わせ」と「**滴定曲線**のおおよその形」を覚える
- 「**指示薬**の選択」と「色の変化」を覚える
  - **強酸＋強塩基（中和点：中性） ➡ メチルオレンジとフェノールフタレイン**
  - **弱酸＋強塩基（中和点：塩基性） ➡ フェノールフタレイン**
  - **強酸＋弱塩基（中和点：酸性） ➡ メチルオレンジ**

  ＊強酸のときはメチルオレンジ OK，強塩基のときはフェノールフタレイン OK と覚えよう

チェック問題 4

標準 2分

1価の塩基Aの0.10 mol/L水溶液10 mLに，酸Bの0.20 mol/L水溶液を滴下し，pHメーター(pH計)を用いてpHの変化を測定した。Bの水溶液の滴下量と，測定されたpHの関係を図に示す。この実験に関する記述として誤りを含むものを，次の①～④のうちから1つ選べ。

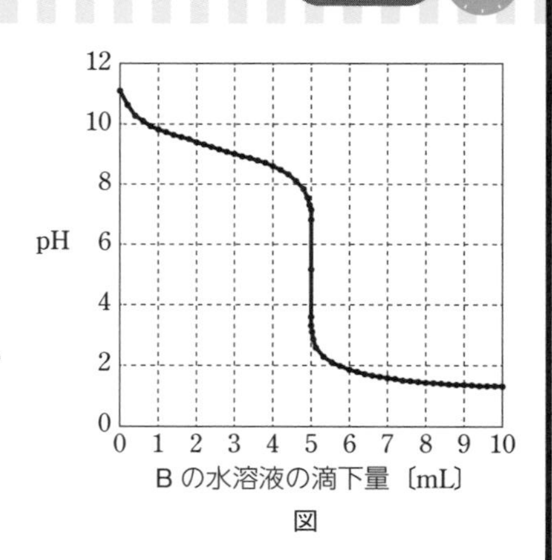

図

① Aは弱塩基である。
② Bは強酸である。
③ 中和点までに加えられたBの物質量は，1.0×10^{-3} molである。
④ Bは2価の酸である。

解答・解説

④

0.10→0.1，0.20→0.2に直して解こう(➡ p.137参照)。

滴定曲線のおおよその形から，図は弱塩基Aを強酸Bで滴定していることがわかる。

よって，①と②の記述は正しい。

③ 中和点までに加えられた0.2 mol/Lの強酸Bは，

図から，pHが大きく変化している部分は5 mLと読みとれる。

$$\underset{〔mol/L〕}{0.2} \times \frac{5}{1000} = 1.0\times10^{-3}\ \text{mol}$$

〔mol/L〕　強酸B〔mol〕

なので，正しい。

④ 0.2 mol/Lの酸Bをn価とすると，次の式が成り立つ。

$$0.1 \times \frac{10}{1000} \times 1 = 0.2 \times \frac{5}{1000} \times n$$

〔mol/L〕　塩基A〔mol〕(1価)　OH^-〔mol〕　＝　〔mol/L〕　酸B〔mol〕(n価)　H^+〔mol〕

よって，$n=1$となり，Bは1価の酸とわかる。〈誤り〉

4 滴定に使用する器具について

正確に濃度がわかっている酸(または塩基)を使って，濃度のわからない塩基(または酸)の濃度を求める操作を**中和滴定**といい，中和滴定の実験は下のように行う。

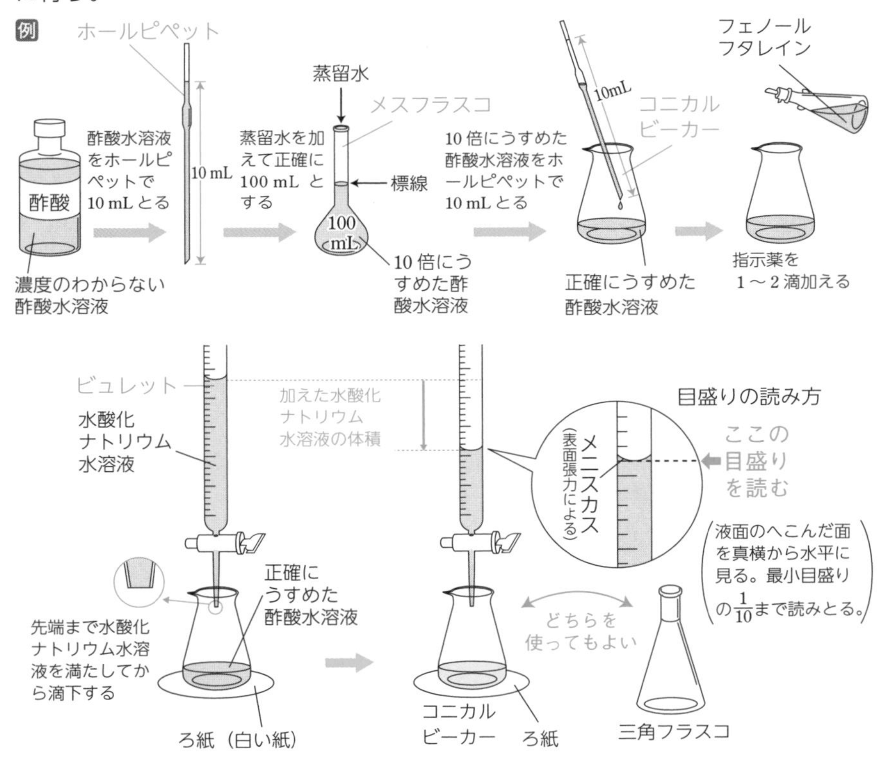

中和滴定に使うガラス器具は，以前の滴定で使い終わったあとに蒸留水(純水)で洗い**自然乾燥**させたものを，そのまま使えばいいんだ。**乾燥させるとき，ホールピペット，メスフラスコ，ビュレットは正確な目盛りがきざんであるので，加熱すると器具が変形し目盛りが変化してしまうから加熱乾燥してはいけない**ので気をつけてね。

滴定のたびに，自然乾燥するのを待つのはたいへんだよ。

そうだね。滴定に使い終わったあとの器具は，すぐに再使用したいことがよくあるんだ。このときには，使用する器具によって扱い方が少し違うよ。

(1)　ホールピペット，ビュレット

水道水で洗ったあと，蒸留水で洗い，**それぞれの器具に入れようとする溶液で 2 ～ 3 回洗って**（＝**とも洗い**という）**から使用する**。蒸留水で洗い，ぬれたまま使用すると，濃度がうすくなってしまい実験誤差を生じてしまうんだ。

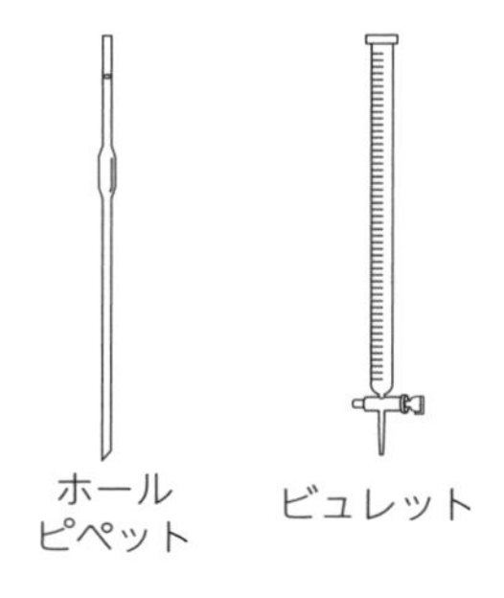

(2)　メスフラスコ，
コニカルビーカーまたは三角フラスコ

これらの器具は，水道水で洗ったあと，**蒸留水で洗い，ぬれたまま使用することができる**。

メスフラスコは蒸留水を加えてうすめるから，コニカルビーカーまたは三角フラスコはホールピペットで一定体積とった時点で滴定しようとする物質の物質量〔mol〕が決まるから，蒸留水でぬれていても問題ないんだ。

「ホールピペット，ビュレットは，これから使用する溶液でとも洗い」って覚えることにしたよ。

ポイント　滴定に使用する器具について

- ホールピペット，ビュレット ▶ 使用する溶液でとも洗いして使用する
  ＊トとついている器具はとも洗いすると覚えよう！
- メスフラスコ，コニカルビーカー（三角フラスコ）
  ▶ 蒸留水（純水）で洗い，ぬれたまま使用する

チェック問題 5　標準　6分

次の文章を読み，下の問い(a・b)に答えよ。

酢酸水溶液Aの濃度を中和滴定によって決めるために，あらかじめ純水で洗浄した器具を用いて，次の操作1～3からなる実験を行った。

操作1　ホールピペットでAを10.0 mLとり，これを100 mLのメスフラスコに移し，純水を加えて100 mLとした。これを水溶液Bとする。

操作2　別のホールピペットでBを10.0 mLとり，これをコニカルビーカーに移し，指示薬を加えた。これを水溶液Cとする。

操作3　0.110 mol/L水酸化ナトリウム水溶液Dをビュレットに入れて，Cを滴定した。

a　操作1～3における実験器具の使い方として誤りを含むものを，次の①～⑤のうちから1つ選べ。

① 操作1において，ホールピペットの内部に水滴が残っていたので，内部をAで洗ってから用いた。
② 操作1において，メスフラスコの内部に水滴が残っていたが，そのまま用いた。
③ 操作2において，コニカルビーカーの内部に水滴が残っていたので，内部をBで洗ってから用いた。
④ 操作3において，ビュレットの内部に水滴が残っていたので，内部をDで洗ってから用いた。
⑤ 操作3において，コック(活栓)を開いてビュレットの先端部分までDを満たしてから滴定を始めた。

b　操作がすべて適切に行われた結果，操作3において中和点までに要したDの体積は7.50 mLであった。

酢酸水溶液Aの濃度は何mol/Lか。最も適当な数値を，次の①～⑥のうちから1つ選べ。

① 0.0825　② 0.147　③ 0.165
④ 0.825　⑤ 1.47　⑥ 1.65

解答・解説

a ③　b ④

a ●ホールピペット，ビュレット ➡ 使用する溶液でとも洗いして使用する。
●メスフラスコ，三角フラスコ，コニカルビーカー ➡ 純水(蒸留水)で洗い，ぬれたまま使用する。

「トとついているものは，使用液でとも洗い」となる。

① ホールピペットは内部に水滴(純水)が残っていたら，内部を使用する溶液Aでとも洗いしてから用いる。〈正しい〉

② メスフラスコは内部に水滴(純水)が残っていたら，純水でぬれたまま(そのまま)用いる。〈正しい〉

③ コニカルビーカーは内部に水滴(純水)が残っていたら，純水でぬれたまま(そのまま)用いる。使用する溶液であるBで洗ってはいけない。〈誤り〉

④ ビュレットの内部に水滴(純水)が残っていたら，使用する溶液Dでとも洗いしてから用いる。〈正しい〉

⑤ ビュレットは，先端部分まで溶液Dを満たしてから滴定を始める。〈正しい〉

b 10.0→10，0.110→0.11，7.50→7.5に直してから解こう(➡ p.137)。

求める酢酸水溶液Aの濃度を x〔mol/L〕とし，操作1～3を図示すると次のようになる。

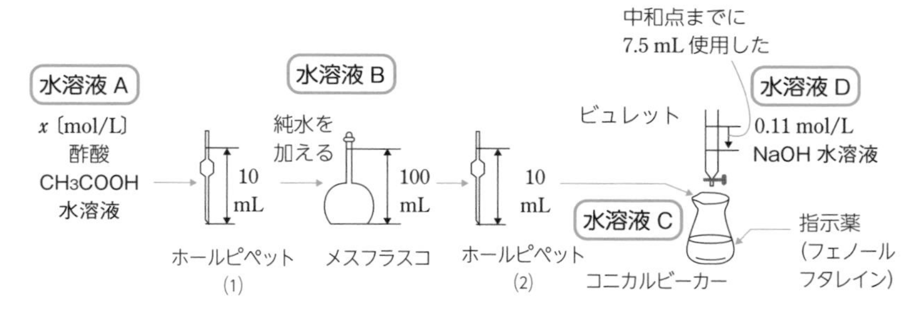

$\dfrac{x\ \text{mol}}{1\ \cancel{\text{L}}} \times \dfrac{10}{1000}\ \cancel{\text{L}}$〔mol〕の CH_3COOH は，ホールピペット(1)の中に含まれている CH_3COOH の物質量であるのはもちろん，メスフラスコ中に含まれている CH_3COOH の物質量でもある点と，100 mLのメスフラスコからホールピペット(2)で10 mLだけをとったので，滴定された CH_3COOH は，

$x \times \dfrac{10}{1000}$〔mol〕の $\dfrac{10}{100}$，つまり10分の1である点に注意しよう。

よって，中和点では，

「酸が放出した H^+〔mol〕＝塩基が放出した OH^-〔mol〕」

となるので，次の式が成り立つ。

$$\frac{x\ \mathrm{mol}}{1\ \mathrm{L}} \times \frac{10}{1000}\ \mathrm{L} \times \frac{10}{100} \times 1 = \frac{0.11\ \mathrm{mol}}{1\ \mathrm{L}} \times \frac{7.5}{1000}\ \mathrm{L} \times 1$$

メスフラスコ中の CH_3COOH〔mol〕
10分の1だけ使用
滴定に使用した CH_3COOH〔mol〕（1価）
CH_3COOH は1価の酸
H^+〔mol〕
NaOH〔mol〕（1価）
NaOH は1価の塩基
OH^-〔mol〕

$x = 0.825$〔mol/L〕

● 滴定曲線に関して思考力を問う問題が出題されたら注目するポイントは次の２つ！

ポイント１　指示薬の変色域を pH ジャンプが通過していれば，その指示薬を使うことができる。

ポイント２　滴定のスタート(0 mL)とゴール(最大 mL)に注目する。

例1　0.1 mol/L HCl aq 10 mL に0.1 mol/L NaOH aq を滴下したとき

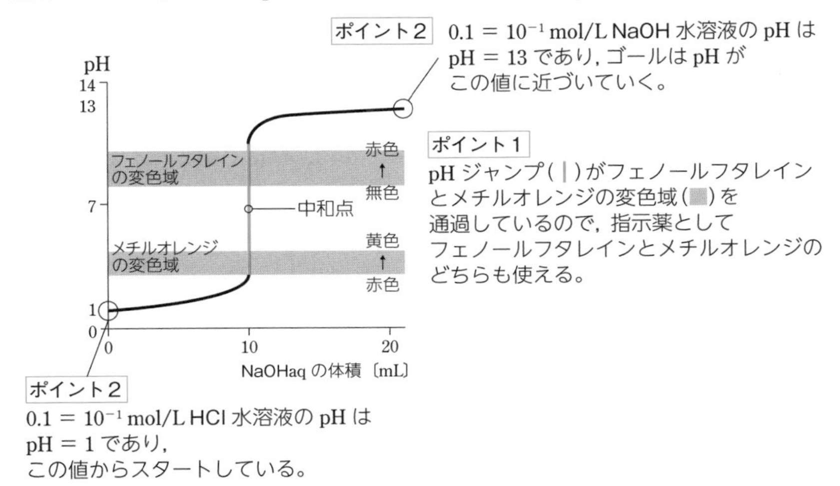

例2　0.1 mol/L CH_3COOH aq 10 mL に0.1 mol/L NaOH aq を滴下したとき

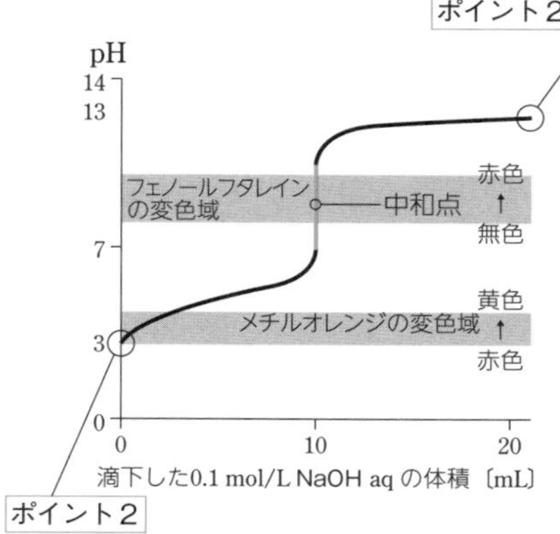

ポイント２　$0.1 = 10^{-1}$ mol/L NaOH 水溶液の pH は pH = 13 であり，ゴールは pH がこの値に近づいていく。

ポイント１　pH ジャンプ(|)がフェノールフタレインの変色域(▒)だけを通過しているので，指示薬としてフェノールフタレインだけ使える(メチルオレンジは使えない)。

ポイント２　0.1 mol/L CH_3COOH 水溶液の pH は pH = 3 (p.194)であり，この値からスタートしている。

思考力のトレーニング 3　やや難　3分

水溶液 A 150 mL をビーカーに入れ，水溶液 B をビュレットから滴下しながら pH の変化を記録したところ，図の曲線が得られた。水溶液 A および B として最も適当なものを，次の①～⑨のうちから１つずつ選べ。

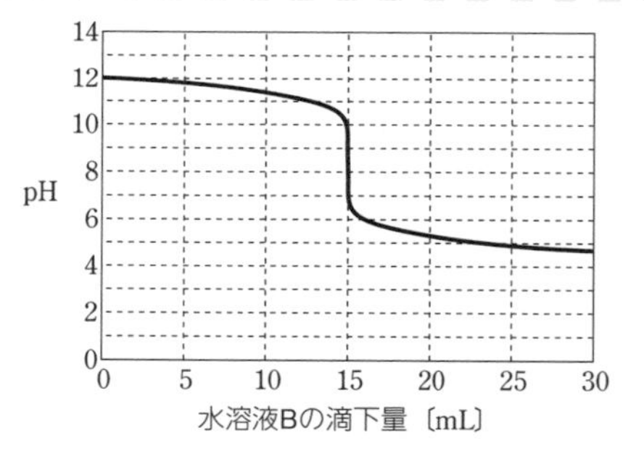

① 0.10 mol/L 塩酸　② 0.010 mol/L 塩酸
③ 0.0010 mol/L 塩酸　④ 0.10 mol/L 酢酸水溶液
⑤ 0.010 mol/L 酢酸水溶液　⑥ 0.0010 mol/L 酢酸水溶液
⑦ 0.10 mol/L 水酸化ナトリウム水溶液
⑧ 0.010 mol/L 水酸化ナトリウム水溶液
⑨ 0.0010 mol/L 水酸化ナトリウム水溶液

解答・解説

A ⑧　　B ④

スタートが $pH = 12$ の強塩基性なので，水溶液Aは⑧の $0.010 = 10^{-2}$ mol/L NaOH 水溶液とわかる。

考え方

10^{-2} mol/L NaOH 水溶液は $[OH^-] = 10^{-2}$ mol/L となり，$[H^+] \times [OH^-] = 10^{-14}$ より $[H^+] = 10^{-12}$ mol/L と求められ，$pH = 12$ になる。

つまり，この滴定は0.010 mol/L NaOH 水溶液（水溶液 A）150 mL を酸の水溶液（水溶液 B）で滴定している。

次に，図から pH が大きく変化している部分が15 mL なので，酸の水溶液を x〔mol/L〕とおくと，次の式が成り立つ。

$$0.010 \times \frac{150}{1000} \times ① = x \times \frac{15}{1000} \times ①$$

- 0.010：NaOH 水溶液〔mol/L〕（水溶液 A）
- $0.010 \times \frac{150}{1000}$：NaOH〔mol〕（①価）
- $\times ①$：OH^-〔mol〕
- x：酸の水溶液〔mol/L〕（水溶液 B）
- $x \times \frac{15}{1000}$：酸〔mol〕（①価）注
- $\times ①$：H^+〔mol〕

注　①～⑥の酸はどれも 1 価！（選択肢を見ることも忘れないようにしよう！）

よって，$x = 0.10$ mol/L になる。

また，ゴールは $pH \fallingdotseq 4.8$（弱酸性）に近づいているので，水溶液 B は $x = 0.10$ mol/L の 1 価の弱酸となる。つまり，④の0.10 mol/L 酢酸水溶液となる。

酸化と還元

この項目のテーマ

1 酸化・還元の定義
さまざまな定義を確認しよう！

2 酸 化 数
規則を覚えてあてはめる練習をしよう！

3 酸化還元反応式
くり返し練習しよう！

4 酸化還元滴定
酸・塩基のときと同じ要領で計算しよう！

1 酸化・還元の定義について

酸化と還元について，知っていることを教えてよ。

物質が酸素原子と結びつくときに酸化される，酸化物が酸素原子を失うときに還元されるって勉強したよ。

$2Cu + O_2 \longrightarrow 2CuO$　（Cu が酸化された）

$CuO + H_2 \longrightarrow Cu + H_2O$　（CuO が還元された）

水素原子に注目した酸化還元の定義もあったよ。この定義は，**物質が水素原子を失うとき酸化される，物質が水素原子と結びつくとき還元される**だったね。

$2H_2S + SO_2 \longrightarrow 3S + 2H_2O$　（H_2S が酸化された）

$Cl_2 + H_2 \longrightarrow 2HCl$　（Cl_2 が還元された）

熱した銅線 Cu を気体の塩素 Cl_2 にさらすと，激しく反応して塩化銅（Ⅱ）$CuCl_2$ が生じる。

$Cu + Cl_2 \longrightarrow CuCl_2$

この反応で生成した $CuCl_2$ は，陽イオン Cu^{2+} と陰イオン Cl^- が静電気力（クーロン力）で結びついてできているイオン結合性の物質だよね。

つまり，「Cu は Cu^{2+} に」「Cl_2 は Cl^- に」変化しているので，次の反応のような電子 e^- の受けわたしが起こって，酸化還元反応が進んでいるんだ。

$Cu \longrightarrow Cu^{2+} + 2e^-$　　$Cl_2 + 2e^- \longrightarrow 2Cl^-$

えっ，酸素原子や水素原子も関係していないのに酸化還元反応なの？

そうなんだ。このような酸素原子や水素原子も関係しない酸化還元反応もあって，**物質が電子を失うことを酸化される，物質が電子を受けとることを還元されると定義する**んだ。

つまり，**銅 Cu は酸化されて，塩素 Cl_2 は還元された**んだ。現在では，電子 e^-の移動で酸化還元反応をとらえることが多いんだ。

第2章 物質の変化

ポイント　酸化還元の定義について

	酸　素	水　素	電　子
酸化される	O と結びつく	H を失う	e^- を失う
還元される	O を失う	H と結びつく	e^- を受けとる

チェック問題 1　易　2分

次の記述の下線をつけた物質が還元されるものを，次の①～⑤のうちから，1つ選べ。

① 酸化銅(Ⅱ)を炭素と高温で反応させる。
② 亜鉛を塩酸に溶かす。
③ 鉄を空気中で燃焼させる。
④ 硫化水素を二酸化硫黄と反応させる。
⑤ 酸化カルシウムを水と反応させる。

解答・解説

①

① $2CuO + C \longrightarrow 2Cu + CO_2$ （CuO が還元された）
└→ CuO は O を失っている

2 酸化数について

定義はわかったけれど，もっと簡単に酸化還元反応であるかを知る方法はないの？

酸化還元反応であるかは，電子 e^- の受けわたしが起こっているかを調べればいいんだ。ただ，電子 e^- の受けわたしは見えにくいので簡単に判断しにくいよね。そこで，電子 e^- が移動していることを数字ではっきりと知ることができる**酸化数**を考えるんだ。

酸化数の変化を調べると，酸化還元反応であるかを簡単に判断することができる。酸化数は，次の①～⑥の「規則」にしたがって機械的に求めることができるんだ。

① **単体**中の原子の酸化数は 0 とする。

例 H_2 (H；0)，Cu (Cu；0)

② 化合物中の**水素原子の酸化数は** **+1**，**酸素原子の酸化数は** **−2**とする。

例 H_2O (H；+1，O；−2)

③ 化合物を構成する原子の酸化数の総和は 0 とする。

例 NH_3 (N；−3，H；+1　(−3)+(+1)×3=0)

④ 1つの原子からできている単原子イオンの酸化数は，イオンの電荷と同じになる。

例 Al^{3+} (Al；+3)，O^{2-} (O；−2)

⑤ 2つ以上の原子からできている多原子イオンの酸化数の総和はイオンの電荷と同じになる。

例 NH_4^+ (N；−3，H；+1　(−3)+(+1)×4=+1)

OH^- (O；−2，H；+1　(−2)+(+1)=−1)

⑥ 化合物中でのアルカリ金属の酸化数は+1，アルカリ土類金属の酸化数は+2 とする。

＊②については，水素化ナトリウム NaH などの金属の水素化合物や過酸化水素 H_2O_2 のように「規則」にしたがわないものもある。

例 NaH (Na；+1，H；−1)，H_2O_2 (H；+1，O；−1)

チェック問題 2

易　2分

下線部の原子の酸化数が最も大きい化合物を，次の①～⑤のうちから1つ選べ。

① $H\underline{N}O_3$　② $H_2\underline{S}$　③ $\underline{Fe}_2O_3$　④ $K_2\underline{Cr}_2O_7$　⑤ $K\underline{Mn}O_4$

解答・解説

⑤

下線部の原子の酸化数をそれぞれxとすると，

① $H\underline{N}O_3$：$\underset{H}{(+1)}+\underset{N}{x}+\underset{O}{(-2)}\times3=0$　∴　$x=+5$（符号を忘れないこと）

② $H_2\underline{S}$：$\underset{H}{(+1)}\times2+\underset{S}{x}=0$　∴　$x=-2$（符号を忘れないこと）

③ $\underline{Fe}_2O_3$：$\underset{Fe}{x}\times2+\underset{O}{(-2)}\times3=0$　∴　$x=+3$

④ $K_2\underline{Cr}_2O_7 \longrightarrow 2K^+$，$\underline{Cr}_2O_7^{2-}$：$\underset{Cr}{x}\times2+\underset{O}{(-2)}\times7=-2$　∴　$x=+6$（イオンに分ける）

⑤ $K\underline{Mn}O_4 \longrightarrow K^+$，$\underline{Mn}O_4^{-}$：$\underset{Mn}{x}+\underset{O}{(-2)}\times4=-1$　∴　$x=+7$（イオンに分ける）

最も大きいのは，⑤の＋7

チェック問題 3

易　1分

次の反応のうち，酸化還元反応でないものを，次の①～⑤から1つ選べ。

① $Fe_2O_3 + 2Al \longrightarrow 2Fe + Al_2O_3$

② $CuSO_4 + Fe \longrightarrow FeSO_4 + Cu$

③ $H_2S + H_2O_2 \longrightarrow S + 2H_2O$

④ $2KI + Cl_2 \longrightarrow I_2 + 2KCl$

⑤ $2NaHCO_3 \longrightarrow Na_2CO_3 + CO_2 + H_2O$

解答・解説

⑤

各原子の酸化数を調べ，反応前後で同じ原子の酸化数が変化していればその反応は酸化還元反応であるとわかる。

それぞれの反応式における酸化数の変化は以下のとおり。

① $\underset{+3}{\underline{Fe}}_2O_3 + 2\underset{0}{\underline{Al}} \longrightarrow 2\underset{0}{\underline{Fe}} + \underset{+3}{\underline{Al}}_2O_3$ ⇐ 単体（Al，Fe）あり

② $\underset{+2}{\underline{Cu}}SO_4 + \underset{0}{\underline{Fe}} \longrightarrow \underset{+2}{\underline{Fe}}SO_4 + \underset{0}{\underline{Cu}}$ ⇐ 単体（Fe，Cu）あり

③ $H_2\underset{-2}{\underline{S}} + H_2\underset{-1}{\underline{O}}_2 \longrightarrow \underset{0}{\underline{S}} + 2H_2\underset{-2}{\underline{O}}$ ⇐ 単体（S）あり

④ $2K\underset{-1}{\underline{I}} + \underset{0}{\underline{Cl}}_2 \longrightarrow \underset{0}{\underline{I}}_2 + 2K\underset{-1}{\underline{Cl}}$ ⇐ 単体（Cl_2，I_2）あり

⑤ $2\underset{+1}{\underline{Na}}\,\underset{+1}{\underline{H}}\,\underset{+4}{\underline{C}}\,\underset{-2}{\underline{O}}_3 \longrightarrow \underset{+1}{\underline{Na}}_2\,\underset{+4}{\underline{C}}\,\underset{-2}{\underline{O}}_3 + \underset{+4}{\underline{C}}\,\underset{-2}{\underline{O}}_2 + \underset{+1}{\underline{H}}_2\,\underset{-2}{\underline{O}}$

⑤の反応は，酸化数がどの原子においても変化していない。

このように，酸化数の変化を調べてもいいけど，**反応式中に単体（➡ Al，Fe，Cu，S，……）があるとその反応は酸化還元反応になる**（よって①，②，③，④は酸化還元反応になる！）ことを知っておくと，もっと簡単に判定できるよ。

思考力のトレーニング 1　標準　2分

次の反応ア～オのうち酸化還元反応はどれか。正しく選択しているものを，次の①～⑥のうちから1つ選べ。

ア　$CH_3COONa + HCl \longrightarrow CH_3COOH + NaCl$

イ　$2CO + O_2 \longrightarrow 2CO_2$

ウ　$Cu(OH)_2 + H_2SO_4 \longrightarrow CuSO_4 + 2H_2O$

エ　$Mg + 2H_2O \longrightarrow Mg(OH)_2 + H_2$

オ　$NH_3 + HNO_3 \longrightarrow NH_4NO_3$

①　ア，ウ	②　イ，エ	③　イ，オ
④　ア，ウ，エ	⑤　ア，ウ，オ	⑥　イ，エ，オ

解答・解説

②

反応式中に O_2, Mg, H_2(➡ 単体)があるイとエは，酸化還元反応になる。よって，選択肢は②か⑥にしぼることができる。
└→反応オが含まれているかいないかの違い

ここで，反応オ

$$NH_3 + HNO_3 \longrightarrow NH_4NO_3 \text{（中和）}$$

は塩基(NH_3)と酸(HNO_3)の中和反応なので，酸化還元反応ではない。

以上より，②が答えになる。

(参考) 反応ア，ウ，オは，いずれも酸化還元反応ではない。それぞれの反応における酸化数の変化は次の通り。

ア　$\underset{-1}{CH_3COO^-}\ \underset{+1}{Na^+} + \underset{+1}{H^+}\ \underset{-1}{Cl^-} \longrightarrow \underset{-1}{CH_3COO^-}\ \underset{+1}{H^+} + \underset{+1}{Na^+}\ \underset{-1}{Cl^-}$　（弱酸遊離）

ウ　$Cu(OH)_2 + \underset{+1}{H_2}\underset{+6}{S}\underset{-2}{O_4} \longrightarrow \underset{+2}{Cu^{2+}}\ \underset{+6}{S}\underset{-2}{O_4^{2-}} + 2\underset{+1}{H_2}\underset{-2}{O}$　（中和）

$Cu(OH)_2$ は $\underset{+2}{Cu^{2+}}$ $\underset{-2}{O}\underset{+1}{H^-}$ からなる

酸化数は変化していない

オ　$\underset{-3}{N}\underset{+1}{H_3} + \underset{+1}{H^+}\ \underset{+5}{N}\underset{-2}{O_3^-} \longrightarrow \underset{-3}{N}\underset{+1}{H_4^+}\ \underset{+5}{N}\underset{-2}{O_3^-}$　（中和）

酸化数は変化していない

(NH_3 の N，HNO_3の N ➡ 2 種類の N があることに注意すること。)

3 酸化還元反応式について

酸化還元反応は，電子 e^- が受けわたされる反応だったよね。このとき，**相手の物質に電子 e^- を与えて相手を還元する物質を還元剤，相手の物質から電子 e^- を受けとって相手を酸化する物質を酸化剤**というんだ。

ポイント　還元剤・酸化剤について

- **還元剤** ▶ 電子 e^- を与える物質
- **酸化剤** ▶ 電子 e^- を受けとる物質

おもな還元剤や酸化剤の「名前」と「電子 e^- を含むイオン反応式」を示すね。

(1) おもに酸化剤としてはたらくもの

名前		イオン反応式
ハロゲン単体（Cl_2, Br_2, I_2）		例 $Cl_2 + 2e^- \longrightarrow 2Cl^-$
硝酸	濃硝酸	$HNO_3 + H^+ + e^- \longrightarrow NO_2 + H_2O$
	希硝酸	$HNO_3 + 3H^+ + 3e^- \longrightarrow NO + 2H_2O$
過マンガン酸イオン（酸性条件下）		$MnO_4^- + 8H^+ + 5e^- \longrightarrow Mn^{2+} + 4H_2O$
酸化マンガン（Ⅳ）（酸性条件下）		$MnO_2 + 4H^+ + 2e^- \longrightarrow Mn^{2+} + 2H_2O$
二クロム酸イオン（酸性条件下）		$Cr_2O_7^{2-} + 14H^+ + 6e^- \longrightarrow 2Cr^{3+} + 7H_2O$
熱濃硫酸		$H_2SO_4 + 2H^+ + 2e^- \longrightarrow SO_2 + 2H_2O$

(2) おもに還元剤としてはたらくもの

名前	イオン反応式
金属単体	例 $Zn \longrightarrow Zn^{2+} + 2e^-$
ハロゲン化物イオン（Cl^-, Br^-, I^-）	例 $2Cl^- \longrightarrow Cl_2 + 2e^-$
鉄（Ⅱ）イオン	$Fe^{2+} \longrightarrow Fe^{3+} + e^-$
シュウ酸	$(COOH)_2 \longrightarrow 2CO_2 + 2H^+ + 2e^-$
硫化水素	$H_2S \longrightarrow S + 2H^+ + 2e^-$

(3) 酸化剤にも還元剤にもなる物質

物質		イオン反応式
過酸化水素	酸化剤としてはたらくとき	$H_2O_2 + 2H^+ + 2e^- \longrightarrow 2H_2O$
	還元剤としてはたらくとき	$H_2O_2 \longrightarrow O_2 + 2H^+ + 2e^-$
二酸化硫黄	酸化剤としてはたらくとき	$SO_2 + 4H^+ + 4e^- \longrightarrow S + 2H_2O$
	還元剤としてはたらくとき	$SO_2 + 2H_2O \longrightarrow SO_4^{2-} + 4H^+ + 2e^-$

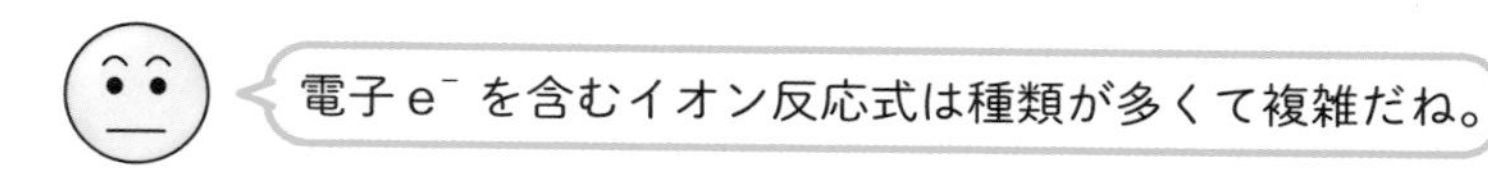

そうなんだ。ただ，このイオン反応式をすべて覚える必要はなくて，赤字の部分だけを覚えておけばいいんだ。

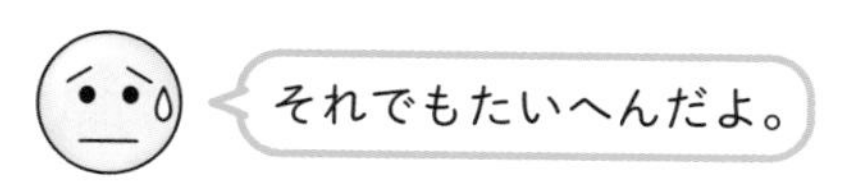

たしかにね。たとえば，「**濃からは 2，希からは 1**」つまり「**濃硝酸は NO_2」，「濃硫酸は SO_2」，「希硝酸は NO_1」にそれぞれ変化する，二クロム酸イオン $Cr_2O_7^{2-}$ は二(2)クロム(Cr)酸(3+) つまり，$2Cr^{3+}$ に変化する**と覚えると少しだけど暗記量を減らせるよ。そして，次の【手順①】～【手順④】にしたがってイオン反応式をつくっていくんだ。

電子 e^- を含むイオン反応式のつくり方の例

【手順①】　酸化剤，還元剤が何に変化するかを書く。　⬅ 覚えておく
【手順②】　両辺の O の数が等しくなるように H_2O を加える。
【手順③】　両辺の H の数が等しくなるように H^+ を加える。
【手順④】　両辺の電荷の合計が等しくなるように電子 e^- を加える。

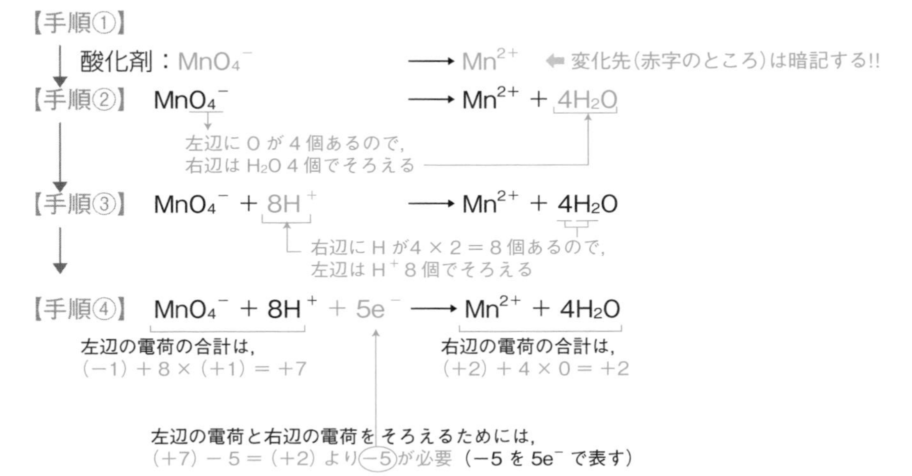

紹介した還元剤・酸化剤の強さを，細かく覚える必要はないよ。ただ，イオン反応式の練習をしていると，いろいろなことに気づくようになる。たとえば，銅 Cu の電子 e^- を含むイオン反応式を書いてみるね。

$$\underset{0}{Cu} \longrightarrow \underset{+2}{Cu^{2+}} + 2e^-$$

酸化数　0　　+2

銅 Cu は電子 e^- を与えているから，還元剤だね。⇦ 215ページ ポイント

次に，還元剤の Cu は酸化剤に酸化されることで Cu^{2+} に変化し，酸化数は 0 から＋2に増加している。つまり，

還元剤 ➡ 酸化されて，電子 e^- を失い，酸化数が増える

という「覚えにくい定義」を簡単に確認できるね。酸化剤についても，同じ要領で考えればいいんだ。

ポイント 酸化還元の定義と還元剤・酸化剤について

● 定義をもういちど確認してみよう！

還元剤	酸化される	電子を失う	酸化数が増加する
酸化剤	還元される	電子を得る	酸化数が減少する

チェック問題 4　標準　2分

下線で示す物質が還元剤としてはたらいている化学反応式を，次の①～⑥のうちから1つ選べ。

① $2\underline{H_2O} + 2K \longrightarrow 2KOH + H_2$

② $\underline{Cl_2} + 2KBr \longrightarrow 2KCl + Br_2$

③ $\underline{H_2O_2} + 2KI + H_2SO_4 \longrightarrow 2H_2O + I_2 + K_2SO_4$

④ $\underline{H_2O_2} + SO_2 \longrightarrow H_2SO_4$

⑤ $\underline{SO_2} + Br_2 + 2H_2O \longrightarrow H_2SO_4 + 2HBr$

⑥ $\underline{SO_2} + 2H_2S \longrightarrow 3S + 2H_2O$

解答・解説

⑤

ポイント より酸化数が増加するものが還元剤となる。よって，下線で示す物質の中で酸化数が増加しているものを探せばよい。

①～⑥の酸化数の変化は次のとおり。

① $2H_2O + 2K \longrightarrow 2KOH + H_2$

+1 ―減少→ 0

② $Cl_2 + 2KBr \longrightarrow 2KCl + Br_2$

0 ―減少→ −1

③ $H_2O_2 + 2KI + H_2SO_4 \longrightarrow 2H_2O + I_2 + K_2SO_4$

−1 ―減少→ −2

④ $H_2O_2 + SO_2 \longrightarrow H_2SO_4$

−1 ―減少→ −2

⑤ $SO_2 + Br_2 + 2H_2O \longrightarrow H_2SO_4 + 2HBr$ ← 下線で示す物質について，酸化数が増加しているのは，⑤の反応だけ

+4 ―増加→ +6

⑥ $SO_2 + 2H_2S \longrightarrow 3S + 2H_2O$

+4 ―減少→ 0

電子 e^- を含むイオン反応式がつくれるようになったらどうすればいいの？

あとは次の【手順⑤】～【手順⑥】より，「還元剤の反応式」と「酸化剤の反応式」を組み合わせて，化学反応式をつくるんだ。

化学反応式のつくり方

【手順⑤】 【手順①】～【手順④】にしたがって，還元剤と酸化剤の反応式をつくり，e^- の数を等しくするためにそれぞれの反応式を何倍かし，両辺を加えて電子 e^- を消去する。

【手順⑥】 両辺に必要な陽イオンや陰イオンを加える。

【手順⑤】で「イオン反応式」が，【手順⑥】で「化学反応式」ができるんだ。

例 硫酸酸性の過マンガン酸カリウム($KMnO_4$)水溶液に，過酸化水素(H_2O_2)を加えたときに起こる反応を化学反応式で表す。

【手順⑤】

2つの式を$10e^-$でそろえる

$$2 \times (MnO_4^- + 8H^+ + 5e^- \longrightarrow Mn^{2+} + 4H_2O)$$
$$+)\ 5 \times (H_2O_2 \longrightarrow O_2 + 2H^+ + 2e^-)$$

$$2MnO_4^- + 16H^+ + 10e^- + 5H_2O_2 \longrightarrow 2Mn^{2+} + 8H_2O + 5O_2 + 10H^+ + 10e^-$$
$$6H^+$$

e^-の数はそろえたので消去できる

H^+は左辺に6個余る

【手順⑥】

過マンガン酸カリウムは$KMnO_4$なので，MnO_4^-にK^+，硫酸H_2SO_4で酸性にしているのでH^+ 2個に対してSO_4^{2-} 1個を両辺にそれぞれ加える。

$$2MnO_4^- + 6H^+ + 5H_2O_2 \longrightarrow 2Mn^{2+} + 8H_2O + 5O_2$$
$$+)\ 2K^+ \quad 3SO_4^{2-} \qquad\qquad 2K^+ \quad 3SO_4^{2-}$$
⬅両辺に加える！

$$2KMnO_4 + 3H_2SO_4 + 5H_2O_2 \longrightarrow 2MnSO_4 + 8H_2O + 5O_2 + K_2SO_4$$

⬆これで完成!!

チェック問題 5

やや難 2分

清涼飲料水の中には，酸化防止剤としてビタミンC(アスコルビン酸)$C_6H_8O_6$が添加されているものがある。ビタミンCは酸素O_2と反応することで，清涼飲料水中の成分の酸化を防ぐ。このときビタミンCおよび酸素の反応は，次のように表される。

$$C_6H_8O_6 \longrightarrow C_6H_6O_6 + 2H^+ + 2e^-$$

ビタミンC　　　ビタミンCが酸化されたもの

$$O_2 + 4H^+ + 4e^- \longrightarrow 2H_2O$$

ビタミンCと酸素が過不足なく反応したときの，反応したビタミンCの物質量と，反応した酸素の物質量の関係を表す直線として最も適当なものを，あとの①～⑤のうちから1つ選べ。

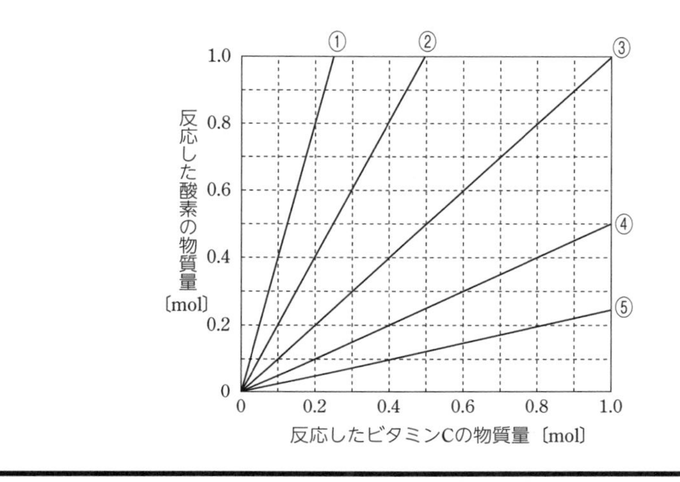

解答・解説

④

e^-を消去する。

$$
\begin{array}{rl}
 & 2\times(C_6H_8O_6 \longrightarrow C_6H_6O_6 + 2H^+ + 2e^-) \\
+) & (O_2 + 4H^+ + 4e^- \longrightarrow 2H_2O) \\
\hline
 & 2C_6H_8O_6 + 1O_2 \longrightarrow 2C_6H_6O_6 + 2H_2O
\end{array}
$$

ビタミンC　$\times\frac{1}{2}$倍

よって，反応したビタミンCが0.2 molのときに反応したO_2は，

$$0.2 \times \frac{1}{2} = 0.1\ \mathrm{mol}$$

ビタミンC〔mol〕　O_2〔mol〕

となり，この関係を表す直線は④とわかる。

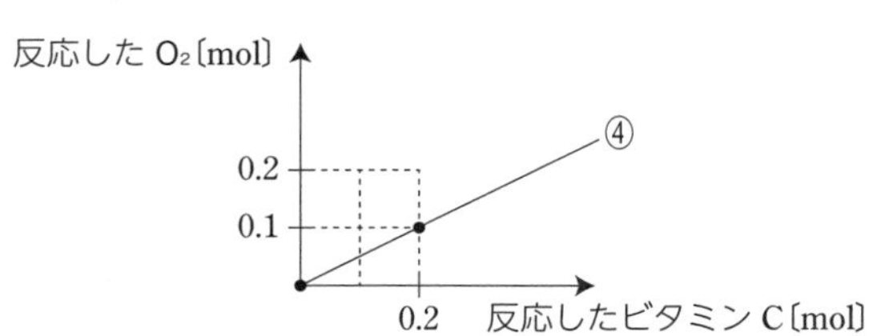

参考　反応したビタミンCを x〔mol〕，反応した O_2 を y〔mol〕とおくと，

$$x \times \frac{1}{2} = y$$

ビタミンC〔mol〕　O_2〔mol〕　O_2〔mol〕

より，求める直線の式は $y = 0.50x$ となる。

思考力のトレーニング 2　やや難　3分

MnO_4^- は，中性または塩基性水溶液中では酸化剤としてはたらき，次の反応式のように，ある2価の金属イオン M^{2+} を酸化することができる。

$$MnO_4^- + aH_2O + be^- \longrightarrow MnO_2 + 2aOH^-$$

$$M^{2+} \longrightarrow M^{3+} + e^-$$

これらの反応式から電子 e^- を消去すると，反応全体は次のように表される。

$$MnO_4^- + cM^{2+} + aH_2O \longrightarrow MnO_2 + cM^{3+} + 2aOH^-$$

これらの反応式の係数 b と c の組み合わせとして正しいものを，右の①～⑥のうちから1つ選べ。

	b	c
①	2	1
②	2	2
③	2	3
④	3	1
⑤	3	2
⑥	3	3

解答・解説

⑥

$$MnO_4^- + aH_2O + be^- \longrightarrow MnO_2 + 2aOH^- \quad \cdots\cdots(1)$$

反応式の両辺では，各原子の数や電荷の総和が等しくなることを利用すると速く解くことができる。

(1)式のOについて　$4 + a = 2 + 2a$　より $a = 2$

（MnO_4^- のO　H_2O のO　MnO_2 のO　OH^- のO）

(1)式に $a = 2$ を代入すると，

$$MnO_4^- + 2H_2O + be^- \longrightarrow MnO_2 + 4OH^- \quad \cdots\cdots(2)$$

(2)式の電荷について　$-1 + (-1) \times b = (-1) \times 4$　より $b = 3$

（MnO_4^- の電荷　e^- の電荷　OH^- の電荷）

反応全体の式に $a = 2$ を代入すると，

$$MnO_4^- + cM^{2+} + 2H_2O \longrightarrow MnO_2 + cM^{3+} + 4OH^- \quad \cdots\cdots(3)$$

(3)式の電荷について $\underset{MnO_4^-の電荷}{\underline{-1}} + \underset{M^{2+}の電荷}{\underline{(+2)}} \times c = \underset{M^{3+}の電荷}{\underline{(+3)}} \times c + \underset{OH^-の電荷}{\underline{(-1)}} \times 4$ より $c = 3$

よって，$b = c = 3$ となる。

別解 MnO_4^- が中性または塩基性の条件下で MnO_2 へと変化していることから，次の(4)式がつくれる。

$$MnO_4^- + 4H^+ + 3e^- \longrightarrow MnO_2 + 2H_2O \quad \cdots\cdots(4)$$

ここで，中性または塩基性である(酸性ではない)ことから，左辺の $4H^+$ は H_2O のもつ H^+ と考えて(4)式の両辺に $4OH^-$ を加えてまとめる。

$$MnO_4^- + 4H^+ + 3e^- \longrightarrow MnO_2 + 2H_2O$$

←$4H^+$ に $4OH^-$ を加え，$4H_2O$ にする

まとめる $+)$ $4OH^-$ 　　　　 $4OH^-$

$$MnO_4^- + \underset{2H_2O}{\cancel{4H_2O}} + 3e^- \longrightarrow MnO_2 + \cancel{2H_2O} + 4OH^- \quad \cdots\cdots(5)$$

よって，(5)式から $a = 2$，$b = 3$ とわかる。

また，$M^{2+} \longrightarrow M^{3+} + e^-$ ……(6)とおくと，

(5)式 + (6)式 × 3 より，e^- を消去する。

$$MnO_4^- + 3M^{2+} + 2H_2O \longrightarrow MnO_2 + 3M^{3+} + 4OH^- \quad \cdots\cdots(7)$$

よって，(7)式から $c = 3$ とわかる。

4 酸化還元滴定について

還元剤と酸化剤をコニカルビーカーなどの容器の中で混ぜて起こる酸化還元反応を利用して，還元剤または酸化剤の濃度を求める操作を酸化還元滴定という。共通テストで出題される酸化還元滴定には，「**過マンガン酸カリウム $KMnO_4$ を用いた滴定**」があり，中和滴定のときと同じ器具(ホールピペット，メスフラスコ，ビュレット，コニカルビーカーや三角フラスコなど)を使って行うんだ。

$KMnO_4$ を用いる滴定の場合は，**$KMnO_4$ が「酸化剤」と「指示薬」の２つの役割をもっている**ので指示薬を使う必要がないんだ。

酸化剤である **MnO_4^- の水溶液は赤紫色**をしていて，硫酸で酸性にした条件の下で，還元剤と反応して Mn^{2+} に変化する。このとき生成する **Mn^{2+} の水溶**

液はほぼ無色になるので，この色の変化に注目して反応の終点を知ることができるんだよ。

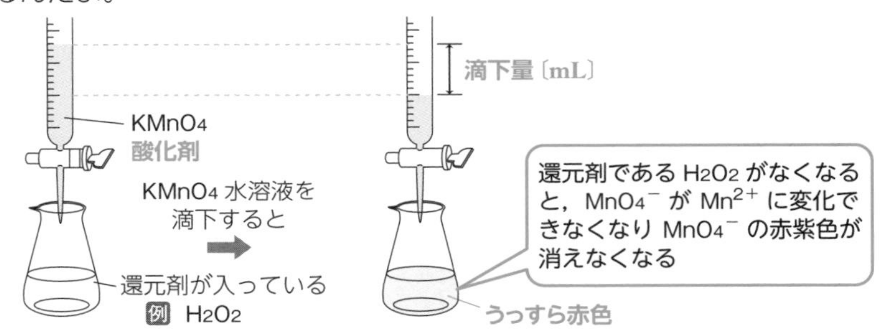

「**酸化還元滴定の終点**」は，還元剤と酸化剤が過不足なく(ぴったり)反応することに注目すると，

還元剤が放出した電子 e^- の物質量〔mol〕
＝酸化剤が受けとった電子 e^- の物質量〔mol〕

の関係式が成り立つんだ。次の **チェック問題** で考えてみよう。

チェック問題 6　やや難　

0.050 mol/L の $FeSO_4$ 水溶液20 mL と過不足なく反応する0.020 mol/L の $KMnO_4$ 硫酸酸性水溶液の体積は何 mL か。最も適当な数値を，次の①～⑧のうちから１つ選べ。ただし，MnO_4^- と Fe^{2+} はそれぞれ酸化剤および還元剤として次のようにはたらく。

反応式(a)　$MnO_4^- + 8H^+ + 5e^- \longrightarrow Mn^{2+} + 4H_2O$

反応式(b)　$Fe^{2+} \longrightarrow Fe^{3+} + e^-$

①　2.0　②　4.0　③　10　④　20
⑤　40　⑥　50　⑦　100　⑧　250

解答・解説

③

$FeSO_4$ (Fe^{2+}) は終点までに，

$$\frac{0.05\ \text{mol}}{1\ \text{L}} \times \frac{20}{1000}\ \text{L} \times 1\ [\text{mol}]$$

×1　$1Fe^{2+} \longrightarrow Fe^{3+} + 1e^-$　より

の e^- を放出し，これと過不足なく反応する $KMnO_4$(MnO_4^-)水溶液の体積を V mL とすると，$KMnO_4$(MnO_4^-)は終点までに，

$$\frac{0.02\ \text{mol}}{1\ \text{L}} \times \frac{V}{1000}\ \text{L} \times 5\ [\text{mol}]$$

×5　$1MnO_4^- + 8H^+ + 5e^- \longrightarrow$ ……　より

の e^- を受けとるので，この滴定の終点では，

$$0.05 \times \frac{20}{1000} \times 1 = 0.02 \times \frac{V}{1000} \times 5$$

が成立する。よって，$V = 10$ [mL]

別解　この滴定のイオン反応式は，反応式(a)＋反応式(b)×5　より，

$$5Fe^{2+} + MnO_4^- + 8H^+ \longrightarrow 5Fe^{3+} + Mn^{2+} + 4H_2O$$

となるので，$FeSO_4$ と $KMnO_4$ は物質量〔mol〕の比が5：1で反応する。

求める $KMnO_4$ 水溶液の体積を V mL とすると，

$$\underbrace{\frac{0.05\ \text{mol}}{1\ \text{L}} \times \frac{20}{1000}\ \text{L}}_{FeSO_4\ [\text{mol}]} : \underbrace{\frac{0.02\ \text{mol}}{1\ \text{L}} \times \frac{V}{1000}\ \text{L}}_{KMnO_4\ [\text{mol}]} = 5 : 1$$

が成立する。よって，$V = 10$ [mL]

（注 p.137『計算のコツ②(1)』参照）

チェック問題 7　標準 2分

硫酸酸性水溶液における過マンガン酸カリウム $KMnO_4$ と過酸化水素 H_2O_2 の反応は，次式のように表される。

$$2KMnO_4 + 5H_2O_2 + 3H_2SO_4 \longrightarrow K_2SO_4 + 2MnSO_4 + 8H_2O + 5O_2$$

濃度未知の過酸化水素水10.0mL を蒸留水で希釈したのち，希硫酸を加えて酸性水溶液とした。この水溶液を0.100 mol/L $KMnO_4$ 水溶液で滴定したところ，20.0 mL 加えたときに赤紫色が消えなくなった。希釈前の過酸化水素水の濃度〔mol/L〕として最も適当な数値を，次の①～⑥のうちから1つ選べ。

① 0.25　② 0.50　③ 1.0　④ 2.5　⑤ 5.0　⑥ 10

解答・解説

②

10.0→10，0.100→0.1，20.0→20に直してから解こう(➡ p.137参照)。

本問のように，化学反応式が与えられていれば，その係数関係を読みとったほうが速く解ける。

問題文中の化学反応式から，H_2O_2 5 mol と $KMnO_4$ 2 mol が過不足なく反応することがわかるので，求める過酸化水素水 H_2O_2 の濃度を x mol/1 L とおくと，次の式が成り立つ。

反応式の係数関係を読みとる

$$\frac{x \text{ mol } \cancel{H_2O_2}}{1 \text{ L } \cancel{\text{水溶液}}} \times \frac{10}{1000} \cancel{\text{L 水溶液}} \times \frac{2 \text{ mol } KMnO_4}{5 \cancel{\text{ mol } H_2O_2}}$$

（H_2O_2〔mol〕，$KMnO_4$〔mol〕）

$$= \frac{0.1 \text{ mol } KMnO_4}{1 \text{ L } \cancel{\text{水溶液}}} \times \frac{20}{1000} \cancel{\text{L 水溶液}}$$

（$KMnO_4$〔mol〕）

よって，$x = 0.5$〔mol/L〕となる。

第２章　物質の変化

イオン化傾向と電池（1）

この項目のテーマ

1 還元剤・酸化剤の関係
（還元剤）⇄（酸化剤）＋ ne^-　の関係をつかもう！

2 金属のイオン化傾向
ゴロ合わせを使って覚えよう！

3 金属の反応性
イオン化傾向とあわせて覚えよう！

4 電　　池
電池のつくりを知っておく！

1 還元剤・酸化剤の関係について

還元剤は e^- を与える物質で，酸化剤は e^- を受けとる物質なので，

$$(\text{還元剤}) \rightleftarrows (\text{酸化剤}) + ne^- \ (n = 1,\ 2,\ 3,\ \cdots\cdots)$$

という関係になる。

⑪ 酸化と還元でつくった e^- を含むイオン反応式から，還元剤としてはたらく物質と酸化剤としてはたらく物質は覚えたけど，どちらとしてもはたらく過酸化水素 H_2O_2 と二酸化硫黄 SO_2 についてはどう考えたらいいの？

過酸化水素 H_2O_2 は多くの場合で酸化剤として，二酸化硫黄 SO_2 は多くの場合で還元剤として反応する。 ただ，過酸化水素 H_2O_2 は過マンガン酸カリウム $KMnO_4$ や二クロム酸カリウム $K_2Cr_2O_7$ のような強い酸化剤に対しては還元剤として，二酸化硫黄 SO_2 は硫化水素 H_2S のような強い還元剤に対しては酸化剤として，それぞれ反応するんだ。

過酸化水素 H_2O_2 と過マンガン酸カリウム $KMnO_4$ の硫酸酸性下での化学反応式は220ページでつくったよね。じゃあ，硫化水素 H_2S の水溶液に二酸化硫黄 SO_2 を通じたときの化学反応式はどうなると思う？

硫化水素 H_2S は硫黄 S に変化したよね。

そうだったね。二酸化硫黄 SO_2 は，硫化水素 H_2S と反応するときは酸化剤として反応する。SO_2 と H_2S のどちらも同じ S に変化するんだ。

$$2\times(H_2S \longrightarrow S + 2H^+ + 2e^-)$$ ⬅ H_2S は S へと変化する

$$+)\ SO_2 + 4H^+ + 4e^- \longrightarrow S + 2H_2O$$ ⬅ SO_2 は S へと変化する

$$2H_2S + SO_2 \longrightarrow \underset{\text{白濁}}{3S\downarrow} + 2H_2O$$ （硫黄 S が析出して溶液が白濁する）

ポイント　還元剤・酸化剤の関係について

- （**還元剤**）$\rightleftarrows$（**酸化剤**）＋ ne^-　の関係がある

2 金属のイオン化傾向について

金属の単体は，還元剤としてはたらく物質だよね。

金属の単体っていろいろあるよね。

そうなんだ。おもな金属単体の還元剤としての強さの順序は覚える必要がある。ここでは，次の ポイント にある**金属のイオン化傾向**を覚えてほしい（ゴロ合わせがいいよ！）んだ。イオン化傾向の順序（**イオン化列**という）を覚えると，おもな金属について還元剤としての強さが覚えられるんだよ。

ポイント　イオン化傾向について

- 金属単体が水中で電子を失って陽イオンになろうとする性質を**イオン化傾向**といい，その大きさの順序（イオン化列）は，

リ　カ　バ　カ　ナ　マ　ア　ア　テ　ニ　ス　ナ

Li ＞ K ＞ Ba ＞ Ca ＞ Na ＞ Mg ＞ Al ＞ Zn ＞ Fe ＞ Ni ＞ Sn ＞ Pb

ヒ　ド　ス　ギる　借　金

＞ (H_2) ＞ Cu ＞ Hg ＞ Ag ＞ Pt ＞ Au

ゴロ合わせなどを使い覚えよう！

イオン化傾向を暗記すると，酸化還元反応が起こる・起こらないを判定できるんだ。

たとえば，「銀イオン Ag^+ の水溶液に銅 Cu を入れる」と……，**Cu は Ag よりもイオン化傾向が大きい，つまり陽イオンになりやすい**ので，Cu が Cu^{2+} になり溶けていく。

$$Cu \longrightarrow Cu^{2+} + 2e^- \quad \cdots\cdots (1)$$

このとき，(還元剤) $\rightleftarrows$ (酸化剤) $+ ne^-$ の関係を Ag にあてはめて考えると，$Ag \rightleftarrows Ag^+ + e^-$ となり，Ag^+ は酸化剤として Cu の放出した e^- を受けとる。

$$Ag^+ + e^- \longrightarrow Ag \quad \cdots\cdots (2)$$

よって，(1) + (2) ×2 より，

$$Cu + 2Ag^+ \longrightarrow Cu^{2+} + 2Ag$$ ⬅ イオン化傾向は Cu ＞ Ag

の反応が起こり，Ag が析出(せきしゅつ)する(これを**銀樹**(ぎんじゅ)とよぶ)んだ。

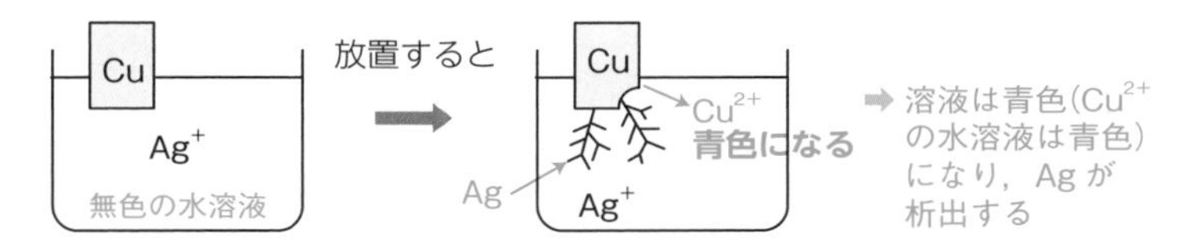

ところが，これとは逆に，**銅(Ⅱ)イオン Cu^{2+} の青色の水溶液に Cu よりイオン化傾向の小さな Ag を入れても，反応しない**。

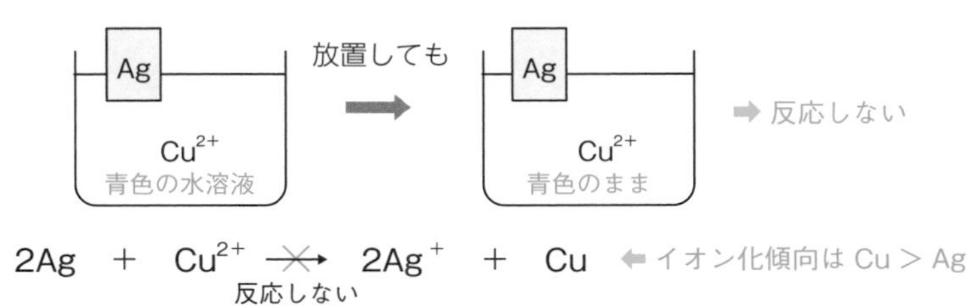

$$2Ag + Cu^{2+} \not\longrightarrow 2Ag^+ + Cu$$ ⬅ イオン化傾向は Cu ＞ Ag

反応しない

イオン化傾向の大きな金属は，自分よりイオン化傾向の小さな金属を追い出すことができるんだね。

そうなんだ。でも，**イオン化傾向の小さな金属が自分よりイオン化傾向の大きな金属を追い出すことはできない**んだ。

ポイント　イオン化傾向の利用について

- イオン化傾向　M > N のとき
  N^{n+} + M ⇒ 反応する　　M^{m+} + N ⇒ 反応しない

チェック問題 1　標準　2分

金属イオンを含む塩の水溶液に金属片をひたして，その表面に金属が析出するかどうかを調べた。金属イオンを含む塩と金属片の組み合わせのうち金属が析出しないものはどれか。最も適当なものを，次の①～④のうちから１つ選べ。

	金属イオンを含む塩	金属片
①	塩化スズ(Ⅱ)	亜鉛
②	硫酸銅(Ⅱ)	亜鉛
③	酢酸鉛(Ⅱ)	銅
④	硝酸銀	銅

解答・解説

③

イオン化傾向の大きな金属が，自分よりイオン化傾向の小さな金属を追い出す(析出させる)。

①～④に出てくる金属をイオン化傾向の大きな順に並べると，

Zn > Sn > Pb > Cu > Ag

の順になる。

① Zn > Sn
なので,反応して
Snが析出する。

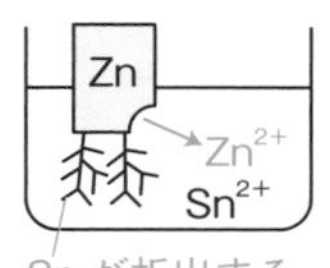

Snが析出する
(スズ樹)

② Zn > Cu
なので,反応して
Cuが析出する。

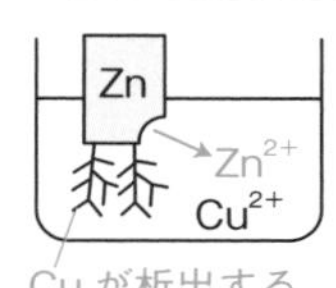

Cuが析出する
(銅樹)

③ Pb > Cu
なので,反応しない。
(Pbが析出しない)

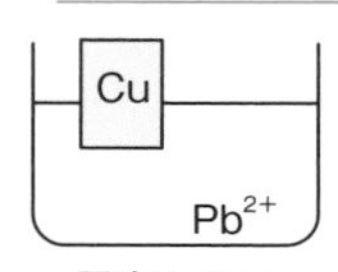

反応しない

④ Cu > Ag
なので,反応して
Agが析出する。

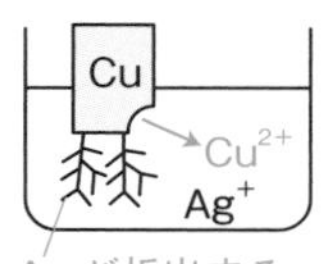

Agが析出する
(銀樹)

3 金属の反応性について

金属の反応性（空気中の酸素 O_2 との反応，水 H_2O との反応，酸との反応）は，次の表のようになるんだ。

大 （反応性大） イオン化傾向 （反応性小） 小

金属	Li	K	Ba	Ca	Na	Mg	Al	Zn	Fe	Ni	Sn	Pb	(H_2)	Cu	Hg	Ag	Pt	Au
空気中の酸素 O_2 との反応	空気中で速やかに酸化					空気中で酸化されて酸化物の被膜を生じる												
水 H_2O との反応	常温の水と反応																	
	熱水と反応																	
	高温の水蒸気と反応																	
酸との反応	希硫酸・塩酸と反応してH_2を発生する																	
	熱濃硫酸・濃硝酸・希硝酸と反応して SO_2・NO_2・NO を発生する																王水とのみ反応	

熱濃硫酸→加熱した濃硫酸のこと

これを覚えるのは……

そうだね。たしかに，一気に覚えるのは大変だよね。まず，**イオン化傾向の大きな金属が酸化されやすくて反応性が大きく，イオン化傾向が小さくなると酸化されにくく，反応性が小さいという原則**をおさえてね。次に，原則をおさえたうえで ❶ 空気中の酸素 O_2 との反応 ❷ 水 H_2O との反応 ❸ 酸との反応を理解していくといいと思うよ。

ポイント 金属の反応性について

- イオン化傾向が大きな金属ほど，酸化されやすく反応性が大きい

❶ 空気中の酸素 O_2 との反応

イオン化傾向の大きな Li，K，Ba，Ca，Na（リ カ バ カ ナ）は，乾いた空気中で酸素 O_2 に

すみやかに酸化されて金属光沢を失うんだ。たとえば，ナトリウム Na と O_2 の反応は次のようにつくればいいんだ。

$$4\times(Na \longrightarrow Na^{+} + e^{-})$$ ⇐ Na は Na^+ へと変化する

$$+)\ O_2 + 4e^{-} \longrightarrow 2O^{2-}$$ ⇐ O_2 は $2O^{2-}$ へと変化する

$$4Na + O_2 \longrightarrow 2Na_2O$$

完全燃焼の反応式のようにつくったほうが楽じゃない？

そうだね。O_2 との反応式は，電子 e^- を含むイオン反応式を組み合わせてつくるよりは，完全燃焼の反応式をつくったときのようにつくるほうが速くつくることができるね。次の ❶ ～ ❹ のようにつくればいいね。

❶ 反応式の右辺に生成物 Na_2O を書き，Na の係数を 1 とおく。

$$1Na + O_2 \longrightarrow Na_2O$$ ⇐ Na は Na_2O へと変化する

❷ 生成物 Na_2O に係数をつける。

$$1Na + O_2 \longrightarrow \frac{1}{2}Na_2O$$ ⇐ Na は左辺に 1 個あるので

❸ O_2 に係数をつける

$$1Na + \frac{1}{4}O_2 \longrightarrow \frac{1}{2}Na_2O$$ ⇐ O は右辺に $\frac{1}{2}$ 個あるので

❹ 全体を 4 倍して，完成させる。

$$4Na + O_2 \longrightarrow 2Na_2O$$ ⇐ 係数すべてを整数にして完成！！

次に紹介する O_2 との化学反応式も同じやり方でつくってみてね。イオン化傾向が Na よりも小さなマグネシウム Mg やアルミニウム Al などは，空気中で徐々に酸化されて表面に酸化物の被膜を生じる。

$$2Mg + O_2 \longrightarrow 2MgO$$

$$4Al + 3O_2 \longrightarrow 2Al_2O_3$$

Al に生じる酸化アルミニウム Al_2O_3 はち密な酸化物の被膜で，内部の Al がさびの原因となる物質と接触するのを防ぐはたらきをするんだ。

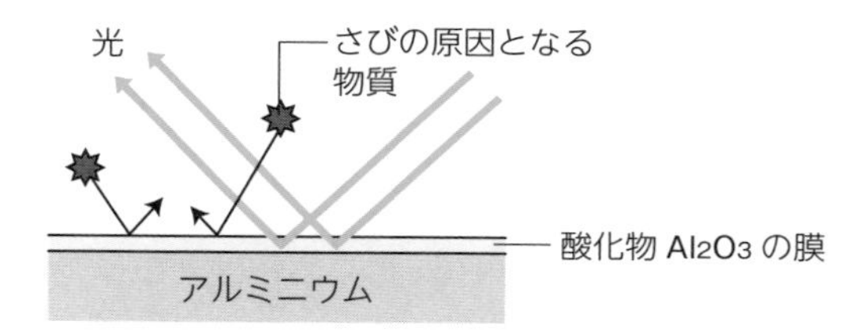

イオン化傾向の小さなAg，Pt，Auなどは空気中で酸化されにくく，ずっと美しい金属光沢が保たれるんだ。

Ag，Pt，Auって，貴金属だね。

そうだね。あと，空気中で燃焼させると，マグネシウムMgやアルミニウムAlは熱と強い光を放ちながら激しく燃えることも知っておいてね。

$$2Mg + O_2 \longrightarrow 2MgO + 光$$
$$4Al + 3O_2 \longrightarrow 2Al_2O_3 + 光$$

ポイント　金属単体と酸素との反応について

大（反応性大）　イオン化傾向　（反応性小）小

Li　K　Ba　Ca　Na　Mg　Al　Zn　Fe　Ni　Sn　Pb　(H_2)　Cu　…

Li～Na：空気中ですみやかに酸化される　　Mg～Cu：空気中で酸化されて酸化物の被膜を生じる

例
$$4Na + O_2 \longrightarrow 2Na_2O$$
$$2Mg + O_2 \longrightarrow 2MgO$$
$$4Al + 3O_2 \longrightarrow 2Al_2O_3$$

❷ 水 H_2O との反応

イオン化傾向の大きなLi，K，Ba，Ca，Na（リ カ バ カ ナ）は常温の水と激しく反応して水素H_2を発生するんだ。とくにナトリウムNaやカルシウムCaと水H_2Oの反応については，その反応式をつくれるようにしておこうね。

反応式中に**単体**（➡ Na，Ca，……）があると，その反応は酸化還元反応だった（➡ p.214）よね。

そうだね。だから，NaやCaが，Na^+やCa^{2+}となってH_2Oと酸化還元反応するんだ。

$$Na \longrightarrow Na^+ + e^- \quad \cdots\cdots(1)$$
$$2H_2O + 2e^- \longrightarrow H_2 + 2OH^- \quad \cdots\cdots(2)$$

(1) × 2 + (2) より，

$$2Na + 2H_2O \longrightarrow 2NaOH + H_2$$

(2)式（H_2O の電子 e^- を含んだイオン反応式）は難しいね。

そうだね。(2)式は，まず水 H_2O がわずかに電離して生じる H^+ が電子 e^- を受けとると考えてイオン反応式をつくり，

$$2H^+ + 2e^- \longrightarrow H_2$$

次に，$2H^+$ は $2H_2O$ だから，その両辺に $2OH^-$ を加えて $2H_2O$ に戻すと考えてつくるといいよ。

$$\begin{array}{rlll} & 2H^+ + 2e^- & \longrightarrow & H_2 \\ +) & 2OH^- & & 2OH^- \\ \hline & 2H_2O + 2e^- & \longrightarrow & H_2 + 2OH^- \end{array}$$

⬅ $2H^+$ に $2OH^-$ を加えると $2H_2O$ にすることができる!!

⬅ (2)式の完成!!

カルシウム Ca も同じように反応して，水素 H_2 を発生するんだ。

$$\begin{array}{rlll} & Ca & \longrightarrow & Ca^{2+} + 2e^- \\ +) & 2H_2O + 2e^- & \longrightarrow & H_2 + 2OH^- \\ \hline & Ca + 2H_2O & \longrightarrow & Ca(OH)_2 + H_2 \end{array}$$

水酸化ナトリウム NaOH や水酸化カルシウム $Ca(OH)_2$ ができているね。

そうだね。強塩基である水酸化ナトリウム NaOH や水酸化カルシウム $Ca(OH)_2$ ができることで，**反応後の水溶液は強い塩基性を示す**んだ。

イオン化傾向が Na より小さなマグネシウム Mg は常温の水とは反応しなくなるけど，熱水と反応して水素 H_2 を発生するんだ。

$$\begin{array}{rlll} & Mg & \longrightarrow & Mg^{2+} + 2e^- \\ +) & 2H_2O + 2e^- & \longrightarrow & H_2 + 2OH^- \\ \hline & Mg + 2H_2O & \longrightarrow & Mg(OH)_2 + H_2 \end{array}$$

イオン化傾向が Mg より小さなアルミニウム Al，亜鉛 Zn，鉄 Fe では高温の水蒸気と反応して，水素 H_2 を発生し酸化物になる。

そうなんだ。**今までは，水酸化物イオン OH^- と金属イオンからなる水酸化物（➡ NaOH，$Ca(OH)_2$ など）が生じていたけれど，今回は酸化物イオン O^{2-} と金属イオンからなる酸化物（➡ Al_2O_3，ZnO，Fe_3O_4）になる**んだ。とくに鉄

Feの酸化物が四酸化三鉄 Fe_3O_4 になることは予想しにくいから注意してね。

$$2Al + 3H_2O \longrightarrow Al_2O_3 + 3H_2$$
$$Zn + H_2O \longrightarrow ZnO + H_2$$
$$3Fe + 4H_2O \longrightarrow Fe_3O_4 + 4H_2$$

係数がつけにくいね。

そうだね。金属単体の係数を1として，最後に H_2 で係数を調整するといいと思うよ。

例　Al と H_2O の場合

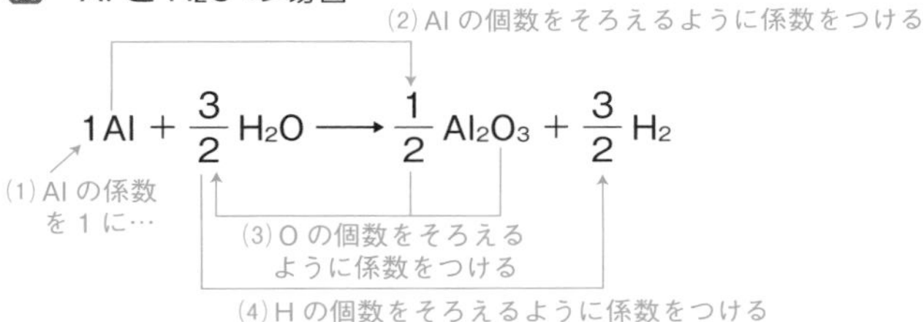

全体を2倍して完成させる。

$$2Al + 3H_2O \longrightarrow Al_2O_3 + 3H_2$$

Fe の反応式も同じようにつくってみてね。

ポイント　金属単体の水との反応について

大（反応性大）　イオン化傾向　（反応性小）小

Li　K　Ba　Ca　Na　　Mg　　Al　Zn　Fe　Ni ……

- Li K Ba Ca Na：高温の水蒸気や熱水はもちろん常温の水でも反応して，水酸化物と H_2 になる。
- Mg：高温の水蒸気はもちろん熱水でも反応して，水酸化物と H_2 になる。（常温の水とは反応しない）
- Al Zn Fe：高温の水蒸気と反応して，酸化物と H_2 になる。（常温の水や熱水とは反応しない）

例　$2K + 2H_2O$（常温の水）$\longrightarrow 2KOH + H_2$

$2Na + 2H_2O$（常温の水）$\longrightarrow 2NaOH + H_2$

$Zn + H_2O$（高温の水蒸気）$\longrightarrow ZnO + H_2$

チェック問題 2　標準　2分

金属には常温の水とは反応しないが，熱水や高温の水蒸気と反応して水素を発生するものがある。そのため，これらの金属を扱っている場所で火災が発生した場合には，消火方法に注意が必要である。

アルミニウム Al，マグネシウム Mg，白金 Pt のうちで，高温の水蒸気と反応する金属はどれか。すべてを正しく選択しているものとして最も適当なものを，次の①～⑦のうちから1つ選べ。

① Al　② Mg　③ Pt　④ Al，Mg
⑤ Al，Pt　⑥ Mg，Pt　⑦ Al，Mg，Pt

解答・解説

④

Al，Mg，Pt の水との反応のようすは次のようになる。

大（反応性大）　イオン化傾向　（反応性小）小

Mg → 熱水と反応する
Al → 高温の水蒸気と反応する
Pt → 高温の水蒸気とは反応しない

よって，Mg と Al が高温の水蒸気と反応することがわかる。

❸ 酸との反応

まず，次の表を見てみてね。

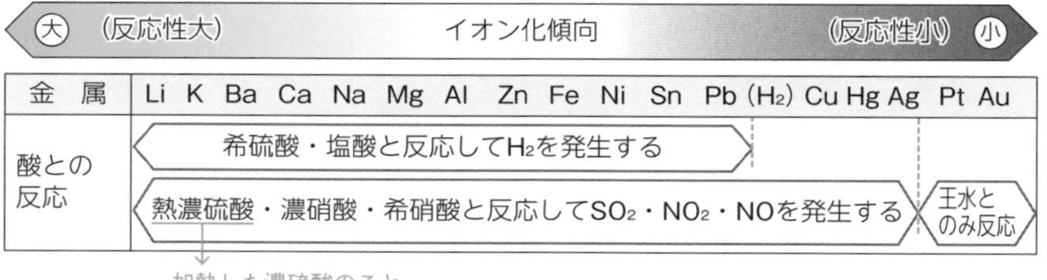

大（反応性大）　イオン化傾向　（反応性小）小

金属	Li K Ba Ca Na Mg Al Zn Fe Ni Sn Pb	(H_2) Cu Hg Ag	Pt Au
酸との反応	希硫酸・塩酸と反応してH_2を発生する		
	熱濃硫酸・濃硝酸・希硝酸と反応してSO_2・NO_2・NOを発生する		王水とのみ反応

濃硝酸と濃塩酸を体積比 1：3 で混合したものをいうんだ。

水素よりもイオン化傾向の大きな金属は，塩酸 HCl や希硫酸 H_2SO_4 と反応するんだね。

そうなんだ。**水素よりもイオン化傾向の大きな金属は，塩酸 HCl や希硫酸 H_2SO_4 から電離して出てきた水素イオン H^+ と反応して水素 H_2 を発生しながら溶けていく**んだ。

たとえば，「亜鉛 Zn を塩酸 HCl の中に入れる」と，Zn は H_2 よりも陽イオンになりやすい，つまり，イオン化傾向が大きいので，Zn が Zn^{2+} となって溶けていくんだ。

$$Zn \longrightarrow Zn^{2+} + 2e^- \quad \cdots\cdots (1)$$

このとき，H^+ は酸化剤として Zn の放出した e^- を受けとる。

$$2H^+ + 2e^- \longrightarrow H_2 \quad \cdots\cdots (2)$$

よって，(1)＋(2) より，

$$Zn + 2H^+ \longrightarrow Zn^{2+} + H_2$$

の反応が起こり，H_2 が発生する。

ここでは，塩酸 HCl を使っているので，両辺に $2Cl^-$ を加えると化学反応式が完成するんだ。

$$Zn + 2HCl \longrightarrow ZnCl_2 + H_2$$

また，希硫酸 H_2SO_4 を使ったときには，両辺に SO_4^{2-} を加えて，

$$Zn + H_2SO_4 \longrightarrow ZnSO_4 + H_2$$

とすればいいんだ。

そうだね。化学反応式を書くときには，次の❶～❸に注意してほしいんだ。

❶　鉄 Fe を塩酸 HCl や希硫酸 H_2SO_4 と反応させるときには，Fe は Fe^{2+} に変化するんだ。Fe^{3+} **には変化しない**ので気をつけてね。

$$Fe \longrightarrow Fe^{2+} + 2e^- \quad \cdots\cdots(1)$$

$$2H^+ + 2e^- \longrightarrow H_2 \quad \cdots\cdots(2)$$

(1)＋(2)より，$Fe + 2H^+ \longrightarrow Fe^{2+} + H_2$

$Fe + 2HCl \longrightarrow FeCl_2 + H_2$　⇐両辺に $2Cl^-$ を加える

$Fe + H_2SO_4 \longrightarrow FeSO_4 + H_2$　⇐両辺に SO_4^{2-} を加える

❷　**鉛 Pb は水素よりもイオン化傾向の大きな金属だけど，塩酸 HCl や希硫酸 H_2SO_4 とはほとんど反応しない**。これは，水に溶けにくい $PbCl_2$ や $PbSO_4$ が Pb の表面をおおってしまい，反応がほとんど進まないからなんだ。

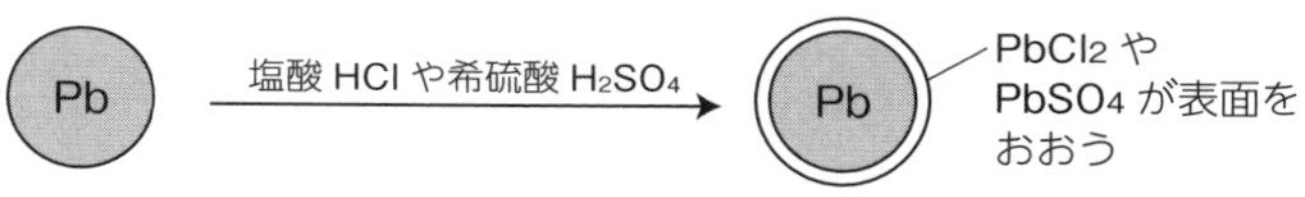

❸　水素よりもイオン化傾向の小さな金属である銅 Cu，水銀 Hg，銀 Ag，白金 Pt，金 Au は塩酸 HCl や希硫酸 H_2SO_4 には溶けない。

ポイント　金属単体と酸との反応について①

● 水素よりもイオン化傾向の大きな金属＋塩酸 ⇒ H_2 発生

$Zn + 2HCl \longrightarrow ZnCl_2 + H_2$

$Fe + 2HCl \longrightarrow FeCl_2 + H_2$

● 水素よりもイオン化傾向の大きな金属＋希硫酸 ⇒ H_2 発生

$Zn + H_2SO_4 \longrightarrow ZnSO_4 + H_2$

$Fe + H_2SO_4 \longrightarrow FeSO_4 + H_2$

チェック問題 3　標準　3分

金属の Ag, Al, Ca, Fe, Li を，常温の水および希硫酸に対する反応性で分類した。その分類として最も適当なものを，次の①～⑧のうちから1つ選べ。

	常温の水および希硫酸のいずれとも激しく反応して水素を発生するもの	常温の水とはほとんど反応しないが，希硫酸とは反応して水素を発生するもの	いずれともほとんど反応しないもの
①	Ag, Ca	Al, Fe	Li
②	Al, Li	Ag, Ca	Fe
③	Ag	Ca, Fe	Al, Li
④	Ca, Li	Al	Ag, Fe
⑤	Ag, Ca	Al, Li	Fe
⑥	Al, Li	Ca, Fe	Ag
⑦	Ag	Al, Fe	Ca, Li
⑧	Ca, Li	Al, Fe	Ag

解答・解説

⑧

与えられた金属をイオン化傾向の大きなものから並べる。

希硫酸と反応し H_2 を発生する

常温の水と反応し H_2 を発生するもの

Li　Ca　Al　Fe　Ag

常温の水および希硫酸のいずれとも激しく反応して H_2 を発生する

常温の水とは反応せず，希硫酸とは反応して H_2 を発生する

常温の水および希硫酸のいずれとも反応しない

231ページの図を見ると，水素よりもイオン化傾向の小さな金属である銅 Cu，水銀 Hg，銀 Ag は，濃硝酸 HNO_3 や希硝酸 HNO_3，熱濃硫酸 H_2SO_4 には溶けるんだね。

そうなんだ。銅 Cu，水銀 Hg，銀 Ag は酸化力のある酸（濃硝酸 HNO_3，希硝酸 HNO_3，熱濃硫酸 H_2SO_4）に気体を発生しながら溶ける。11 3 で，酸化還元の反応式を書くときに酸化剤・還元剤の変化先（**赤字**のところ）を覚えたよね（➡ p.216）。

「濃硝酸 HNO_3 は二酸化窒素 NO_2 に」，「希硝酸 HNO_3 は一酸化窒素 NO に」，「熱濃硫酸 H_2SO_4 は二酸化硫黄 SO_2 に」って暗記したよ。

そうだね。これらの酸化力のある酸を利用して，それぞれ NO_2，NO，SO_2 を発生させることができるんだ。

たとえば「銅 Cu を濃硝酸 HNO_3 の中に入れる」と，Cu が Cu^{2+} となって溶けていく。

$$Cu \longrightarrow Cu^{2+} + 2e^- \quad \cdots\cdots(1)$$

このとき，HNO_3 は酸化剤として Cu の放出した e^- を受けとって二酸化窒素 NO_2 に変化する。

$$HNO_3 + H^+ + e^- \longrightarrow NO_2 + H_2O \quad \cdots\cdots(2)$$

よって，(1)＋(2)×2　より，

$$Cu + 2HNO_3 + 2H^+ \longrightarrow Cu^{2+} + 2NO_2 + 2H_2O$$

となる。あとは，銅 Cu と硝酸 HNO_3 を反応させたのだから，両辺に $2NO_3^-$ を加えて左辺の H^+ を HNO_3 に直すんだ。

$$Cu + 2HNO_3 + 2H^+ \longrightarrow Cu^{2+} + 2NO_2 + 2H_2O$$

$$+)\qquad 2NO_3^- \qquad 2NO_3^-$$ ⬅両辺に加える！

$$Cu + 4HNO_3 \longrightarrow Cu(NO_3)_2 + 2NO_2 + 2H_2O$$

次に「銅 Cu を希硝酸 HNO_3 の中に入れる」と，一酸化窒素 NO が生成することに注意して NO を発生させる反応式をつくってみるね。

$$Cu \longrightarrow Cu^{2+} + 2e^- \quad \cdots\cdots(3)$$

$$HNO_3 + 3H^+ + 3e^- \longrightarrow NO + 2H_2O \quad \cdots\cdots(4)$$

よって，(3)×3＋(4)×2　を行い，両辺に $6NO_3^-$ を加えると，

$$3Cu + 2HNO_3 + 6H^+ \longrightarrow 3Cu^{2+} + 2NO + 4H_2O$$

$$+)\qquad 6NO_3^- \qquad 6NO_3^-$$ ⬅両辺に加える！

$$3Cu + 8HNO_3 \longrightarrow 3Cu(NO_3)_2 + 2NO + 4H_2O$$

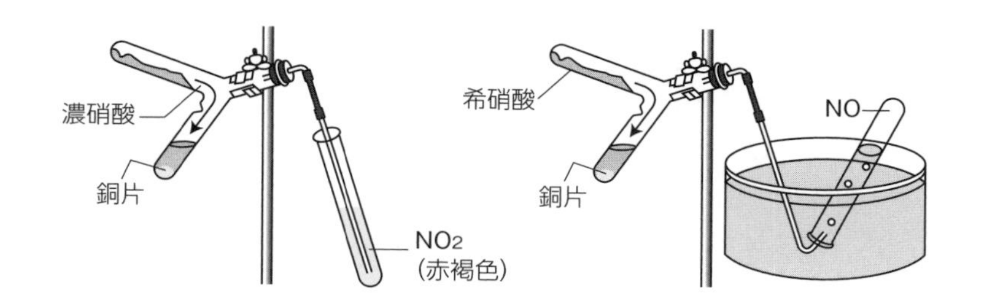

最後は熱濃硫酸の場合だよ。「銅 Cu を熱濃硫酸 H_2SO_4 の中に入れる」と，二酸化硫黄 SO_2 が発生することに注意して，

$$Cu \longrightarrow Cu^{2+} + 2e^- \quad \cdots\cdots(5)$$

$$H_2SO_4 + 2H^+ + 2e^- \longrightarrow SO_2 + 2H_2O \quad \cdots\cdots(6)$$

よって，(5)＋(6)，両辺に SO_4^{2-} を加えて，

$$Cu + H_2SO_4 + 2H^+ \longrightarrow Cu^{2+} + SO_2 + 2H_2O$$

$$+)\qquad SO_4^{2-} \qquad\qquad SO_4^{2-}$$

⬅両辺に加える！

$$Cu + 2H_2SO_4 \longrightarrow CuSO_4 + SO_2 + 2H_2O$$

とすればいいんだ。

ここで，注意してほしいことがあるんだ。

鉄 Fe，**ニッケル** Ni，**アルミニウム** Al などの金属は，濃硝酸 HNO_3 にはその表面にち密な酸化物の被膜(ひまく)ができて（この状態を**不動態**(ふどうたい)という）溶けにくいんだ。

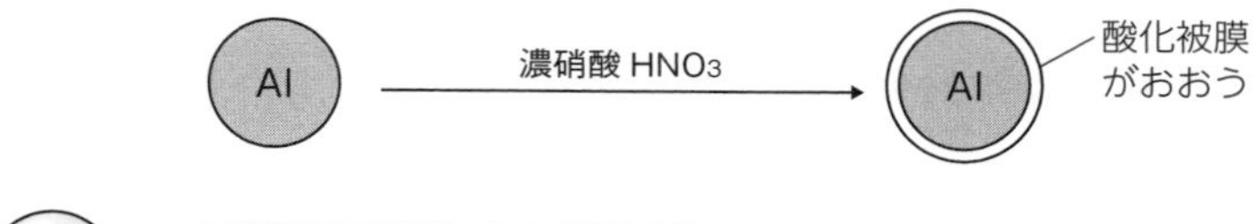

そうなんだ。加熱した濃硫酸と反応させるから，熱濃硫酸というんだ。

あと，銀 Ag よりイオン化傾向の小さな金属である白金 Pt，金 Au は塩酸 HCl や希硫酸 H_2SO_4 はもちろん濃硝酸 HNO_3，希硝酸 HNO_3，熱濃硫酸 H_2SO_4 にも溶けないけれど，王水（➡ p.236）には溶けることを確認しておいてね。

ポイント 金属単体と酸との反応について②

- Cu，Hg，Ag は，酸化力のある酸と反応し気体を発生する
- 濃硝酸 HNO_3 ➡ NO_2

$$Cu + 4HNO_3 \longrightarrow Cu(NO_3)_2 + 2NO_2 + 2H_2O$$

- 希硝酸 HNO_3 ➡ NO

$$3Cu + 8HNO_3 \longrightarrow 3Cu(NO_3)_2 + 2NO + 4H_2O$$

- 熱濃硫酸 H_2SO_4 ➡ SO_2

$$Cu + 2H_2SO_4 \longrightarrow CuSO_4 + SO_2 + 2H_2O$$

＊Fe(手) Ni(に) Al(ある) ➡ 不動態となり，濃 HNO_3とはほとんど反応しない
└ゴロ合わせで覚えよう！

チェック問題 4

標準 2分

次の表のA欄には2種類の金属が，B欄にはそれらに共通する化学的性質が示されている。B欄の記述に誤りを含むものを，表中の①～④のうちから1つ選べ。

	A	B
①	Cu，Ag	希硫酸には溶けないが，熱濃硫酸に溶ける。
②	Al，Fe	希硝酸に溶けるが，濃硝酸には溶けない。
③	Zn，Pb	希硫酸にも希塩酸にも溶ける。
④	Pt，Au	濃塩酸にも濃硝酸にも溶けないが，王水に溶ける。

解答・解説

③

① 水素よりもイオン化傾向の小さな金属であるCu，Agは希硫酸には溶けないが，熱濃硫酸に溶ける。〈正しい〉
② Al，Feは希硝酸に溶けるが，濃硝酸とは不動態となりほとんど反応しない。〈正しい〉

③　水に溶けにくい $PbSO_4$ や $PbCl_2$ が金属の表面をおおうので，Pb は希硫酸や希塩酸とはほとんど反応しない。〈誤り〉

④　Pt，Au は濃塩酸にも濃硝酸にも溶けないが，王水には溶ける。〈正しい〉

4 電池について

還元剤は電子 e^- を放出する物質で，酸化剤は電子 e^- を受けとる物質だったよね。容器中で還元剤と酸化剤を混ぜると，還元剤と酸化剤の間で電子 e^- の受けわたしが起こるんだ。

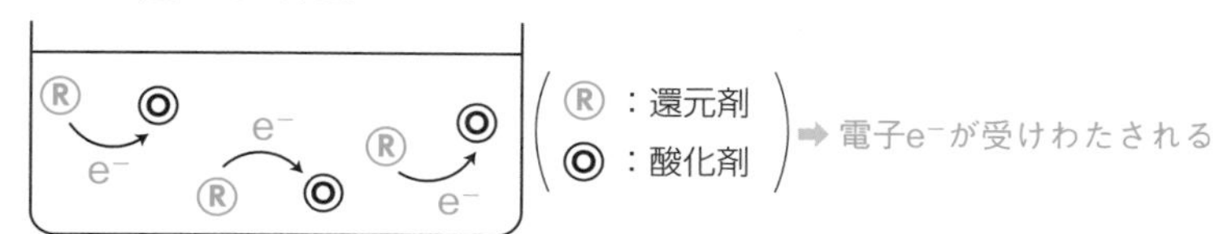

今度は，容器中にしきり板を入れて還元剤の部屋と酸化剤の部屋をつくると，どうなるかな？

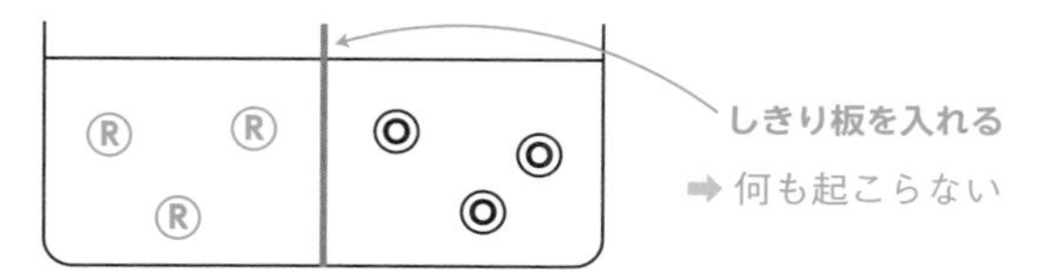

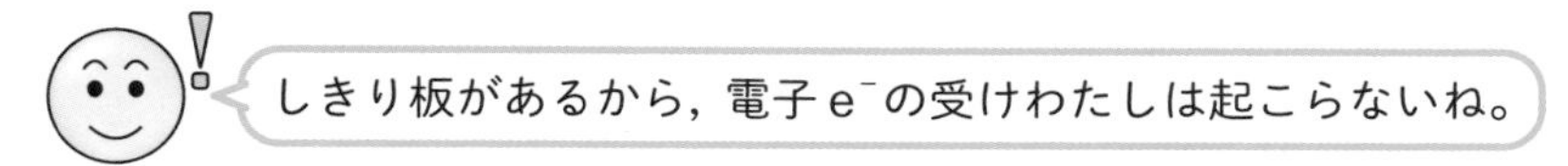

そうだね。じゃあ，還元剤の部屋と酸化剤の部屋を導線でつなぐと，どうなるかな？

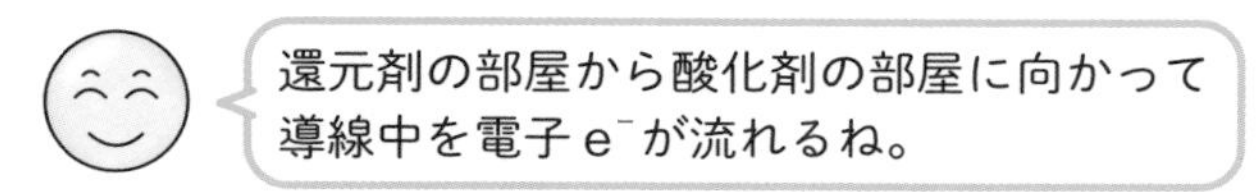

そうなんだ。この**電子 e^- の流れを得る装置を電池**といい，これが**電池のおおよそのしくみ**になるんだ。

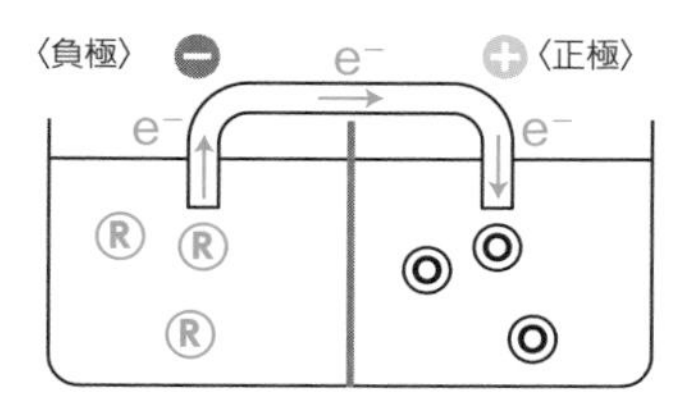

ただし，しきりは完全には還元剤の部屋と酸化剤の部屋を分けてはいないんだ。13 **電池(2)**(➡ p.250)のところでくわしくみていくことにするね。

また，**電子 e^- を放出する電極を負極(記号⊖)**，**電子 e^- を受けとる電極を正極(記号⊕)という**んだ。

負極には還元剤が，正極には酸化剤が使われるということだね。

そうだね。「還元剤は酸化され」て，「酸化剤は還元され」たよね。だから，電池を使う，つまり，電池を**放電**させると，還元剤のある負極では**酸化反応**，酸化剤のある正極では**還元反応**が起こるんだ。

あと，13 で紹介するボルタ電池やダニエル電池のように2種類の金属(＝電極)を電解質水溶液に浸してつくった電池では，**イオン化傾向の大きな金属板が負極になる**と覚えておくと役に立つよ。

ポイント 電池について

- 負極(還元剤あり) ▶ e^-を放出する電極：酸化反応が起こる
- 正極(酸化剤あり) ▶ e^-を受けとる電極：還元反応が起こる
- 電池 ➡ 酸化反応と還元反応の起こる場所を導線で接続した装置

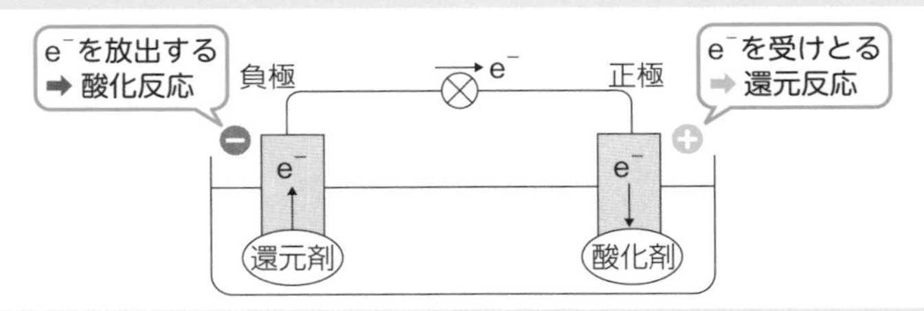

- 「還元剤を見つけて負極と決定する」
- 「イオン化傾向の大きいほうの金属板を見つけて負極と決定する」

このどちらかのやり方で負極を決めよう。

チェック問題5　標準　2分

電池に関する次の文章中 ア ～ ウ にあてはまる語の組み合わせとして正しいものを，次の①～④のうちから１つ選べ。

図のように，導線でつないだ２種類の金属(A・B)を電解質の水溶液に浸して電池を作製する。このとき，一般にイオン化傾向の大きな金属は ア され， イ となって溶け出すので，電池の ウ となる。

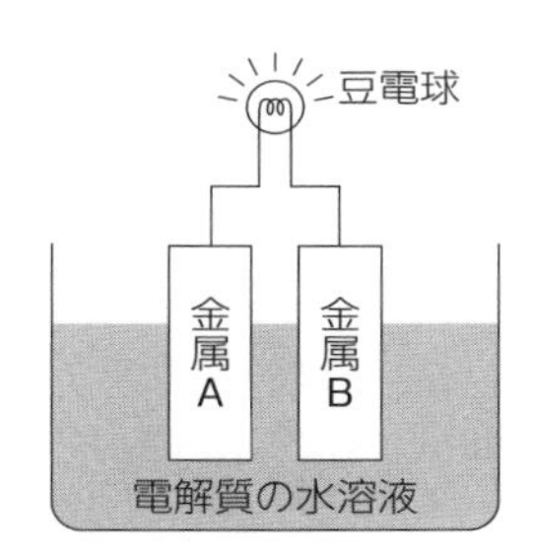

	ア	イ	ウ
①	還　元	陰イオン	正　極
②	還　元	陽イオン	負　極
③	酸　化	陰イオン	正　極
④	酸　化	陽イオン	負　極

解答・解説

④

イオン化傾向の大きな金属は電池の$_{ウ}$ 負極 となる。

負極では，還元剤であるイオン化傾向の大きな金属が$_{イ}$ 陽イオン となって溶け出す。

また，還元剤であるイオン化傾向の大きな金属は$_{ア}$ 酸化 される。

電池って多くの種類があるよね。

そうだね。ここでは身近に使われている電池をみていくことにするね。

たしかにね。これから紹介する電池式をみて，負極と正極を判定する練習をしてみてね。

電池式って，はじめて出てきたね。

電池の構成を表すときに(−)負極｜電解質｜正極(+)のように示したものを電池式(でんちしき)というんだ。

❶ マンガン乾電池

(−)Zn ｜ $ZnCl_2$ aq，NH_4Cl aq ｜ MnO_2(+)

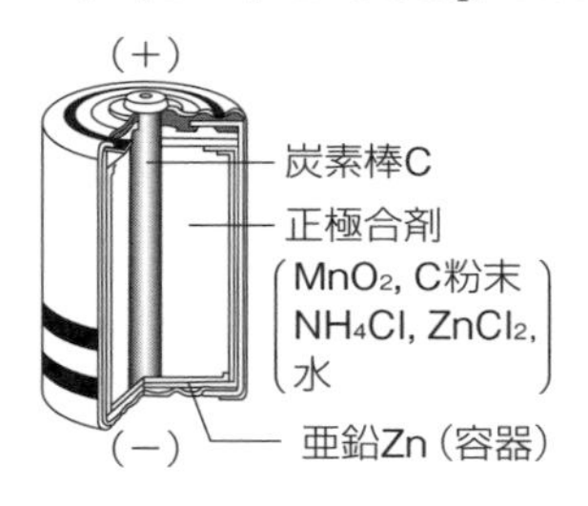

マンガン乾電池は，還元剤である亜鉛Znが負極となり電子e^-を放出し，酸化剤である酸化マンガン(Ⅳ)MnO_2が正極として電子e^-を受けとる。

マンガン乾電池は，充電できず放電だけが起こる**一次電池**(いちじでんち)なんだ。

注 $ZnCl_2$ aqは塩化亜鉛水溶液，NH_4Cl aqは塩化アンモニウム水溶液を表す。

❷ アルカリマンガン乾電池　(−)Zn ｜ KOH aq ｜ MnO_2(+)

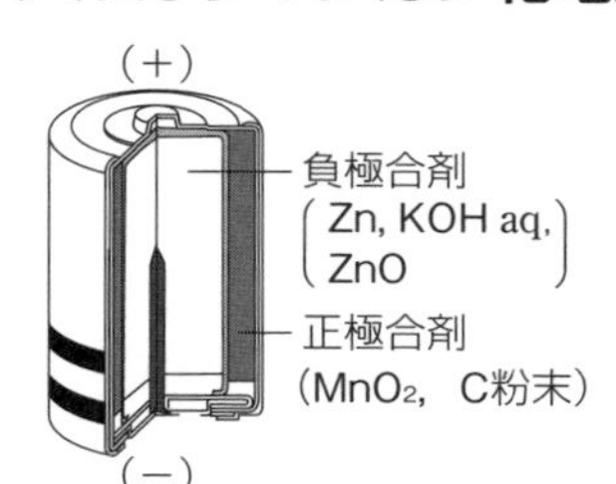

マンガン乾電池の電解質に水酸化カリウムKOH水溶液を使った電池で，マンガン乾電池と同じように亜鉛Znが負極，酸化マンガン(Ⅳ)MnO_2が正極になるんだ。

❸リチウム電池　(−)Li ｜ Li塩 ｜ MnO_2(+)

還元剤であるリチウムLiが負極，酸化剤である酸化マンガン(Ⅳ)MnO_2が正極になるんだ。

❹ 酸化銀電池（銀電池）　(−) Zn | KOH aq | Ag_2O (+)

還元剤である亜鉛 Zn が負極，酸化剤である酸化銀 Ag_2O が正極になる。

❺ 空気亜鉛電池（空気電池）　(−) Zn | KOH aq | O_2（空気）(+)

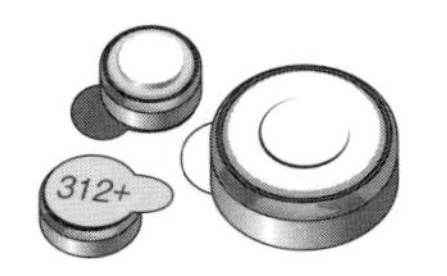

還元剤である亜鉛 Zn が負極，正極では空気中の酸素 O_2 が酸化剤としてはたらく。補聴器などに用いられている。

❻ 鉛蓄電池　(−) Pb | H_2SO_4 aq | PbO_2 (+)

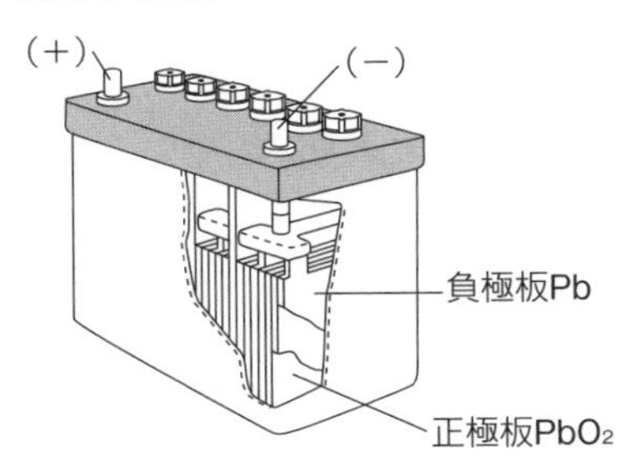

還元剤である鉛 Pb が負極，酸化剤である酸化鉛(Ⅳ) PbO_2 が**正極となる**。鉛蓄電池は，**充電**（➡ 起電力を回復させる操作）によってくり返し使うことのできる**二次電池**（**蓄電池**ともいう）なんだ。自動車のバッテリーなどに用いられている。

起電力ってはじめて出てきたね。

そうだね。**正極と負極の間に生じる電圧のことを起電力といい，電流を流そうとするはたらきの大きさを電圧という**んだ。

そういえば，電流の単位はアンペア〔A〕やミリアンペア〔mA〕，電圧の単位はボルト〔V〕を使ったね。

❼ ニッケル・カドミウム電池

(−) Cd | KOH aq | NiO(OH) (+)

還元剤であるカドミウム Cd が負極，酸化剤である酸化水酸化ニッケル(Ⅲ) NiO(OH) が正極となる。

❽ ニッケル・水素電池　(−) H_2 | KOH aq | NiO(OH) (+)

還元剤である水素 H_2 が負極，酸化剤である酸化水酸化ニッケル(Ⅲ) NiO(OH)が正極となる。

❾ リチウムイオン電池　(−) C(黒鉛)とLiの化合物 | Li塩 | $Li_{(1-x)}CoO_2$ (+)

この電池はしくみが複雑なので，C(黒鉛)とLiの化合物が負極になると知っておいてね。

❿ 燃料電池(リン酸形)　(−) H_2 | H_3PO_4 aq | O_2 (+)

還元剤である水素 H_2 が負極，酸化剤である酸素 O_2 が正極となるんだ。

> H_2
>
> 水酸化ナトリウム水溶液の電気分解により得られる。
> 自動車・ロケットなどの燃料として利用されている。

実用電池❶～❿の電池式・分類，起電力は次の表のようになるんだ。

電池の名称	電池式・分類	起電力
❶ マンガン乾電池	(−) Zn | $ZnCl_2$ aq，NH_4Cl aq | MnO_2 (+)　一次電池	1.5 V
❷ アルカリマンガン乾電池	(−) Zn | KOH aq | MnO_2 (+)　一次電池	1.5 V
❸ リチウム電池	(−) Li | Li塩 | MnO_2 (+)　一次電池	3.0 V
❹ 酸化銀電池	(−) Zn | KOH aq | Ag_2O (+)　一次電池	1.55 V
❺ 空気亜鉛電池	(−) Zn | KOH aq | O_2 (+)　一次電池	1.3 V
❻ 鉛蓄電池	(−) Pb | H_2SO_4 aq | PbO_2 (+)　二次電池	2.0 V
❼ ニッケル・カドミウム電池	(−) Cd | KOH aq | NiO(OH) (+)　二次電池	1.3 V
❽ ニッケル・水素電池	(−) H_2 | KOH aq | NiO(OH) (+)　二次電池	1.35 V
❾ リチウムイオン電池	(−) C(黒鉛)とLiの化合物 | Li塩 | $Li_{(1-x)}CoO_2$ (+)　二次電池	4.0 V
❿ 燃料電池(リン酸形)	(−) H_2 | H_3PO_4 aq | O_2 (+)	1.2 V

リチウムイオン電池って，起電力が他の電池とくらべるとかなり高いね。

そうだね。小型・軽量・高電圧で，電解質に水が含まれていないので，寒さにも強いんだ。ノートパソコンやスマートフォンなどに使われているよ。

ポイント さまざまな実用電池について

● 負極と正極を判定できるようにしよう

チェック問題 6

標準 2分

身のまわりの電池に関する記述として下線部に誤りを含むものを，次の①～④のうちから１つ選べ。

① アルカリマンガン乾電池は，正極に MnO_2，負極に Zn を用いた電池であり，日常的に広く使用されている。

② 鉛蓄電池は，電解液に希硫酸を用いた電池であり，自動車のバッテリーに使用されている。

③ 酸化銀電池(銀電池)は，正極に Ag_2O を用いた電池であり，一定の電圧が長く持続するので，腕時計などに使用されている。

④ リチウムイオン電池は，負極に Li を含む黒鉛を用いた一次電池であり，軽量であるため，ノートパソコンやスマートフォンなどの電子機器に使用されている。

解答・解説

④

④ リチウムイオン電池は充電によりくり返し使うことのできる二次電池である。〈誤り〉

第２章　物質の変化

電池（2）

この項目のテーマ

1 ボルタ電池
各極の反応をおさえよう！

2 ダニエル電池
各極の反応をおさえよう！

1 ボルタ電池について

亜鉛 Zn 板と銅 Cu 板を希硫酸に浸して導線で結んだものをボルタ電池という。

亜鉛 Zn は銅 Cu よりイオン化傾向が大きい（陽イオンになりやすい）ので，還元剤である Zn が Zn^{2+} になるとともに，亜鉛板から銅板に向かって電子 e^- が流れる。この流れてくる電子 e^- を銅板の表面上で酸化剤である H^+ が受けとって**水素 H_2 が発生**するんだ。

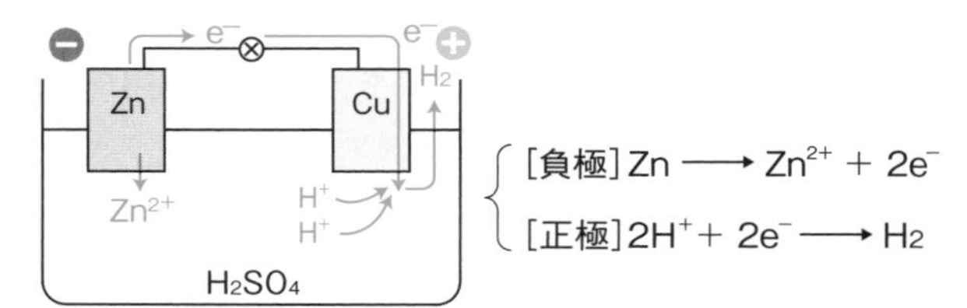

ボルタ電池は，還元剤である Zn と酸化剤である希硫酸の H^+ との間がしきられていないね。

そうなんだ。ボルタ電池は，還元剤と酸化剤をしきり板で分けていない以外にも，いろいろと問題がある電池なんだ。ただ，共通テストではよく出題されるので，**各極の反応式とボルタ電池は放電をはじめると起電力が 1.1 V から 0.4 V くらいに低下すること**を知っておいてね。

ポイント ボルタ電池について

- (−)Zn | H_2SO_4 aq | Cu(+)
- [負極]Zn ⟶ Zn^{2+} + $2e^-$　　[正極]$2H^+$ + $2e^-$ ⟶ H_2

チェック問題 1　標準 2分

ある電解質の水溶液に，電極として2種類の金属を浸し，電池とする。この電池に関する次の記述(A ~ C)について，［ア］~［ウ］にあてはまる語の組み合わせとして最も適当なものを，次の①~⑧のうちから1つ選べ。

A　イオン化傾向のより小さい金属が［ア］極となる。
B　放電させると［イ］極で還元反応が起こる。
C　放電によって電極上で水素が発生する電池では，その電極が［ウ］極である。

	ア	イ	ウ
①	正	正	正
②	正	正	負
③	正	負	正
④	正	負	負
⑤	負	正	正
⑥	負	正	負
⑦	負	負	正
⑧	負	負	負

解答・解説

①

ボルタ電池をイメージして解くとよい。

A　イオン化傾向のより大きな金属が負極となるので，小さい金属は［正］極となる。
B　負極(還元剤あり)では酸化反応が起こり，［正］極(酸化剤あり)では還元反応が起こる。
C　水素が発生する電極は［正］極となる。ボルタ電池の銅板に相当する。

2 ダニエル電池について

亜鉛 Zn 板を浸した硫酸亜鉛 $ZnSO_4$ 水溶液と銅 Cu 板を浸した硫酸銅(Ⅱ) $CuSO_4$ 水溶液を素焼き板でしきり，導線で結んだものをダニエル電池というんだ。

亜鉛 Zn は銅 Cu よりもイオン化傾向が大きい(陽イオンになりやすい)ので，還元剤である Zn が Zn^{2+} になるとともに，亜鉛板から銅板に向かって電子 e^- が流れる。この流れてくる電子 e^- を銅板の表面上で酸化剤の Cu^{2+} が受けとって**銅 Cu が析出する**んだ。

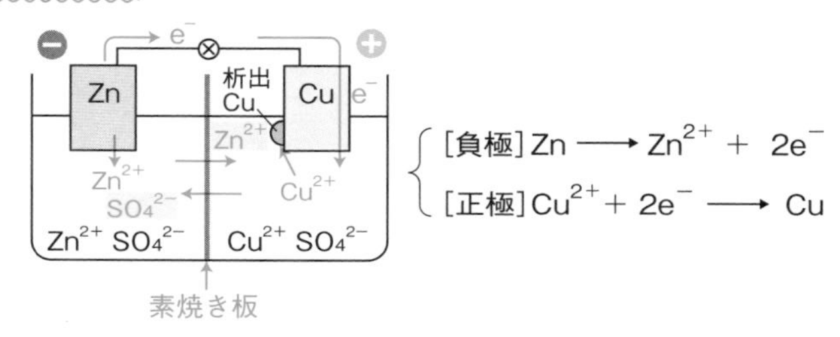

素焼き板(しきり板)の役割は，わかるかな？

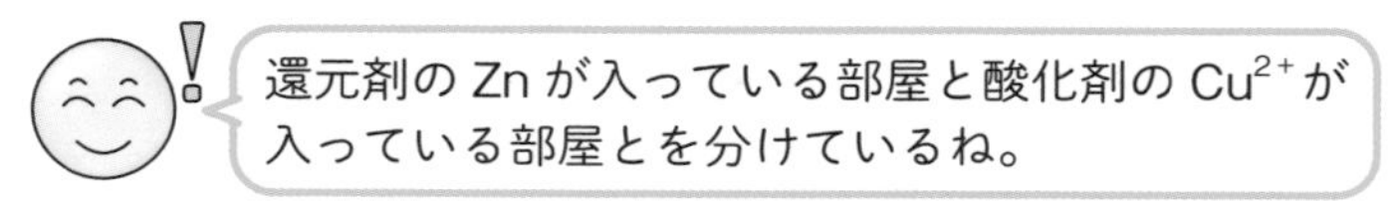

そうだね。でもそれだけではないんだ。還元剤の部屋と酸化剤の部屋を，**素焼き板を使わずに**ビーカー２つで分けたとするよ。この状態で電子 e^- が流れると，負極では Zn^{2+} が出てくるんだ。

また，正極では Cu^{2+} が Cu として析出することで，Cu^{2+} といっしょに入っていた $SO_4{}^{2-}$ が残る。そうすると，電子 e^- の流れは下図のように止まってしまうね。

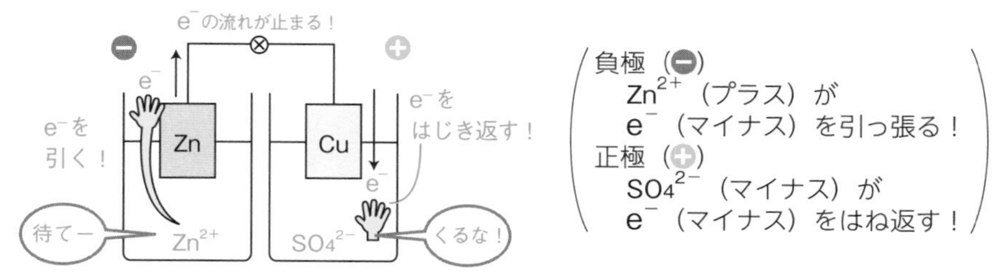

ところが素焼き板を使うと小さな穴がたくさんあいているので，この穴を**「出てきた Zn^{2+}」や「余った $SO_4{}^{2-}$」が移動する**ことで，電子 e^- が流れるようになるんだ。

つまり，**導線中を電子 e^- が移動し電解質水溶液中はイオンが移動することで電池が機能する**んだ。

じゃあ，素焼き板をイオンを通さないしきり板に変えたらどうなるの？

もちろん，電池は使えなくなるよ。

ポイント ダニエル電池について

- (−) Zn ｜ $ZnSO_4$ aq ｜ $CuSO_4$ aq ｜ Cu (+)
- [負極] $Zn \longrightarrow Zn^{2+} + 2e^-$　　[正極] $Cu^{2+} + 2e^- \longrightarrow Cu$
- 素焼き板を Zn^{2+} や SO_4^{2-} が移動する

チェック問題 2　標準　3分

金属 A の板を入れた A の硫酸塩水溶液と，金属 B の板を入れた B の硫酸塩水溶液を素焼き板でしきって作製した電池を図に示す。素焼き板は，両方の水溶液が混ざるのを防ぐが，水溶液中のイオンを通すことができる。この電池の全体の反応は，式(1)によって表される。

$$A + B^{2+} \longrightarrow A^{2+} + B \qquad (1)$$

この電池に関する記述として誤りを含むものはどれか。最も適当なものを，あとの①～④のうちから 1 つ選べ。

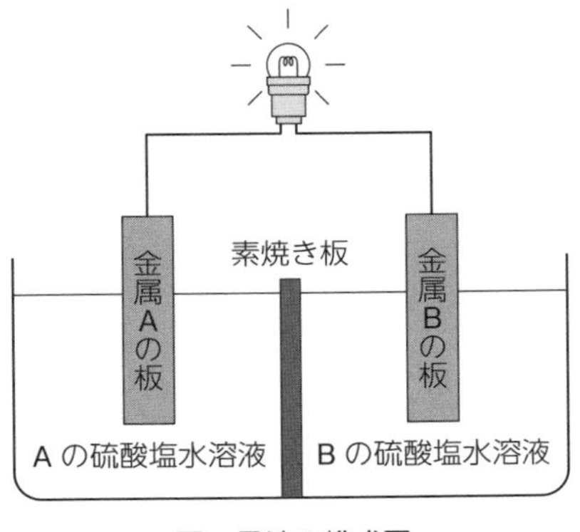

図　電池の模式図

① 金属Aの板は負極としてはたらいている。
② 2 molの金属Aが反応したときに，1 molの電子が電球を流れる。
③ 反応によって，B^{2+}が還元される。
④ 反応の進行にともない，金属Aの板の質量は減少する。

解答・解説

②

ダニエル電池をイメージして解くと解きやすい。

式(1)ではAがBを追い出していることから，イオン化傾向がA＞Bであるとわかり，金属Aの板が負極，金属Bの板が正極になる。(➡①は〈正しい〉)
イオン化傾向の大きなほうの金属板が負極になる

よって，電池式は，(−)A｜A^{2+} SO_4^{2-} aq｜B^{2+} SO_4^{2-} aq｜B(+)
となる。

または，式(1)は次のようにつくることができるので，①は〈正しい〉と判定してもよい。

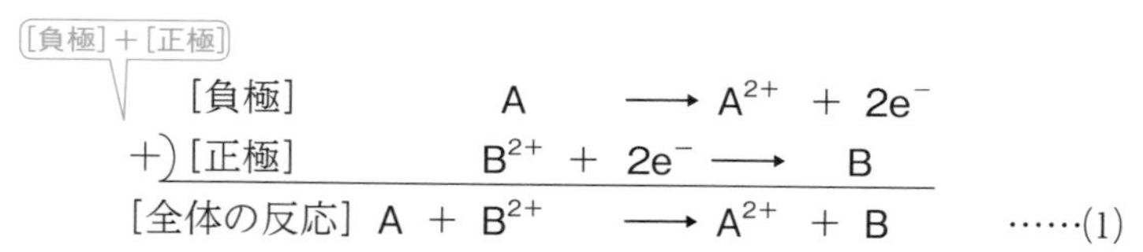

② [負極]$1A \longrightarrow A^{2+} + 2e^-$から，1 molの金属Aが反応したときに2 molの電子e^-が電球を流れることがわかる。よって，2 molの金属Aが反応したときには4 molの電子e^-が電球を流れる。〈誤り〉

③ [正極]$B^{2+} + 2e^- \longrightarrow B$から，$B^{2+}$は電子$e^-$を得るので酸化剤とわかる。酸化剤は，還元される。〈正しい〉

④ [負極]$A \longrightarrow A^{2+} + 2e^-$から，2 molの電子$e^-$が流れると，金属A 1 molが溶解する。つまり，金属Aの板の質量は減少する。〈正しい〉

チェック問題 3

標準 

下線部に誤りを含むものを，次の①～⑤のうちから１つ選べ。

① 導線から電子が流れこむ電極を，電池の正極という。
② 電池の両極間の電位差を起電力という。
③ 充電によってくり返し使うことのできる電池を，二次電池という。
④ ダニエル電池では，亜鉛よりイオン化傾向が小さい銅の電極が負極となる。
⑤ 鉛蓄電池では，鉛と酸化鉛(Ⅳ)を電極に用いる。

解答・解説

④

① 〈正しい〉 電池の正極で酸化剤が電子 e^- を受けとることから判断する。
② 〈正しい〉 起電力は，電池の負極と正極の間の電圧の最大値になる。
③ 〈正しい〉 蓄電池ともいう。
④ 〈誤り〉 イオン化傾向が小さい銅 Cu の電極は正極となる。
⑤ 〈正しい〉 鉛 Pb と酸化鉛(Ⅳ)PbO_2 を電極に用いる。

チェック問題 4

標準 

誤りを含むものを，次の①～④のうちから１つ選べ。

① 電池の放電では，化学エネルギーが電気エネルギーに変換される。
② 電池の放電時には，負極では還元反応が起こり，正極では酸化反応が起こる。
③ 電池の正極と負極との間に生じる電位差を，電池の起電力という。
④ 水素を燃料として用いる燃料電池では，放電時に水が生成する。

解答・解説

②

① 化学エネルギーが電気エネルギーに変換される。〈正しい〉

② 負極では還元剤が酸化される酸化反応が起こり，正極では酸化剤が還元される還元反応が起こる。〈誤り〉

④ 燃料電池全体では，放電時次の反応が起こり水が生成する。〈正しい〉

$$2H_2 + O_2 \longrightarrow 2H_2O$$

思考力のトレーニング

標準 3分

放電時の両極における酸化還元反応が，次の式で表される燃料電池がある。

［正極］ $O_2 + 4H^+ + 4e^- \longrightarrow 2H_2O$

［負極］ $H_2 \longrightarrow 2H^+ + 2e^-$

この燃料電池の放電で，2.0 mol の電子が流れたときに生成する水の質量と，消費される水素の質量はそれぞれ何 g か。質量の数値の組み合わせとして最も適当なものを，次の①～④のうちから1つ選べ。ただし，流れた電子はすべて水の生成に使われるものとし，原子量は H = 1.0，O = 16とする。

	生成する水の質量〔g〕	消費される水素の質量〔g〕
①	9.0	1.0
②	9.0	2.0
③	18	1.0
④	18	2.0

解答・解説

④

［正極］ $O_2 + 4H^+ + 4e^- \longrightarrow 2H_2O$ の反応式と $H_2O = 18$ より，（$4e^-$ → $2H_2O$：$\times\frac{1}{2}$倍）（モル質量18 g/1 mol）

生成する水 H_2O の質量は，$2.0 \times \frac{1}{2} \times 18 = 18$〔g〕になる。

（e^-〔mol〕→ H_2O〔mol〕→ H_2O〔g〕）

［負極］ $1H_2 \longrightarrow 2H^+ + 2e^-$ の反応式と $H_2 = 2.0$ より，（$2e^-$ → $1H_2$：$\times\frac{1}{2}$倍）（モル質量2.0 g/1 mol）

消費される水素 H_2 の質量は，$2.0 \times \frac{1}{2} \times 2.0 = 2.0$〔g〕になる。

（e^-〔mol〕→ H_2〔mol〕→ H_2〔g〕）

第３章　化学が拓く世界

身のまわりの生活の中の化学

この項目のテーマ

1 身のまわりの生活の中の化学
金属・洗剤について学ぼう！
2 地球環境と化学
環境問題について考えよう！

第３章　化学が拓く世界では，日常生活に化学がどのようにかかわっているかを学習するんだ。覚えることが多いので，がんばってついていきてね。

たいへんそうだね。

たしかにね。覚えることが多い分野は，問題を解きながら学ぶと比較的楽に覚えられるので，第３章は**チェック問題**を解きながらマスターしてね。

1 身のまわりの生活の中の化学について

❶ 金属と人間生活（金属の製錬）

鉄 Fe，銅 Cu，アルミニウム Al の製錬を**チェック問題**を解きながら学習していくことにするね。

イオン化傾向の大きな金属のイオンは単体になりにくいので，単体を得るためには複雑な操作が必要になるんだ。

チェック問題 1　標準　2分

金属の製錬に関する次の文ａ・ｂ中の空欄［ア］～［エ］に入れる語の組み合わせとして最も適当なものを，あとの①～④のうちから１つ選べ。

ａ　鉄と［ア］の化合物を主成分とする赤鉄鉱を，コークスや［イ］とともに溶鉱炉に入れ，加熱すると，銑鉄が得られる。

b　銅と［ウ］を成分として含む黄銅鉱を，［エ］とともに溶鉱炉で加熱した後，転炉に移して高温で空気を吹きこむと，粗銅が得られる。

	ア	イ	ウ	エ
①	酸素	ケイ砂	硫黄	アルミナ
②	酸素	石灰石	硫黄	ケイ砂
③	硫黄	ケイ砂	酸素	ケイ砂
④	硫黄	石灰石	硫黄	ケイ砂

解答・解説

②

a　鉄 Fe の製錬：鉄 Fe と$_{ア}$［酸素］O_2 の化合物である Fe_2O_3 を主成分とする赤鉄鉱(鉄鉱石)を，コークス C や$_{イ}$［石灰石］$CaCO_3$ とともに溶鉱炉に入れ，加熱して，銑鉄を得る。

このとき，加熱することで生じる一酸化炭素 CO が，Fe_2O_3 を還元する。

$$Fe_2O_3 + 3CO \longrightarrow \underset{銑鉄}{2Fe} + 3CO_2$$

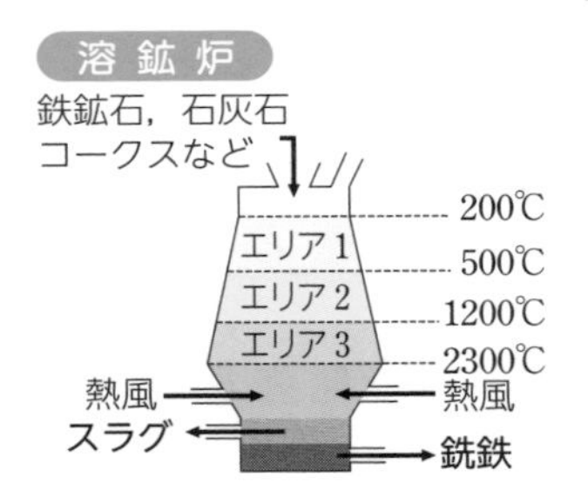

スラグとは，石灰石 $CaCO_3$ の熱分解により生じる CaO と鉄鉱石に含まれる SiO_2 が反応することで生じる $CaSiO_3$ などをいい，**セメントの原料**などに使われる。

銑鉄は炭素 C を約 4 % 含み，もろいため**展性**(うすく広げられる性質)・**延性**(細く引き延ばされる性質)に乏しい。そこで，転炉で銑鉄に酸素 O_2 を吹きこむことにより，炭素 C を一酸化炭素 CO として除き鋼(スチール)をつくる。

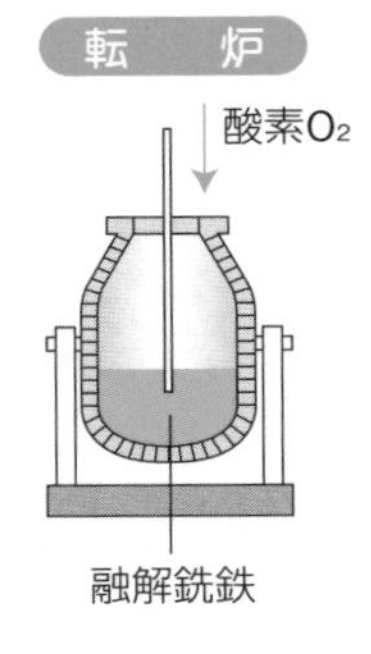

b　銅 Cu の製錬(粗銅を得るまで)：銅 Cu と$_{ウ}$［硫黄］S を成分として含む黄銅鉱 $CuFeS_2$ を，$_{エ}$［ケイ砂］SiO_2 とともに溶鉱炉で加熱した後，得られた硫化銅(Ⅰ)Cu_2S を転炉に移して高温で空気を吹きこむと，粗銅が得られる。

参考 〈溶鉱炉での反応〉

$$2CuFeS_2 + 4O_2 + 2SiO_2 \longrightarrow Cu_2S + 2FeSiO_3 + 3SO_2$$

（$CuFeS_2$：黄銅鉱，SiO_2：ケイ砂）

〈転炉での反応〉

$$2Cu_2S + 3O_2 \longrightarrow 2Cu_2O + 2SO_2$$

$$Cu_2S + 2Cu_2O \longrightarrow 6Cu + SO_2$$

（Cu：粗銅）

粗銅は，純度99％程度で不純物として鉄Fe，ニッケルNi，亜鉛Zn，鉛Pb，金Au，銀Agなどを含んでいる。

チェック問題 2　標準 2分

金属の製錬(精錬)に関する次の記述a・bにあてはまる金属の組み合わせとして最も適当なものを，次の①～④のうちから1つ選べ。

a　融解した氷晶石に金属酸化物を溶かし，電気分解する方法(溶融塩電解法(ようゆうえんでんかいほう))により製錬する。

b　金属硫酸塩を水に溶かし，精製しようとする金属を陽極として電解精錬する。

	a	b
①	鉄	銅
②	銅	アルミニウム
③	アルミニウム	鉄
④	アルミニウム	銅

解答・解説

④

a　アルミニウムAlの製錬：融解した氷晶石に注ボーキサイトから精製されたアルミニウムの酸化物(アルミナ：Al_2O_3)を溶かし，電気分解する方法(溶融塩電解)により製錬する。

Al_2O_3を融解させてAl^{3+}とO^{2-}とし，電気分解することで陰極からAlが得られ，陽極からCOやCO_2が生じる。

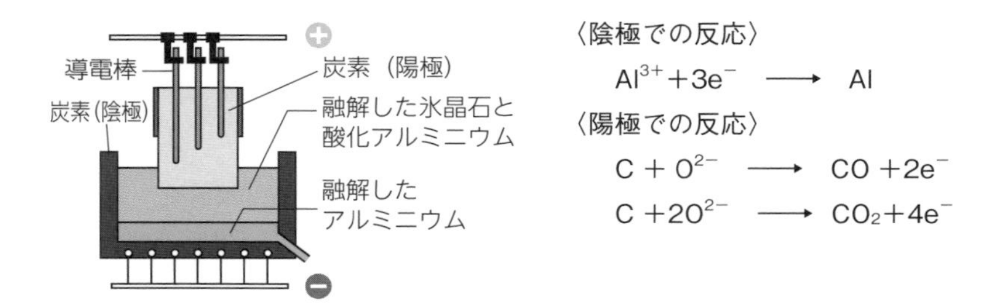

注　ボーキサイト…Al を含む鉱石(主成分 $Al_2O_3 \cdot nH_2O$)

b　銅 Cu の精錬(粗銅から純銅を得るまで)：金属硫酸塩($CuSO_4$)を水に溶かし，精製する金属(粗銅)を陽極，純銅を陰極として電解精錬する。

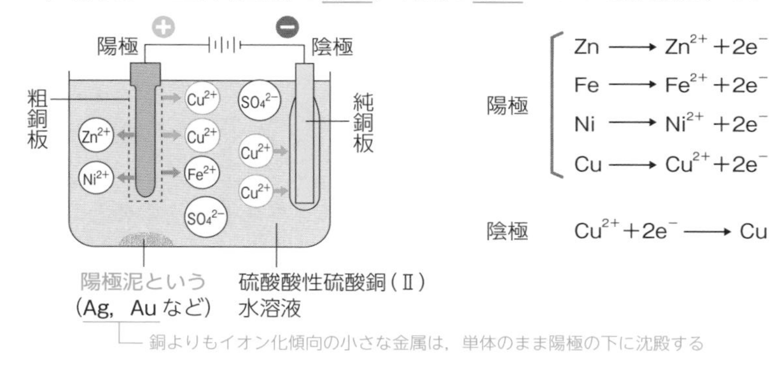

鉄 Fe，銅 Cu，アルミニウム Al の重要な性質をおさえていくことにするね。

鉄 Fe についておさえておくべきポイント

ポイント1　**赤鉄鉱**の主成分は Fe_2O_3，**磁鉄鉱**(じてっこう)の主成分は Fe_3O_4 である。また，Fe_2O_3 は鉄の**赤さび**，Fe_3O_4 は鉄の**黒さび**でもある。

ポイント2　**銑鉄**は炭素 C を約 4 %含み，**かたくてもろく展性・延性に乏しい**。銑鉄は，マンホールのふたなどの**鋳物**(いもの)に用いる。

ポイント3　銑鉄に含まれている炭素 C を除いてつくった**鋼**(スチール)は，**弾力や強さが大きく**，建物，自動車などに使用される。

ポイント4　世界での鉄の生産量は，全金属の中で圧倒的に多い(全金属の約 9 割)。

ポイント5　濃硝酸に触れると表面にち密な酸化物の被膜が形成される。この状態を不動態(➡ p.241)という。

チェック問題 3

標準 

下線部に誤りを含むものを，次の①～⑤のうちから１つ選べ。

① 銑鉄は，炭素を含み，硬くてもろい欠点があるが，融点が低いので鋳物として多く使用されている。
② 溶鉱炉の中では，高温でコークスが燃えるときにできる一酸化炭素によって，鉄鉱石が還元される。
③ 鋼は，銑鉄の炭素の量を少なくして弾力や強さを増加させたもので，建物，船舶，自動車などの基本材料として使用される。
④ 鉄鉱石として使用される赤鉄鉱や磁鉄鉱の主成分は，硫化鉄である。
⑤ 鉄は，湿った空気中では赤さびを生じる。

解答・解説

④

② CO は有毒な気体であり，鉄鉱石を還元するために利用されている。〈正しい〉
④ 赤鉄鉱の主成分は酸化鉄(Ⅲ) Fe_2O_3，磁鉄鉱の主成分は四酸化三鉄 Fe_3O_4 なので，主成分は硫化鉄ではなく酸化鉄である。〈誤り〉
⑤ 鉄は湿った空気中で酸化され赤さび(Fe_2O_3)を生じる。強く熱すると黒さび(Fe_3O_4)を生じる。〈正しい〉

銅 Cu についておさえておくべきポイント

ポイント 1　単体の色が赤色で，延性・展性に富み加工しやすい。

ポイント 2　電気伝導性が銀 Ag について大きく，電線などに用いられている。
➡ 金属単体の電気伝導性の順：Ag ＞ Cu ＞ Au ＞ Al ＞……

ポイント 3　*黄銅(おうどう)(brass) ➡ Cu－Zn，青銅(せいどう)(bronze) ➡ Cu－Sn などの合金(ごうきん)の材料になる。＊黄銅は，真ちゅうともいう。

ポイント 4　表面に緑色のさび(緑青(ろくしょう))を生じることがある。

ポイント 5　化合物に，酸化銅(Ⅱ) CuO ➡ 黒色，酸化銅(Ⅰ) Cu_2O ➡ 赤色，$CuSO_4 \cdot 5H_2O$ ➡ 青色，$CuSO_4$ ➡ 白色　などがある。

ポイント 6　炎色反応は，青緑色を示す。

チェック問題 4

銅 Cu に関する記述として下線部に誤りを含むものを，次の①～⑥のうちから2つ選べ。

① 延性・展性に富み，加工しやすい。
② 表面にできる緑青は，酸化銅(Ⅱ)である。
③ 塩酸に溶けない。
④ 橙色の炎色反応を示す。
⑤ 電気伝導性が大きく，電線などに用いられる。
⑥ さまざまな合金の材料として用いられている。

解答・解説

②，④

② 緑青は，黒色の酸化銅(Ⅱ) CuO や赤色の酸化銅(Ⅰ) Cu_2O のような酸化物ではない。〈誤り〉 (参考) 緑青の化学式 $CuCO_3 \cdot Cu(OH)_2$
③ Cu は水素よりイオン化傾向が小さく，塩酸 HCl に溶けない。〈正しい〉
④ Cu の炎色反応の色は，青緑色である。〈誤り〉
⑥ 黄銅(真ちゅう) ➡ Cu－Zn，青銅 ➡ Cu－Sn を覚えておこう。〈正しい〉

アルミニウム Al についておさえておくべきポイント

ポイント1 地殻中では質量比で酸素 O，ケイ素 Si についで3番目に多く存在する。
➡ 地殻(地球表層部)を構成する元素の順序は，① O ② Si ③ Al ④ Fe…の順。(お(O)し(Si)ある(Al)て(Fe)と覚えよう。)

ポイント2 製造に大量の電気が必要なので，再生利用(リサイクル)されている(約3％の消費エネルギーでリサイクルできる)。

ポイント3 単体の色は銀白色で，延性・展性に富む密度 $2.7\ g/cm^3$ の**軽金属**(➡ 密度が $4.0\ g/cm^3$ 以下の金属を軽金属という)である。

ポイント4 **銅** Cu などとの合金を**ジュラルミン** Al－Cu－Mg－Mn という。

ポイント5 **酸素** O_2 中で熱すると，次の反応が起こり，**白い光を放ちながら激しく燃える。** $4Al + 3O_2 \longrightarrow 2Al_2O_3$

ポイント6　濃硝酸に触れると表面にち密な酸化物の被膜が形成される。この状態を**不動態**(→ P.241)という。

ポイント7　表面に**酸化アルミニウム Al_2O_3 の被膜を人工的につくった**アルミニウムの製品を**アルマイト**という。

ポイント8　酸化アルミニウム Al_2O_3 は**アルミナ**ともよばれ，**ルビーやサファイアの主成分**である。

チェック問題5　標準　2分

アルミニウム Al に関する記述として下線部に誤りを含むものを，次の①～⑧のうちから2つ選べ。

① アルミニウムは，地殻を構成している元素のうちで，存在度(質量パーセント)が酸素，ケイ素についで大きい。
② ボーキサイトを水酸化ナトリウム水溶液で処理した後，高温で加熱すると酸化アルミニウム(アルミナ)が生じる。
③ アルミニウムは，酸化アルミニウム(アルミナ)を融解し，高温で水素還元して製造される。
④ アルミニウムの製錬には大量の電力が使われる。
⑤ アルミニウムの電気伝導性は，金属の中で最も優れている。
⑥ アルミニウムは，リサイクルされている金属の1つである。
⑦ アルミニウムは，ジュラルミンの原料として用いられる。
⑧ アルミニウムは，1円硬貨や飲料用缶の材料として用いられている。

解答・解説

③，⑤

① 酸素 O＞ケイ素 Si＞アルミニウム Al ＞鉄 Fe ＞…の順になる。〈正しい〉

② 単体のアルミニウム Al は，ボーキサイト $Al_2O_3 \cdot nH_2O$ を水酸化ナトリウム NaOH 水溶液で処理した後，高温で加熱し生じた酸化アルミニウム(アルミナ)Al_2O_3 を溶融塩電解し，製造する。〈正しい〉

地殻を構成する元素

③ アルミニウム Al は，酸化アルミニウム(アルミナ)の溶融塩電解(電気分解)により製造される。水素 H_2 還元では製造されない。〈誤り〉

④ アルミニウム Al の製錬には大量の電力が使われるので，アルミニウム Al は電気の缶詰といわれる。〈正しい〉

⑤ **金属単体の電気伝導性の順は，** Ag ＞ Cu ＞ Au ＞ Al ＞……**の順**になり，電気伝導性が金属の中で最も優れているのは銀 Ag である。〈誤り〉

⑥ アルミニウムは，ボーキサイトから製錬するときの約３％のエネルギーでリサイクルできる。〈正しい〉

⑦ ジュラルミンは，Al(主成分)，Cu，Mg，Mn などからなるアルミニウムの合金である。〈正しい〉

⑧ １円硬貨やアルミ缶の材料としてアルミニウムが用いられる。〈正しい〉

チェック問題 6　易　1分

水酸化ナトリウム水溶液に最も侵されやすい金属材料を，次の①～⑤のうちから１つ選べ。

① 鉄　② アルミニウム　③ 金
④ ステンレス鋼(ステンレス)　⑤ 銅

解答・解説

②

アルミニウム Al，亜鉛 Zn，スズ Sn，鉛 Pb などは，酸の水溶液や強塩基の水溶液に水素 H_2 を発生して溶ける両性金属(➡「あ(Al)あ(Zn)すん(Sn)なり(Pb)」と覚えよう！)である。また，Al_2O_3，ZnO，SnO，PbO などは，酸の水溶液や強塩基の水溶液に溶ける両性酸化物である。

Fe(手)Ni(に)Al(ある)は，濃硝酸 HNO_3 と不動態になった(➡ p.241)よね。

そうだね。表面にち密な酸化物の被膜をつくったよね。ここで，Fe，Cu，Al 以外の金属にも注目してみることにしよう。

● 鉛 Pb

二次電池である鉛蓄電池の電極や放射線の遮蔽材(しゃへいざい)などとして使われる。鉛の化合物には，毒性を示すものが多い。

● 銀 Ag

電気伝導性・熱伝導性は**すべての金属元素の単体の中で最大**であり，Ag^+ は抗菌剤に使われている。

● マグネシウム Mg

空気中で火をつけると，**白煙と強い光**を出して激しく燃える。

● チタン Ti

軽くて強度に優れており，さびにくく耐久性がある。

チェック問題 7　標準 2分

下線部に誤りを含むものを，次の①～⑦のうちから2つ選べ。

① マグネシウムは，空気中で火をつけると激しく燃える。
② アルミニウムは，空気中でその表面に酸化物のうすい膜をつくる。
③ 白金は，空気中で化学的に変化しにくく，宝飾品に用いられる。
④ 鉄は，風雨にさらされると，緑青とよばれるさびを生じる。
⑤ チタンは，さびにくく耐久性がある。
⑥ 銅は，硝酸には溶けないが，塩酸には溶ける。
⑦ 銀は，金より電気伝導性が大きい。

解答・解説

④，⑥

② 酸化物のうすい膜は Al_2O_3 である。〈正しい〉

③ イオン化傾向が小さな白金 Pt や金 Au は，自然界において単体として産出することが多い。〈正しい〉

④ 緑青を生じる金属は，銅 Cu である。〈誤り〉

⑥ 銅 Cu は水素よりもイオン化傾向が小さいため，塩酸 HCl には溶けない。ただし，水素よりもイオン化傾向が小さな銅 Cu や銀 Ag でも酸化力の強い希硝酸 HNO_3 や濃硝酸 HNO_3 には溶ける。〈誤り〉

⑦ 電気伝導性の順は，Ag ＞ Cu ＞ Au ＞ Al ＞……の順。〈正しい〉

今までの**チェック問題**で，いろいろな合金が出てきたね。

そうだね。鉄 Fe の合金には，鉄 Fe にクロム Cr やニッケル Ni を混ぜてつくられるさびにくい鉄合金の**ステンレス鋼**がある。**ステンレス鋼は，表面にクロムの酸化物が形成されて不動態となる**ので，合金の内部にまで化学反応が進みにくいんだ。

銅 Cu の合金は，**黄銅**(Cu－Zn)，**青銅**(Cu－Sn)に加えて，**白銅**(Cu－Ni)も覚えておいてね。

●黄銅（ブラス，真ちゅう）Cu－Zn

トランペットなどの楽器や 5 円硬貨などに用いられる。

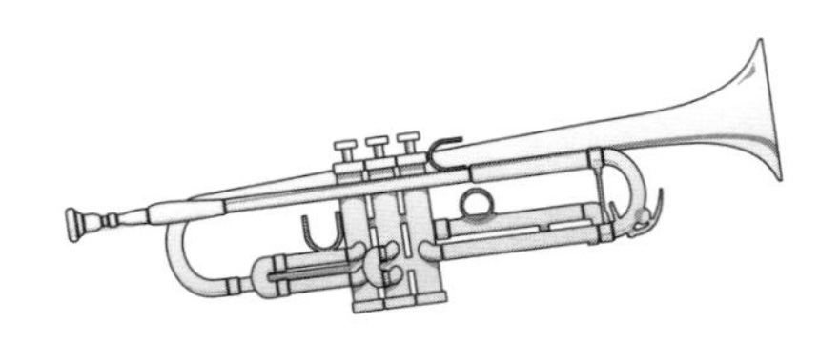

Cu：60～70%
Zn：40～30%

●青銅（ブロンズ）Cu－Sn

ブロンズ像などの銅像などに使用される。

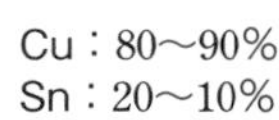

●白銅 Cu－Ni

50円硬貨や100円硬貨などに用いられる。

Cu：75%
Ni ： 25%

Cu：75%
Ni ：25%

1 円硬貨には，たしかアルミニウム Al が使われていたね。
10円硬貨や500円硬貨には何が使われているの？

10円硬貨は Cu－Zn－Sn（95%，4～3%，1～2%），500円硬貨は Cu－Zn－Ni（75%，12.5%，12.5%）なんだ。

1 円以外は，銅 Cu が使われているんだね。

アルミニウム Al の合金には，**アルミニウム Al に銅 Cu やマグネシウム Mg などを加えた軽合金のジュラルミンがある。**ジュラルミンは，軽くて強度の大きな合金で，**航空機などの材料**に用いられるんだ。

チェック問題 8

標準 2分

下線部に誤りを含むものを，次の①～⑥のうちから2つ選べ。

① 青銅は，銅と亜鉛の合金であり，さびにくく，美術品や鐘などに用いられる。
② ニクロムは，ニッケルとクロムの合金であり，電気抵抗が小さく，電熱線の材料に用いられる。
③ ステンレス鋼は，クロムやニッケルなどを鉄に加えた合金で，さびにくい。
④ チタンとニッケルからなる形状記憶合金は，変形したあとでも温度を変えて，元の形に戻すことができる。
⑤ 真ちゅう(黄銅)は，銅に亜鉛を加えて得られる黄色の光沢をもつ合金で，楽器などに用いられる。
⑥ ジュラルミンは，アルミニウムを主成分とする合金で，軽くて丈夫なので飛行機の構造材として使われている。

解答・解説

①，②

① 青銅(ブロンズ)は銅 Cu とスズ Sn の合金であり，銅 Cu と亜鉛 Zn の合金は黄銅(真ちゅう)である。〈誤り〉
② ニクロムは，ニッケル Ni とクロム Cr の合金であり，電気抵抗が大きく，電熱線の材料に用いられる。〈誤り〉
④ 形状記憶合金は，チタン Ti とニッケル Ni からなるものが有名。眼鏡のフレームや温度センサーなどに用いられている。〈正しい〉

第3章 化学が拓く世界

ポイント 合金について

合　金	成　分	特徴・用途など
ステンレス鋼	Fe－Cr－Ni	さびにくい。刃物など
黄銅（真ちゅう）	Cu－Zn	加工しやすい。楽器，５円硬貨など
青銅（ブロンズ）	Cu－Sn	さびにくく加工しやすい。銅像，鐘など
白銅	Cu－Ni	加工しやすい。50円硬貨，100円硬貨など
ジュラルミン	Al－Cu－Mg－Mn	軽く丈夫。航空機など
ニクロム	Ni－Cr	電気抵抗が大きい。電熱線など
形状記憶合金	Ti－Ni	加熱や冷却により元の形に戻る。眼鏡のフレームや温度センサーなど

鉄などの金属は使っているうちに酸化されその表面にさびを生じる。

酸化を防ぐためには，金属と酸素 O_2 や水 H_2O を遮断（しゃだん）することが必要なんだ。

どう，遮断するの？

たとえば，酸化されやすい金属の表面に他の金属をうすい膜としてくっつける。この操作を**めっき**といいい，**トタン**と**ブリキ**が有名なんだ。**トタンは鉄 Fe に亜鉛 Zn を，ブリキは鉄 Fe にスズ Sn をめっきしてつくる**。

ポイント トタンとブリキについて

- トタン ▶ 鉄 Fe の表面を亜鉛 Zn でめっきしたもの。表面にキズがついて Fe が露出しても，Zn が酸化されることで Fe の酸化が進みにくい
  例　屋根，バケツ
- ブリキ ▶ 鉄 Fe の表面をスズ Sn でめっきしたもの。表面にキズがついて Fe が露出すると，すぐに酸化されてしまう
  例　缶詰

❷ 汚れを落とす技術（洗剤）

ⓐ セッケン

油（おもに植物の油）に水酸化ナトリウム NaOH 水溶液を加えて加熱すると，油が分解し，セッケンをつくることができる。

$$\begin{array}{l} H_2C-O-\overset{\displaystyle O}{\overset{\|}{C}}-R^1 \\ \quad | \\ HC-O-\overset{\displaystyle O}{\overset{\|}{C}}-R^2 \\ \quad | \\ H_2C-O-\overset{\displaystyle O}{\overset{\|}{C}}-R^3 \end{array} + 3NaOH \xrightarrow{\text{加熱}} \begin{array}{l} H_2C-OH \\ \quad | \\ HC-OH \\ \quad | \\ H_2C-OH \end{array} + \begin{array}{l} R^1COONa \\ R^2COONa \\ R^3COONa \end{array}$$

油　　　　グリセリン　　　　セッケン

（O−C の間の╱部分が切れる！）

セッケンは，水となじみやすい部分（＝**親水基**）と水となじみにくい（油となじみやすい）部分（＝**疎水基**または**親油基**）をもっている。

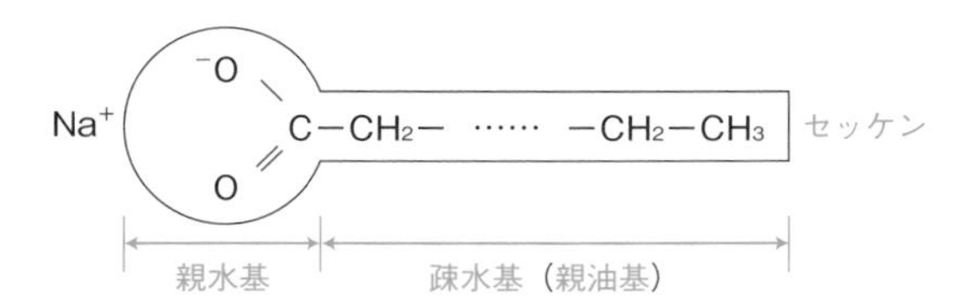

セッケンを水に溶かしてセッケン水をつくると，セッケン水の表面で，セッケンは，疎水基の部分を空気中に，親水基の部分を水中に向けて，空気と水の**界面**に並ぶんだ。

空気と水や，油と水などの混じり合わない物質の境界面のことをいうんだ。セッケンは空気と水の界面に並ぶことで，界面から水を追い出し水の表面が丸くなろうとする力（＝**表面張力**）を減少させる。水の表面張力が小さくなったセッケン水は，水にくらべて繊維のすき間にしみこみやすくなる。セッケンのようなはたらきをする物質を**界面活性剤**というんだ。

セッケン水の濃度が一定以上になると，**セッケンは疎水基を内側に，親水基を外側にして球状の粒子（＝ミセル）をつくり，水中に細かく分散する**んだ。

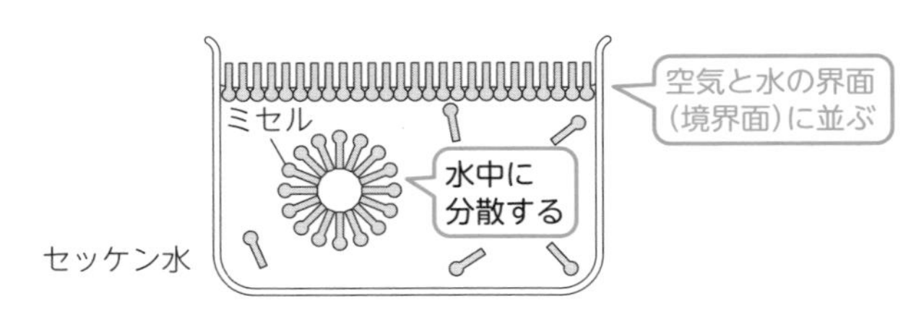

セッケンが油汚れをきれいに落とすには，セッケン水の濃度をミセルができるくらいの濃さにする必要があるんだ。

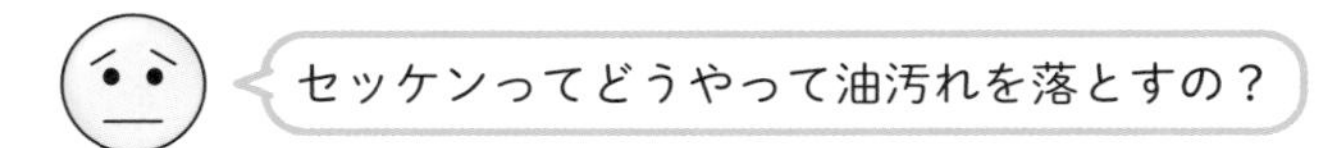

セッケンが油汚れを落とすときのようすは次のようになるんだ。

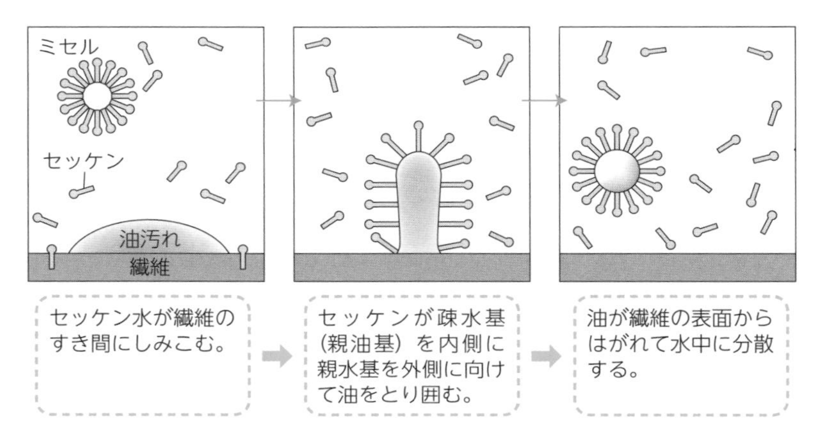

油は水と混じらないよね。でも，**油とセッケン水を混ぜると，油はセッケンの疎水性の部分にとり囲まれて細かい粒子となって水中に分散し，にごった水溶液になる**。

セッケン水（RCOONa の水溶液）って何性を示すかわかる？

弱酸 RCOOH と強塩基 NaOH を中和することによってできると考えられる正塩だから，強い塩基が勝って塩基性を示すね。

そうだね。**セッケン水は，塩基性を示す**んだ。このため，絹や羊毛などの塩基性（アルカリ）に弱い繊維の洗濯に使うことが難しいんだ。

また，カルシウムイオン Ca^{2+} やマグネシウムイオン Mg^{2+} を多く含む硬水（こうすい）にセッケンを溶かすと，**水に溶けにくい高級脂肪酸のカルシウム塩** $(RCOO)_2Ca$

やマグネシウム塩(RCOO)$_2$Mg が沈殿するためにセッケンの泡立ちが悪くなるんだ。

ポイント セッケンについて

- セッケンは油を塩基と加熱し分解してつくる
- セッケン水は**塩基性**を示す
- 硬水中ではセッケンは**泡立ちにくい**

チェック問題 9 易 1分

油をセッケン水に入れて振り混ぜると，微細な油滴となって分散する。このときのセッケン分子と油滴が形成する構造のモデル図(断面の図)として最も適当なものを，次の①～⑤のうちから１つ選べ。

ただし，油滴とセッケン分子を右上の図のように表す。

①
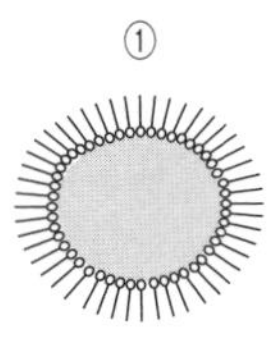
②
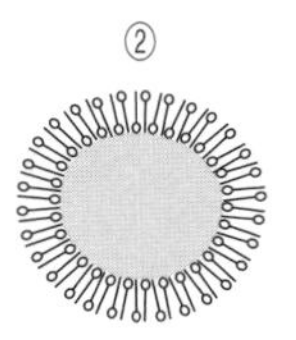
③
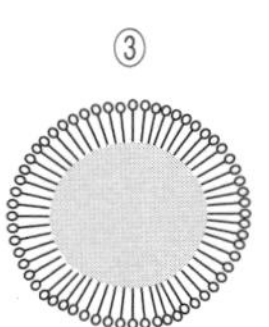
④
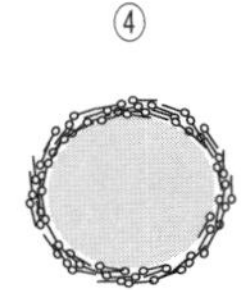
⑤

解答・解説

③

油はセッケンの疎水性部分にとり囲まれて，細かい粒子となって水中に分散する。

チェック問題 10

標準 2分

セッケンに関する次の文章中の空欄 1 ～ 4 に入れるのに最も適当なものを，次の①～⑨のうちから１つずつ選べ。

セッケンは，親水性と親油性の２つの部分からなる 1 であり，この２つの部分のはたらきにより，油汚れを水中に引き出す能力をもつ。しかし，セッケンを 2 中で使用すると，洗浄力は著しく低下する。その原因は，セッケンの 3 部分が 4 などと結びついて水に不溶な化合物をつくるためである。

① 洗浄補助剤(ビルダー)　② 界面活性剤　③ 親油性
④ 親水性　⑤ カルシウムイオン
⑥ 塩化物イオン　⑦ ナトリウムイオン
⑧ 軟水　⑨ 硬水

解答・解説

1 …②　2 …⑨　3 …④　4 …⑤

セッケンは，親水性と親油性の２つの部分からなる₁**界面活性剤** である。セッケンを₂**硬水** 中で使用すると，セッケンの₃**親水性** 部分 $-COO^-$ が₄**カルシウムイオン** Ca^{2+}などと結びついて水に不溶な化合物$(RCOO)_2Ca$ をつくるため洗浄力が著しく低下する。

ⓑ 合成洗剤

セッケン以外の界面活性剤をふつう**合成洗剤**といい，**合成洗剤には次のような高級アルコール系合成洗剤や石油系合成洗剤などがある。**

$R-O-SO_3^-Na^+$

疎水基（親油基）　親水基

高級アルコール系合成洗剤

$R-C_6H_4-SO_3^-Na^+$

疎水基（親油基）　親水基

石油系合成洗剤

セッケンと同じように親水基と疎水基(親油基)をもっているね。

そうだね。だから，セッケンと同じように洗浄作用があるんだ。

ただし**合成洗剤は，強酸と強塩基を中和することによってできると考えられる正塩だから，強いものどうしのときは「引き分け」と考えてその水溶液は中性になる**んだ。中性の水溶液になるから，合成洗剤は絹や羊毛の洗濯に使えるね。

合成洗剤は，硬水中では泡立つの？

合成洗剤のカルシウム塩やマグネシウム塩は水に溶けるから，合成洗剤は**硬水中でも泡立つ**んだ。

ポイント　合成洗剤について

- 合成洗剤の水溶液は**中性**
- 硬水中でも合成洗剤は**泡立つ**

洗剤(セッケンや合成洗剤などの界面活性剤)は，使用量が少ないと洗浄効果が小さいけれど使用量を多くしても洗浄効果が上がるわけでもないんだ。

使用量は表示を守って適量にすることが大切なんだね。

そうなんだ。使用量が多くなりすぎて排水に洗剤が多く含まれると，下水処理にお金がかかったり，河川や湖沼などの環境への負荷が増えるからね。

チェック問題 11

標準 

洗剤および洗浄に関する記述として誤りを含むものを，次の①～⑤のうちから１つ選べ。

① マグネシウムイオンやカルシウムイオンを含む水中では，セッケンの洗浄力は合成洗剤より劣る。
② 合成洗剤の化学構造は，セッケンとは異なるが，水になじみやすい部分と油になじみやすい部分をもつことは共通している。
③ セッケンは，おもに植物の油からつくられている。
④ 湖沼の富栄養化で問題となったリン酸塩は，現在，わが国の合成洗剤には含まれていない。
⑤ 合成洗剤は，合成繊維の洗浄に適しているが，天然繊維の洗浄には適さない。

解答・解説

⑤

① Mg^{2+}やCa^{2+}を含む硬水中では，セッケンは合成洗剤にくらべて泡立ちにくい。〈正しい〉
② セッケンと合成洗剤はどちらも水になじみやすい部分(親水性部分)と油になじみやすい部分(親油性部分)をもっている。〈正しい〉
③ セッケンはおもに植物の油からつくられている。〈正しい〉
⑤ 合成洗剤は，その水溶液が中性なので，絹や羊毛などの(塩基に弱い)天然繊維の洗浄にも使える。〈誤り〉

チェック問題 12

標準 

生活に関わる物質の記述として下線部に誤りを含むものを，次の①～⑥のうちから１つ選べ。

① ステンレス鋼は，鉄とアルミニウムの合金であり，さびにくいため流し台などに用いられる。
② セッケンなどの洗剤には，その構造の中に水になじみやすい部分と油になじみやすい部分がある。
③ 塩素は，水道水などの殺菌に利用されている。
④ ビタミンC(アスコルビン酸)は，食品の酸化防止剤として用いられる。
⑤ 生石灰(酸化カルシウム)は，吸湿性が強いので，焼き海苔(のり)などの保存に用いられる。
⑥ メタンは，都市ガスに利用されている。

解答・解説

①

① ステンレス鋼は，鉄 Fe－クロム Cr－ニッケル Ni の合金であり，さびにくい。〈誤り〉
② 水になじみやすい部分(親水基)と油になじみやすい部分(親油基)がある。〈正しい〉
③ 塩素 Cl_2 やオゾン O_3 は，水道水の殺菌に利用されている。〈正しい〉
④ ビタミンCは食品より酸化されやすく，食品が酸化されるのを防ぐ。〈正しい〉
⑤ 生石灰(酸化カルシウム CaO)は，シリカゲルより吸湿性が強い(➡ p.28参照)。〈正しい〉
⑥ メタンは天然ガスの主成分で，都市ガスなどの燃料に利用されている。〈正しい〉

第3章 化学が拓く世界

消　毒

塩素 Cl_2 やオゾン O_3 は殺菌作用があるので，水道水やプールの水の中の雑菌を殺すために利用されている。非常に有用な物質であるが，必要以上に用いてしまうと有毒になる。使用する量を調節し，必要最小限の使用量にすることが大切。

チェック問題 13

標準 

文章中の下線部(a)～(d)に誤りを含むものはどれか。次の①～④のうちから１つ選べ。

セッケンなどの洗剤の洗浄効果は，その主成分である界面活性剤の構造や性質と関係する。界面活性剤は，水になじみやすい部分と油になじみやすい(水になじみにくい)部分をもつ有機化合物である。そして，水に溶けない油汚れなどを (a)油になじみやすい(水になじみにくい)部分が包みこみ，繊維などから水中に除去する。この洗浄の作用は，界面活性剤の濃度がある一定以上のときに形成される，界面活性剤の分子が集合した粒子と関係する。そのため，(b)界面活性剤の濃度が低いと洗浄の作用は十分にはたらかない。一方，(c)適切な洗剤の使用量があり，それを超える量を使ってもその洗浄効果は高くならない。またセッケンの水溶液は (d)弱酸性を示す。加えて，カルシウムイオンを多く含む水では洗浄力が低下する。

①　(a)　　②　(b)　　③　(c)　　④　(d)

解答・解説

④

(a)　セッケンの洗浄のようす。〈正しい〉

(b)　ミセルがつくられる濃度よりも低いと洗浄作用を十分に発揮できない。〈正しい〉

(c)　必要以上に使っても洗浄効果は高くならない。〈正しい〉

(d)　セッケンの水溶液は弱塩基性を示す。〈誤り〉

2 地球環境と化学について

❶ 地球温暖化

石油や石炭，天然ガスなどを化石燃料といい，いずれもおもな成分が炭素 C や水素 H なんだ。化石燃料の使用量が増えると，それらの燃焼で大気中に多くの二酸化炭素 CO_2 や水蒸気 H_2O が生じることになるんだ。

大気中の二酸化炭素 CO_2 濃度は増加しているんだよね。

そうなんだ。地表は，太陽から吸収したエネルギーを**赤外線**として大気中に放射していて，この赤外線の一部を大気中の二酸化炭素 CO_2 が吸収するんだ。

地球温暖化だよね。

そうだね。大気中の二酸化炭素 CO_2 が増加すると，大気が熱を逃がさない現象（＝**温室効果**）が強くなり，地球の気温が上昇していく（＝**地球温暖化**）と考えられている。地球温暖化をもたらすと考えられている気体（＝**温室効果ガス**）には，**二酸化炭素** CO_2 のほかに，**水蒸気** H_2O や**メタン** CH_4 などがあるんだ。

チェック問題 14　標準

地球温暖化に関する記述として誤りを含むものを，次の①～④のうちから１つ選べ。

① 地球温暖化を防ぐためには，使用するエネルギーの絶対量を減らすとともに，エネルギーの利用効率を高くすることが重要である。
② 地球温暖化の原因の１つとなっている二酸化炭素排出量を減らすために，太陽熱，風力などの自然エネルギーの利用が試みられている。
③ 地球温暖化の原因の１つは，化石燃料の燃焼による酸素濃度の減少にある。
④ 植林は地球温暖化の防止に役立つ。

解答・解説

③

③　地球温暖化の原因のひとつは，化石燃料の燃焼による二酸化炭素 CO_2 濃度の増加にある。酸素 O_2 濃度の減少ではない。〈誤り〉

④　光合成による二酸化炭素 CO_2 の消費が期待できる。〈正しい〉

❷ 酸 性 雨

自然の雨水は大気中の二酸化炭素 CO_2 が溶けているので，pH の値が約5.6の弱い酸性を示す。ところが，酸性雨は pH の値が自然の雨水の5.6よりも小さな値を示すんだ。

pH が小さいから，自然の雨水より酸性が強いんだね。

そうだね。**工場や自動車から排出された窒素酸化物 NO_x や硫黄酸化物 SO_x が大気中で化学変化することで硝酸 HNO_3 や硫酸 H_2SO_4 となり，これらが雨水に溶けこみ酸性雨となる**んだ。

酸性雨の原因は，窒素酸化物 NO_x や硫黄酸化物 SO_x なんだね。

酸性雨によって，湖沼や河川が酸性化して魚類が減少したり，土壌が酸性化して森林に被害を生じたりしている。大理石やコンクリートには炭酸カルシウム $CaCO_3$ が含まれていて，酸性雨は炭酸カルシウム $CaCO_3$ と反応するので，**建造物や屋外彫刻などに被害が生じてもいる**んだ。

$$\underset{\text{大理石}}{CaCO_3} + 2HCl \longrightarrow H_2O + CO_2 + CaCl_2$$（弱酸の遊離）

チェック問題 15

酸性雨に関する記述として誤りを含むものを，次の①～⑥のうちから2つ選べ。解答の順序は問わない。

① pH が6.5の雨は，酸性雨である。
② 硫黄酸化物は，酸性雨の原因物質である。
③ フロンは，酸性雨の原因物質である。
④ 自動車の排気ガスは，酸性雨の原因物質を含む。
⑤ 酸性雨は，大量の化石燃料の燃焼によって引き起こされる。
⑥ 酸性雨は，湖沼の魚や貝に被害をおよぼすことがある。

解答・解説

①，③

① pH が5.6より小さな雨が酸性雨である。〈誤り〉
② 硫黄酸化物 SO_x や窒素酸化物 NO_x が酸性雨の原因物質である。〈正しい〉
③ フロンは，オゾン層の破壊の原因物質である。〈誤り〉
注 フロンは，炭素 C，フッ素 F，塩素 Cl からなる安定で発火性の低い化合物。
④ 自動車の排気ガスは，NO_x や SO_x を含む。〈正しい〉

最後に，仕上げの問題をがんばってやってみてね。

まとめの問題❶

標準 

下線部に誤りを含むものを，次の①〜⑤のうちから1つ選べ。

① プラスチックは，おもに石油からつくられる高分子化合物である。
② 白金は，空気中で化学的に変化しにくいため，宝飾品に用いられる。
③ ダイヤモンドは，非常に硬いため，研磨剤に用いられる。
④ 鉄は，鉄鉱石をコークスで酸化して得られる。
⑤ アルミニウムは，ボーキサイトからの製錬に多量の電力を必要とするため，回収して再利用する。

解答・解説

④

② イオン化傾向の小さな白金 Pt や金 Au は化学的に安定。〈正しい〉
④ 鉄 Fe は，鉄鉱石(赤鉄鉱 Fe_2O_3 など)を還元して得られる。〈誤り〉

まとめの問題❷

標準 

下線部に誤りを含むものを，次の①〜⑤のうちから1つ選べ。

① 鉄は，湿った空気中では容易にさびる。
② 銑鉄は，炭素含有量を減らすと，かたくてねばり強い鋼になる。
③ アルミニウムは，鉄よりも密度が小さい。
④ アルミニウムは，鉄と同様，鉱石をコークスとともに加熱して得られる。
⑤ アルミニウムを含む合金には，航空機材料として用いられるほど強く軽いものがある。

解答・解説

④

④ アルミナ Al_2O_3 を高温で融解し電気分解して Al を得る。〈誤り〉
⑤ ジュラルミン(Al－Cu－Mg－Mn)の説明。〈正しい〉

まとめの問題③

標準 

下線部に誤りを含むものを，次の①〜⑦のうちから１つ選べ。

① アルミニウムの製造に必要なエネルギーは，鉱石から製錬するより，リサイクルするほうが節約できる。
② 油で揚げたスナック菓子の袋に窒素が充塡（じゅうてん）されているのは，油が酸化されるのを防ぐためである。
③ 塩素が水道水に加えられているのは，pH を調整するためである。
④ プラスチックの廃棄が環境問題を引き起こすのは，ほとんどのプラスチックが自然界で分解されにくいからである。
⑤ 雨水には空気中の二酸化炭素が溶けているため，大気汚染の影響がなくてもその pH は７より小さい。
⑥ 一般の洗剤には，水になじみやすい部分と油になじみやすい部分とをあわせもつ分子が含まれる。
⑦ 次亜塩素酸ナトリウムは，塩素系漂白剤の主成分として利用される。

第3章 化学が拓く世界

解答・解説

③

① 鉱石(ボーキサイト)から製錬するときの約３％のエネルギーでリサイクルできる。〈正しい〉
② 袋の中の空気を化学的に不活性な窒素に置き換える。〈正しい〉
③ 塩素 Cl_2 やオゾン O_3 を使って水道水を消毒する。〈誤り〉
④ 廃棄物の発生抑制や再使用，リサイクルが課題である。〈正しい〉
⑤ 雨水の pH は約5.6である。酸性雨は pH5.6以下の雨水をいう。〈正しい〉
⑥ セッケンや合成洗剤は，親水基と疎水基(親油基)をもつ。〈正しい〉
⑦ 次亜塩素酸ナトリウム NaClO のもつ ClO^- は酸化力が強く，漂白剤や殺菌剤として利用されている。〈正しい〉

ポリ乳酸

乳酸からつくられる生分解性プラスチック。自然界に廃棄されても土の中の微生物によって生分解されて，二酸化炭素と水になる。

まとめの問題❹

下線部に誤りを含むものを，次の①～⑦のうちから１つ選べ。

① ビタミンC(アスコルビン酸)は，食品の着色料として用いられる。
② ステンレス鋼は，鉄の合金でありさびにくい。
③ プラスチックは，分子量の小さな分子が重合してできた高分子化合物からできている。
④ 炭酸水素ナトリウムは，加熱すると気体を発生するのでベーキングパウダー(ふくらし粉)として調理に用いられる。
⑤ 塩化カルシウムは，除湿剤や乾燥剤として用いられる。
⑥ アンモニアは，肥料の原料として用いられる。
⑦ 硫酸バリウムは，胃のX線(レントゲン)撮影の造影剤に用いられる。

解答・解説

①

① ビタミンC(アスコルビン酸)は，食品の酸化防止剤。〈誤り〉

④ 炭酸水素ナトリウム $NaHCO_3$ は重曹ともよばれ，加熱すると CO_2 や水蒸気を発生しベーキングパウダー(ふくらし粉)として用いられる。〈正しい〉

$$\underset{\text{ベーキングパウダー}}{2NaHCO_3} \xrightarrow{\text{加熱}} Na_2CO_3 + CO_2 + \underset{\text{水蒸気}}{H_2O}$$

⑤ 塩化カルシウム $CaCl_2$ は，水によく溶けて電離する。

$$CaCl_2 \longrightarrow Ca^{2+} + 2Cl^-$$

また，除湿剤や乾燥剤として用いられる。〈正しい〉

⑥ 窒素N・リンP・カリウムKの3元素は肥料の三要素とよばれる。アンモニア NH_3 は窒素肥料の原料として用いられる。〈正しい〉

⑦ 硫酸バリウム $BaSO_4$ は水にも酸にもきわめて溶けにくく，X線を通さないので，胃のX線撮影の造影剤に用いられる。〈正しい〉

おつかれさま。

さくいん

本書の重要語句を中心に集めています。

く

け

こ

さ

し

す

せ

そ

た

ち

て

と

な

に

ね

の

は

ひ

ふ

へ

ほ

ま・み・む

め

も

ゆ

よ

ら・り

る・ろ

橋爪　健作（はしづめ　けんさく）
東進ハイスクール・東進衛星予備校化学科講師、駿台予備学校化学科講師。
高校現役生から高卒クラスまで幅広く担当。その授業は基礎から応用まであらゆるレベルに対応。やさしい語り口と、情報が体系的に整理された見やすくわかりやすい板書で、すべての受講生から圧倒的に高い支持を受ける超人気講師。
著書に『大学入学共通テスト　化学の点数が面白いほどとれる本』（KADOKAWA）、『橋爪のゼロから劇的にわかる』シリーズ（旺文社）、『化学基礎　一問一答　完全版』『化学レベル別問題集』（以上、東進ブックス）、共著書に『化学［化学基礎・化学］基礎問題精講　五訂版』『化学［化学基礎・化学］標準問題精講　七訂版』（以上、旺文社）などがある。

改訂版　大学入学共通テスト
化学基礎の点数が面白いほどとれる本
0からはじめて100までねらえる

2020年6月12日　初版　第1刷発行
2024年5月28日　改訂版　第1刷発行

著者／橋爪 健作
発行者／山下 直久
発行／株式会社KADOKAWA
〒102-8177　東京都千代田区富士見2-13-3
電話　0570-002-301（ナビダイヤル）
印刷所／図書印刷株式会社
製本所／図書印刷株式会社

●お問い合わせ
https://www.kadokawa.co.jp/（「お問い合わせ」へお進みください）
※内容によっては、お答えできない場合があります。
※サポートは日本国内のみとさせていただきます。
※Japanese text only

定価はカバーに表示してあります。

ISBN 978-4-04-606363-2　C7043